무분별한 사교육은 이제 그만!
위기탈출 청소년을 위한

중학
수학
플랜

B

중학교
수학 1-2

생각하지 않는 수학은 미친 짓이다

어렸을 때 나는 숫자를 계산하는 것이 재밌어서 수학을 좋아했다. 사칙연산, 다항식의 계산, 방정식의 풀이 등 친구들과 칠판에 똑같은 문제를 써 놓고 '누가 더 빨리 푸나' 내기를 한 적도 많다. 유난히 수학 문제를 많이 푼 덕에 초·중학교 때 수학성적만은 반에서 항상 1등을 놓치지 않았다. 그런데 문제는 고등학교 수능 모의고사(수리영역)였다. 그렇게 많은 문제를 풀고 공식을 달달 외웠음에도 불구하고 좀처럼 모의고사 성적은 오르지 않았다. 그럴 때마다 끊임없이 새로운 문제집을 사서 더 많은 문제를 풀곤 했는데, '한 번 풀었던 문제는 절대 틀리지 말아야지' 하는 생각에 문제유형까지 모조리 암기했던 기억이 난다. 드디어 1997년 수능시험 날. 결과는 무척 실망스러웠다. 투자한 시간에 비해 성적이 턱없이 저조했기 때문이다. '노력은 배신하지 않는다' 라는 신조를 가슴에 새기고 고군분투했는데 이런 결과가 나오다니... 나는 이날의 결과를 도저히 인정할 수가 없었다. 그때 문득 이런 생각이 들었다.

혹시 나의 공부법이 잘못된 것은 아니었을까?...

그렇다. 개념을 이해하고 문제를 해결해 나가는 과정에서 나는 특별한 고민없이 무작정 '개념암기·문제풀이식' 학습을 했던 것이 기억난다. 수학문제를 보면 항상 연습장부터 꺼내들어 수식을 써 내려가며 기계적으로 정답을 찾곤 했는데, 당연히 문제를 풀 수 있으니 개념은 알고 있는 줄 착각했던 것이다. 이것이 바로 내가 수학에 실패한 이유 중 하나이다. 유사한 문제를 푸는 것은 한두 번으로 족하다. 중요한 것은 개념 하나를 보더라도 그리고 한 문제를 풀더라도 뭔가 특별한 고민을 해야한다는 것이다. 예를 들어, 이 개념이 왜 도출되었는지 그리고 이 개념을 알면 어떤 것들을 해결할 수 있는지, 문제를 풀기 위해 어떤 개념을 어떻게 사용해야 하는지 그리고 문제의 출제의도가 무엇인지 등에 대한 고민 말이다. 정리하면, '개념을 정확히 이해하고 그것을 바탕으로 문제를 철저히 분석하여 해결해 나가는 것', 그것이 바로 수학을 공부하는 기본적인 자세였던 것이다. 혹자는 하나의 개념 또는 문제를 다루는데 이렇게 많은 시간을 투자할 필요가 있느냐고 물을 것이다. 하지만 이러한 방식으로 개념을 이해하고 문제를 해결하게 되면, 그와 유사한 모든 개념과 문제를 섭렵할 수 있을 뿐만 아니라 개념을 조금씩 변형하여 다양한 유형의 문제를 직접 출제할 수 있는 역량까지도 겸비할 수 있게 된다.

정말 그런 능력이 생기는지 궁금하다고?

그렇다면 지금 바로 중학수학 플랜B의 개념이해 및 문제해결과정을 통해 직접 경험해 보길 바란다. 더불어 아직도 '개념암기·문제풀이식' 학습을 하는 학생들이 있다면 필자는 이렇게 말하고 싶다.

'생각하지 않는 수학은 미친 짓'이라고...

비록 고등학교 때 수학에서 큰 결실을 거두지는 못했지만 워낙 수학을 좋아했던 나머지 대학 시절 다수의 과외 경험과 졸업 후 학원강사 경력을 살려, 2011년 12월부터 중·고등학생들을 위한 재능기부 수학교실(슬기스쿨)을 운영하게 되었다. '슬기스쿨'은 수학을 쉽고 재미있게 공부할 수 있도록 코칭하는 일종의 자기주도학습 프로그램이다. 그런데 학생들을 코칭하던 중 '기존 수험서를 가지고는 혼자서 수학을 공부하기 어렵다'는 것을 절실히 깨달았다. 우리 아이들이 비싼 사교육 없이 혼자서도 즐겁고 재미있게 수학을 공부할 수 있도록 도와주고 싶은데... 뭔가 좋은 방법이 없을까? 이러한 고민 끝에 그간 슬기스쿨의 수업자료를 정리하여 『중학수학 플랜B』가 세상에 나오게 되었다.

이 책은 '개념암기·문제풀이식' 학습을 지향하는 기존 여러 참고서와는 전혀 다른 패턴으로 기술되었다. 첫째, 마치 선생님이 곁에서 이야기 해 주듯이 서술형으로 개념을 정리해 줌으로써, 학교수업 이외 별도의 학원강의를 들을 필요가 없도록 해 준다. 둘째, 질의응답식 개념설명을 통해 학생 스스로가 개념의 맥을 직접 찾을 수 있도록 도와준다. 셋째, 문제해결에 필요한 개념을 스스로 도출하여 그 해법을 설계하는 신개념 문제풀이법(개념도출형 학습방식)을 개발·적용하였다. 이는 무엇보다 정답을 맞추기 위한 문제풀이가 아닌 스스로 개념을 도출하여 문제를 해결하는 혁신적인 문제풀이법으로 '어떤 개념을 어떻게 활용해야 문제를 해결할 수 있는지'를 학생 스스로 깨치도록 하여, 한 문제를 풀어도 유사한 모든 문제를 풀 수 있는 능력을 갖추도록 도와준다.

더 이상 사교육 중심의 수학공부시대(플랜A)는 끝났다. 이젠 스스로 생각하는 자기주도학습(플랜B)만이 살 길이다. 모쪼록 이 책을 통해 대한민국 모든 학생들이 논리적으로 사고할 수 있는 '창의적 인재'가 되길 간절히 소망한다.

고교 시절 실패의 경험을 떠올리며

이 형욱

플랜B가 강력 추천하는 효율적인 수학공부법

수학에는 왕도가 없다? 중학교 수학시간에 줄곧 들었던 말이다. 수학이라는 학문은 아무리 왕이라도 쉽게 정복할 수 없음을 의미한다. 즉, 기초를 확실히 다지고 다양한 문제를 접해봐야만 수학을 잘할 수 있다는 뜻이기도 하다.

정말 수학에는 왕도가 없는 것일까?

흔히 수학을 이렇게 공부하라고 말한다.

① 기본개념에 충실하라.　　② 다양한 유형의 문제를 풀어라.

많은 학생들이 이 말을 굳게 믿고 개념과 공식을 열심히 암기하여 수많은 문제를 푸는데 시간과 공을 들이고 있다. 나 또한 그랬다. 그러나 더 이상 학생들이 나와 같은 실패를 경험하게 하고 싶지 않다. 수학의 왕도는 없지만 효율적으로 쉽게 수학을 공부하는 방법은 분명히 존재한다. 지금부터 그 방법에 대해 구체적으로 설명해 보려 한다.

[1] 기본개념의 숨은 의미까지 파악하라.

수학의 기본개념을 이해했다면 그 개념의 숨은 의미까지 정확히 파악할 수 있어야 한다. 도대체 숨은 의미가 뭐냐고? 만약 어떤 수학개념을 배웠다면, 이 개념이 어디에 어떻게 쓰이는지 그리고 어떠한 것들을 해결할 수 있는지가 바로 그 개념의 숨은 의미라고 말할 수 있다. 그럼 다음 수학개념의 숨은 의미를 함께 찾아보자.

[등식의 성질]

① 등식의 양변에 같은 수를 더해도 등식은 성립한다. ($a=b \rightarrow a+c=b+c$)

② 등식의 양변에서 같은 수를 빼도 등식은 성립한다. ($a=b \rightarrow a-c=b-c$)

③ 등식의 양변에 같은 수를 곱해도 등식은 성립한다. ($a=b \rightarrow a\times c=b\times c$)

④ 등식의 양변을 0이 아닌 같은 수로 나누어도 등식은 성립한다.

($c \neq 0$일 때, $a=b \rightarrow a\div c=b\div c$)

다들 등식의 성질이 무엇인지 알고 있을 것이다. 그렇다면 등식의 성질이라는 개념이 어디에 어떻게 쓰이는지도 알고 있는가? 그렇다. 등식의 성질은 일차방정식을 풀어 미지수의 값을 찾는데 흔히 사용된다.

$$2x+4=8 \rightarrow 2x+4-4=8-4 \text{ (등식의 양변에서 4를 뺀다)} \rightarrow 2x=4$$
$$2x=4 \rightarrow 2x \div 2=4 \div 2 \text{ (등식의 양변을 2로 나눈다)} \rightarrow x=2$$

그럼 등식의 성질을 이용하여 어떠한 것들을 해결할 수 있는지 차근차근 정리해 보자. 일단 일차방정식을 풀 때 등식의 성질이 활용되고 있는 것쯤은 다들 알고 있을 것이다. 여기서 우리는 다음과 같은 질문을 던져 볼 수 있다.

과연 등식의 성질을 이용하면 어떠한 일차방정식도 풀 수 있을까?

즉, 등식의 성질을 이용하면 임의의 일차방정식 $ax+b=c(a \neq 0)$를 풀어 낼 수 있는지 묻는 것이다. 음... 잘 모르겠다고? 그럼 함께 풀어보도록 하자.

$$ax+b=c \rightarrow ax+b-b=c-b \text{ (등식의 양변에서 } b\text{를 뺀다)} \rightarrow ax=c-b$$
$$ax=c-b \rightarrow ax \div a=(c-b) \div a \text{ (등식의 양변을 } a\text{로 나눈다)} \rightarrow x=\frac{c-b}{a}$$

따라서 임의의 일차방정식 $ax+b=c(a \neq 0)$의 해는 $x=\frac{c-b}{a}$가 된다. 여기서 a, b, c는 어떤 상수이므로 $\frac{c-b}{a}$ 또한 어떤 숫자에 불과하다. 이제 질문의 답을 찾아볼 시간이다.

등식의 성질을 이용하면 어떠한 일차방정식도 풀 수 있을까? ➡ YES!

개념의 숨은 의미가 무엇인지 감이 오는가? 등식의 성질이 갖고 있는 숨은 의미는 바로 '등식의 성질을 이용하면 어떠한 일차방정식도 풀이가 가능하다는 것', 더 나아가 '일차방정식 문제는 단순히 등식의 성질을 이용하는 계산문제라는 것'이다. 이 말은 더 이상 우리가 풀지 못하는 일차방정식은 이 세상에 없다는 말과도 상통한다.

[2] 개념을 도출하면서 문제해결과정을 설계하라. (개념도출형 학습방식)

　무작정 많은 문제를 푼다고 해서 수학 실력이 향상되는 것은 아니다. 물론 순간적으로 시험 성적을 높일 수는 있겠지만, 진정한 수학 실력인 논리적 사고에는 그다지 큰 도움을 주지 못한다는 말이다. 한 문제를 풀더라도 이 문제를 풀기 위해서 어떤 개념을 알아야 하는지 그리고 그 개념을 어떻게 적용해야 문제를 해결할 수 있는지 스스로 설계하는 것이 중요하다. 계산은 나중 문제다. 그럼 다음 문제를 통해 개념을 도출하면서 문제를 해결하는 과정을 함께 설계해 보도록 하자. 즉, 개념도출형 학습방식을 체험해 보자는 말이다.

> 두 일차방정식 $ax+3=-4$와 $5x-4=6$의 해가 서로 같을 때,
> 상수 a의 값을 구하여라.

　먼저 ① 문제를 풀기 위해 어떤 개념을 알아야 할까? 그렇다. 일차방정식에 관한 개념을 알아야 할 것이다. 다시 말해, 일차방정식의 해의 의미 그리고 일차방정식의 풀이법이 무엇인지 정확히 알고 있어야 한다는 말이다. 이제 ② 도출한 개념과 그 숨은 의미를 머릿속에 떠올려 보자.

- 일차방정식 : $ax+b=0(a \neq 0,\ a,\ b$는 상수)꼴로 변형이 가능한 방정식
- 일차방정식의 해 : 방정식을 참으로 만드는 미지수의 값
  ※ 숨은 의미 : 방정식의 해를 미지수에 대입하면 등식이 성립한다.
- 일차방정식의 풀이법 : 등식의 성질을 이용하여 방정식을 '$x=(\ \ )$'꼴로 변형한다.
  ※ 숨은 의미 : 등식의 성질을 이용하면 모든 일차방정식을 풀 수 있다.

　다음으로 ③ 문제의 출제의도가 무엇인지 생각해 보고, 본인이 떠올린 개념을 바탕으로 문제를 해결하는 방법을 설계한다. 여기서 설계란 정답을 찾는 것이 아닌 어떤 방식으로 문제를 풀지 서술하는 것을 말한다. 우선 이 문제는 일차방정식의 해와 그 풀이법에 대한 개념을 정확히 알고 있는지 묻는 문제이다. 주어진 두 방정식의 해가 서로 같다고 했으므로 미정계수가 없는 방정식 $5x-4=6$을 먼저 푼 다음에 그 해를 방정식 $ax+3=-4$에 대입한다. 그러면 어렵지 않게 미정계수 a에 대한 또 다른 방정식을 도출할 수 있을 것이다. 마지막으로 등식의 성질을 활용하여 도출된 방정식(a에 대한 방정식)을 풀면, 게임 끝~ 이제 남은 것은 ④ 수식의 계산을 통해 정답을 찾는 것이다. 이는 이미 머릿속에 설계된 내용대로 천천히 계산하는 단순 과정일 뿐이다. 고작 한 문제를 푸는데 이렇게 많은 시간을 들일 필요가 있

냐고? 물론 처음에는 좀 시간이 걸리겠지만, 몇 번 하다보면 과정 ①~②의 경우 문제를 읽는 도중에 해결할 수 있을 것이다. 그리고 문제를 다 읽고 난 후 바로 ③~④의 과정을 진행하면 된다. 특히 과정 ③을 진행할 때 가장 심도있게 고민해야 한다. 가끔 과정 ③을 건너뛰는 학생들이 있는데 절대 그러지 않길 바란다. 가장 중요한 것이 바로 과정 ③이라는 사실을 반드시 명심해야 할 것이다. 그래야 다음 [3]번을 제대로 수행할 수 있기 때문이다.

[3] 본인이 푼 문제를 변형하여 직접 새로운 문제를 출제해 본다.

앞서 풀었던 문제를 다음과 같이 변형할 수 있다. 참고로 다음 변형된 문제는 일차방정식의 해의 개념을 기준으로 정답 추론과정을 조금씩 다르게 설계한 문제라고 볼 수 있다.

- 일차방정식 $-2x+7=9$의 해에 4를 더한 값이 일차방정식 $4x-a=6$의 해와 같을 때, 상수 a의 값을 구하여라.
- 일차방정식 $2x-a=9$에서 x의 계수를 3인 줄 착각하고 풀었더니 해가 $x=2$가 되었다. 원래의 일차방정식의 해를 구하여라.

어떠한가? 참으로 대단하지 않은가? 이처럼 개념도출형 학습방식으로 문제를 풀다보면, 한 문제를 풀어도 그와 유사한 무수히 많은 문제를 해결할 수 있는 능력이 생기게 된다. 더불어 다양한 유형의 문제를 직접 출제할 수 있는 역량도 갖출 수 있게 된다. 즉, 수학을 아주 효율적으로 공부할 수 있다는 말이다.

중학수학 플랜B(교재)의 활용법

수학은 어떤 특징을 가지고 있을까? 국어, 과학, 사회 등과는 다르게 수학이라는 과목은 앞의 내용을 '기억'하지 못한다면 뒤의 내용을 '이해'할 수가 없는 과목 중 하나이다. 예를 들어, 등식의 성질을 모르고서는 일차방정식을 풀 수 없으며 일차방정식을 모르고서는 연립방정식, 이차방정식 등을 풀 수 없다는 말이다. 수학이 다른 과목에 비해 기초가 중요하다고 말하는 이유도 바로 여기에 있다. 단순히 개념을 '이해'하는 것이 아닌 '80% 이상을 기억'하고 있어야 비로소 뒤에 나오는 개념을 이해할 수 있다는 것이 수학의 가장 중요한 특징이다. 개념을 기억하기 위해서는 여러 번에 걸친 개념이해 작업이 필요하다는 것쯤은 다들 알고 있을 것이다. 다음은 중학수학 플랜B의 내용구성에 따른 특징을 요약한 것이다.

[교재의 특징]

① 마치 선생님의 설명을 그대로 글로 옮겨놓은 듯 산문형식으로 개념이 정리되어 있다.

➡ 학교수업 이외 별도의 강의를 들을 필요가 없다.

② 질의응답식 개념 설명을 기본으로 하고 있다.

➡ 스스로 질문의 답을 찾으면서 개념의 맥을 찾을 수 있게 한다.

③ 개념도출형 학습방식으로 문제를 해결하고 있다.

➡ 문제해결방법을 스스로 설계할 수 있으며, 더 나아가 다양한 유형의 문제를 출제할 수 있는 역량까지도 키울 수 있게 한다.

이러한 특징을 바탕으로 개별 단원의 경우, i) 서술식 개념설명(본문 40 page 내외), ii) 개념이해하기(2 page 내외) 그리고 iii) 문제해결하기(기본 15문제 내외, 심화 3~5문제 내외) 이렇게 세 가지 소단원으로 구성되어 있다. 이제 교재를 어떻게 활용하는지에 대해 자세히 알아보자.

[교재 활용법]

① 서술식 개념설명 (본문)

i) 본문을 천천히 한 문장 한 문장 이해하면서 끝까지 읽어본다.

여기서 그냥 읽기만 하면 안 된다. 본문에서 '~은 무엇일까요?' 등의 질문이 나오면, 반드시 1분 정도 질문의 답을 스스로 찾아본 후, 다음 내용을 읽어 내려간다. 이는 학습에 집중할 수 있게 할 뿐더러 개념에 대한 기억이 훨씬 오랫동안 남도록 도와준다. 만약 이해가 되지 않는 문장이 있으면 한 번 더 읽어보고 그래도 이해가 안 간다면 그냥 다음 문장으로 넘어간다. (아마 60~70%를 이해했더라도 30~40% 정도만 기억할 것이다)

ii) 다시 한 번 개념설명에 대한 본문을 천천히 이해하면서 끝까지 읽어본다.

좀 더 빠르게 읽힐 것이다. 마찬가지로 질문이 나오면 반드시 1분 정도 질문의 답을 스스로 찾아본다. 더불어 개념의 숨은 의미가 무엇인지도 직접 찾으면서 읽는다. (아마 80~90%를 이해했더라도 60~70% 정도만 기억할 것이다)

iii) 마지막으로 주요 개념 및 숨은 의미를 짚어가면서 읽어본다.

아주 빠르게 읽힐 것이다. 마찬가지로 질문이 나오면 반드시 1분 정도 질문의 답을 스스로 찾아본다. 더불어 개념의 숨은 의미가 무엇인지도 직접 찾으면서 읽는다. (아마 100%를 이해했더라도 80% 정도만 기억할 것이다. 이 정도면 충분하다)

② 개념정리하기

일단 용어만 보고 개념의 의미를 머릿속에 떠올린 후, 자신이 생각한 내용이 맞는지 확인하면서 읽는다. 그리고 개념에 대한 예시를 직접 찾아본다.

③ 문제해결하기

절대 빨리 풀려고 하지 마라. 반드시 개념도출형 학습방식으로 한 문제 한 문제씩 천천히 해결해 나가야 한다. 이 때 책 속에 들어 있는 **붉은색 카드를 활용하여 질문의 답을 가린 후 단계별로 본인이 맞게 답했는지 확인**하면서 문제를 해결한다. 한 문제를 해결한 후에는 반드시 그와 유사한 문제를 직접 출제해 본다.

'기억하는' 것은 '암기하는' 것과는 다르다. 즉, 뒤쪽에서 비슷한 내용이 나올 경우 바로 이해할 수 있다는 뜻이지, 내용 하나하나를 외우는 것이 아님을 명심해야 한다. 천천히 생각하면서 책을 읽다 보면 어느샌가 자신도 모르게 수학이 점점 쉽게 느껴질 것이다. 그리고 더 많은 문제를 풀고 싶다면 시중에 나와 있는 여러 문제집을 사서 풀어보길 바란다. 유사한 문제는 한두 번만 풀어도 족하다. 여기서 중요한 것은 문제유형을 암기하는 것이 아니라 문제를 통해 내가 알고 있는 개념을 스스로 도출해내야 한다는 것이다. 이 사실을 반드시 기억하길 바란다.

수학은 왜 배울까?

흔히 수학을 배워서 뭐하냐고 말한다. 또한 방정식, 도형 등은 고등학교를 졸업하면 끝이라고 말한다. 틀린 말은 아니다. 왜냐하면 사회 나가서 우리가 배웠던 수학개념을 활용할 일이 거의 없기 때문이다. 그러나 이는 수학을 배우는 이유를 아직 잘 모르고 있기 때문에 하는 말이다.

수학을 배우는 진짜 이유가 뭘까?

수학을 배우는 진짜 이유는 바로 '논리적이고 창의적인 사고'를 하기 위해서이다. 이해가 잘 가지 않는 학생들을 위해 실생활 속 예시를 통해 수학을 배우는 이유에 대해서 자세히 살펴보도록 하겠다. 어떤 사람이 커피숍을 성공적으로 운영하기 위해서 고민하고 있다고 가정해 보자.

커피숍 운영 과정	수학문제 해결 과정
커피숍을 성공적으로 운영하기 위해서 내가 알아야 하는 지식은 무엇일까?	문제를 풀기 위해서 내가 알아야 하는 개념 (공식)은 무엇일까?
나는 그것(지식)을 정확히 알고 있는가? 만약 모른다면 어떻게 그 지식을 획득할 수 있는가?	나는 그것(개념)을 정확히 알고 있는가? 만약 모른다면 책의 어느 부분을 찾아봐야 그 개념을 확인할 수 있는가?
어떻게 커피숍을 운영해야 성공할 수 있을까? (알고 있는 지식을 가지고 커피숍 운영전략을 설계해 보자)	개념을 어떻게 적용해야 문제를 풀 수 있을까? (알고 있는 개념을 바탕으로 문제해결 과정을 설계해 보자)

어떠한가? 아직도 수학을 배우는 이유를 모르겠는가? 우리가 수학을 배우는 진짜 이유는 바로 주어진 상황을 해결하기 위한 '수학적 사고'를 하기 위해서이다. 단순히 어려운 수학문제를 푸는 것이 수학의 전부가 아니다. 이것은 극히 일부분에 불과하다. 우리가 경험할 수 있는 모든 상황에 대한 수학적 사고(논리적이고 창의적 사고)를 하기 위해 우리가 수학을 배운다는 사실을 반드시 기억하길 바란다.

개념도출형 학습방식이란...

문제를 통해 필요한 개념을 도출한 후, 그 개념을 바탕으로 문제해결방법을 찾아내는 학습방식이다.

VII 평면도형

VIII 입체도형

V

통계

1 자료의 정리

■학습 방식

본문의 내용을 '천천히', '생각하면서' 끝까지 읽어봅니다. (2~3회 읽기)

① 1차 목표 : 개념의 내용을 정확히 파악합니다. (줄기와 잎 그림, 도수분포표, 히스토그램, 도수분
포다각형, 상대도수 등)

② 2차 목표 : 개념의 숨은 의미를 스스로 찾아가면서 읽습니다.

1 줄기와 잎 그림, 도수분포표

다음은 서울에 거주하는 중학생들의 사교육 실태를 보도한 뉴스 기사입니다.

> **서울에 거주하는 중학생 10명 중 7명, '사교육' 받는다.**
>
> 서울연구원 자료에 따르면 지난해 서울에 거주하는 중학생의 74.4%가 사교육을 받는다는 통계 결과가 나왔다. 이는 읍면지역(59.2%)보다 15.2%p 높은 수치이며 전체지역 평균(68.6%)보다도 5.8%p 높게 나타난 것이다. 더불어 서울지역 중학생 1인 당 월평균 사교육비는 33만 5,000원으로 사교육비가 가장 낮은 읍면지역(15만 6,000원)에 비해 2배 이상 높은 수치를 기록했다.

여러분~ 뉴스에 보도된 통계 결과가 맞는 것 같나요? 아마도 학생들이 사는 동네에 따라 그리고 다니는 학교에 따라 그 수치는 조금씩 다를 수도 있을 것입니다. 다음은 범죄발생율과 관련된 뉴스 기사입니다.

> **범죄 많은 '그곳' 미리 살펴, 범죄 줄인다.**
>
> ○○경찰서는 지난달 말부터 관할구역 내에 과학적 범죄통계 분석에 의한 '핫 스팟(Hot Spot) 순찰제'를 도입해 시행하고 있다. '핫 스팟(Hot Spot) 순찰제'란 특정 장소에서 일정기간 동안 벌어진 범죄발생 빈도를 산출해 이를 지도에 색깔로 표시하고, 지역별로 차별화된 치안활동을 벌이는 것을 말한다. 이를 테면 ○○동 지구대 관

할구역 중 자정부터 오전 4시까지 '절도' 발생 빈도가 가장 높은 지점은 ○○성당에서 ○○마트 부근으로, 이 시간 이 지역일대를 순찰하는 경찰과 방범대원들은 이곳을 중점적으로 그리고 우선적으로 순찰한다. ○○경찰서는 핫 스팟(Hot Spot) 순찰제 도입으로 범죄발생율이 상당히 줄어들 것으로 기대하고 있다.

두 기사의 공통점은 무엇일까요? 그렇습니다. 바로 통계자료를 기반으로 한 뉴스보도라는 사실입니다.

'통계'란 정확히 어떤 개념일까요? 대충은 알겠는데, 정확한 의미는 잘 모르겠다고요? 힌트를 드리겠습니다.

통계 : '거느릴 통(統)', '셈할 계(計)'

네, 맞아요. 통계의 사전적인 의미는 '한데 몰아서 어림잡아 계산하는 것'을 뜻합니다. 좀 더 전문적으로 말하자면, 어떤 현상을 종합적으로 한눈에 알아보기 쉽게 일정한 체계에 따라 숫자로 나타낸 것 또는 어떤 집단의 상황을 숫자로 표현한 것을 수학적으로 통계라고 말합니다. 도통 무슨 말을 하는지 감이 잡히지 않는다고요? 이럴 땐 예를 들어보면 쉽습니다. 다음은 우리나라의 인구수(한국 국적)와 관련된 통계자료입니다.

- 1960년 : 24,954,290명
- 1970년 : 30,851,984명
- 1980년 : 37,406,815명
- 1990년 : 43,390,370명
- 2000년 : 45,985,289명
- 2010년 : 47,990,761명

음... 우리나라 인구수가 연대별로 잘 정리되어 있네요. 이 자료를 토대로 우리는 어떤 사회현상을 확인할 수 있을까요?

 잠시 질문의 답을 스스로 찾아보는 시간을 가져보세요.

일단 수치의 흐름을 천천히 따져보면, 1960년부터 1990년까지 우리나라의 인구수는 매년 500만 명 이상씩 증가합니다. 한국전쟁 이후 서서히 산업화가 진행되면서 자연스럽게 인구가 증가했던 모양입니다. 하지만 2000년부터는 그 증가 추세가 조금씩 더뎌지고 있다는 것을 알 수 있습니다. 왜 그럴까요? 아마도 우리사회가 산업화를 거쳐 현대화·고도화 됨에 따라 아이를 적게 낳는 풍토(저출산)가 조성되었다고 보여집니다. 이렇게 우리는 통계자료로부터 전반

적인 사회 현상을 분석해 낼 수 있습니다. 이것이 바로 우리가 통계를 사용하는 이유 중 하나입니다. 참고로 통계는 '집단'에 관한 수치로서, 개인의 재산이라든가 백두산·한라산의 높이 등 어떤 개체에 대한 수학적 표현은 아무리 구체적이라 하더라도 통계가 될 수 없다는 사실을 명심하시기 바랍니다.

- 규민 : 은설아, 너 키가 몇이야? 164cm인가?
- 은설 : 뭐 비슷해~ 정확히 말하면 165cm야.
- 규민 : 그럼 너에 대한 키의 통계자료는 165cm가 되겠군…
- 은설 : 틀렸어. 개인에 대한 자료는 통계라고 말할 수 없거든~

통계를 뒷받침하고 있는 각각의 자료를 변량이라고 하는데요, 변량이란 조사 내용의 특성을 수량으로 나타낸 것을 의미합니다. 앞서 잠깐 살펴보았던 우리나라 인구수가 바로 변량의 예시라고 말할 수 있습니다. 더불어 변량에는 신장이나 체중 따위처럼 구간내 값을 연속적으로 취할 수 있는 연속 변량과, 나이 및 인원수 등과 같이 분리된 값만 취하는 이산 변량이 있습니다.

연속 변량?   이산 변량?

연속 변량은 대충 무슨 뜻인지 감이 오는데, 이산 변량은… 음… 용어가 많이 생소하네요. 그래도 너무 심각하게 접근하지는 마세요. 그냥 단순한 용어의 정의일 뿐입니다. 이산이라는 말을 한자로 풀어쓰면 '헤어질 이(離)', '흩을 산(散)'자를 씁니다. 즉, 이산 변량이란 '연속되지 않고 흩어져 있는 값'을 의미하는 통계 용어입니다.

- 연속 변량의 예시 : 신장(cm) → 162.3cm, 162.31cm, …
- 이산 변량의 예시 : 인원수(명) → 1명, 2명, 3명, …

통계의 정의

어떤 현상을 종합적으로 한눈에 알아보기 쉽게 일정한 체계에 따라 숫자로 나타낸 것 또는 어떤 집단의 상황을 숫자로 표현한 것을 통계라고 말합니다. 통계를 뒷받침하고 있는 각각의 자료를 변량이라고 하는데, 변량이란 조사 내용의 특성을 수량으로 나타낸 것을 의미합니다. 더불어 변량에는 신장이나 체중 따위처럼 구간내 값을 연속적으로 취할 수 있는 연속 변량과, 나이 및 인원수 등과 같이 분리된 값만 취하는 이산 변량이 있습니다.

다음은 서울시 자치구별 중학교수를 나타낸 표입니다.

(2015년 기준)

자치구	중학교수	자치구	중학교수	자치구	중학교수	자치구	중학교수	자치구	중학교수
강남구	24	광진구	12	동대문구	15	성동구	11	용산구	9
강동구	18	구로구	13	동작구	16	성북구	18	은평구	18
강북구	13	금천구	9	마포구	14	송파구	27	종로구	9
강서구	21	노원구	26	서대문구	14	양천구	19	중구	8
관악구	16	도봉구	13	서초구	15	영등포구	11	중랑구	14

여러분~ 혹시 '우리 동네에 중학교가 몇 개 있는지' 알고 계신가요? 잘 모르겠다고요? 이러한 통계자료를 접할 일이, 아니 접할 필요성이 거의 없다보니 모르는 것이 당연합니다. 참고로 이 자료는 교육청에서 운영하는 '학교알리미' 사이트만 방문해도 쉽게 확인할 수 있는 통계자료 중 하나입니다. 그럼 이 표를 토대로 중학교수가 ① 1개 이상 10개 미만, ② 10개 이상 20개 미만, ③ 20개 이상 30개 미만인 자치구의 수가 각각 몇 군데인지 말해보시기 바랍니다.

 잠시 질문의 답을 스스로 찾아보는 시간을 가져보세요.

별로 어렵지 않죠?

> ① 중학교수가 1개 이상 10개 미만인 자치구수 : 4개 자치구
> ② 중학교수가 10개 이상 20개 미만인 자치구수 : 17개 자치구
> ③ 중학교수가 20개 이상 30개 미만인 자치구수 : 4개 자치구

잠깐! 여러분은 이 질문에 답을 찾기 위해 통계수치의 어느 자릿수, 즉 주어진 표에 나와있는 숫자의 어느 자릿수를 보면서 자치구의 개수를 세었는지요? 아마도 자치구별 중학교수가 십의 자리 숫자인지 그리고 십의 자리 숫자가 1인지 2인지를 확인하면서 질문의 답을 찾았을 것입니다. 맞죠? 하지만 주어진 표의 구성방식을 조금만 바꾼다면 아주 쉽게 이 질문의 답을 찾을 수 있습니다.

과연 어떻게 표를 구성해야 중학교수에 대한 자치구의 개수를 쉽게 파악할 수 있을까요?

 잠시 질문의 답을 스스로 찾아보는 시간을 가져보세요.

일단 우리는 일정한 범위(중학교수의 범위)에 대한 자치구의 '개수'만 확인하면 됩니다. 그렇죠? 즉, 자치구명은 빼도 상관없다는 뜻입니다. 자치구명을 뺀다는 말은, 주어진 표를 숫자로만 구성해도 된다는 말과 같습니다. 여기까지 이해가 되시나요? 더불어 중학교수에 대한 자치구의 개수를 쉽게 파악하기 위해서는 주어진 숫자를 보기 편하게 구분해야합니다. 도대체 어떤 방식으로 숫자를 구분하는 것이 보기 편하게 구분하는 것일까요? 음... 감이 잘 오지 않는다고요? 먼저 표에 나와있는 모든 숫자(변량)를 크기순으로 나열해 보면 다음과 같습니다.

$$8 \quad 9 \quad 9 \quad 9 \quad 11 \quad 11 \quad 12 \quad 13 \quad 13 \quad 13 \quad 14 \quad 14 \quad 14$$
$$15 \quad 15 \quad 16 \quad 16 \quad 18 \quad 18 \quad 18 \quad 19 \quad 21 \quad 24 \quad 26 \quad 27$$

여기서 가장 작은 숫자는 8이며, 가장 큰 숫자는 27입니다. 즉, 변량의 범위는 8~27이 된다는 말입니다. 슬슬 감이 오시죠? 그렇습니다. 다음과 같이 주어진 변량(숫자)을 일의 자릿수와 십의 자릿수로 그리고 십의 자릿수를 십의 자리가 1인 수와 2인 수로 분리하면, 좀 더 쉽게 숫자를 구분할 수 있습니다.

① 일의 자리 숫자 : 8   9   9   9
② 십의 자리가 1인 숫자 : 11   11   12   13   13   13   14   14   14   15   15
　　　　　　　　　　　　　16   16   18   18   18   19
③ 십의 자리가 2인 숫자 : 21   24   26   27

참고로 ① 일의 자리 숫자의 경우, 십의 자리가 0인 숫자로 볼 수 있습니다. 이제 자릿수를 기준으로 숫자를 구분한 후, 주어진 표를 변형해 보도록 하겠습니다. 즉, 자치구명은 뺀 채 오로지 숫자만으로, 그리고 십의 자릿수와 일의 자릿수를 분리하여 새롭게 도표를 구성해 보자는 말입니다.

자치구	중학교수	자치구	중학교수	자치구	중학교수	자치구	중학교수	자치구	중학교수
강남구	24	광진구	12	동대문	15	성동구	11	용산구	9
강동구	18	구로구	13	동작구	16	성북구	18	은평구	18
강북구	13	금천구	9	마포구	14	송파구	27	종로구	9
강서구	21	노원구	26	서대문구	14	양천구	19	중구	8
관악구	16	도봉구	13	서초구	15	영등포구	11	중랑구	14

십의 자릿수	일의 자릿수
0	8 9 9 9
1	1 1 2 3 3 3 4 4 4 5 5 6 6 8 8 8 9
2	1 4 6 7

보는 바와 같이 왼쪽 세로줄에는 십의 자릿수를 넣고, 오른쪽 세로줄에는 일의 자릿수를 일정한 간격으로 하나씩 나열하여 표를 재구성 해 보았습니다. 어떠세요? 새롭게 구성된 표를 보니 중학교수에 따른 자치구의 개수가 한눈에 확~ 들어오죠? 즉, 중학교수가 ① 1개 이상 10개 미만의 자치구는 4개, ② 10개 이상 20개 미만의 자치구는 17개, ③ 20개 이상 30개 미만의 자치구는 4개라는 사실을 쉽게 파악할 수 있다는 말입니다.

여기서 퀴즈~ 이렇게 만들어진 표를 다음과 같이 형상화하면, 어떤 모양이 연상되시나요?

십의 자릿수	일의 자릿수
0	8 9 9 9
1	1 1 2 3 3 3 4 4 4 5 5 6 6 8 8 8 9
2	1 4 6 7

 잠시 질문의 답을 스스로 찾아보는 시간을 가져보세요.

그렇습니다. '줄기와 잎'이 연상되죠? 이렇게 구성한 표를 통계학에서는 '줄기와 잎 그림'이라고 부릅니다.

줄기와 잎 그림

통계자료를 자릿수로 구분하여 숫자로만 표현한 도표를 줄기와 잎 그림이라고 부릅니다. 즉, 변량의 앞자릿수를 줄기로, 변량의 뒷자릿수를 잎으로 표현한 그림(표)입니다. 줄기와 잎 그림을 그리는 방법은 다음과 같습니다.
① 자료(변량)를 보고, 줄기와 잎에 해당하는 자릿수를 정합니다.
② 왼쪽 세로줄에는 줄기에 해당하는 숫자(변량의 앞자릿수)를 씁니다.
③ 오른쪽 세로줄에는 잎에 해당하는 숫자(변량의 뒷자릿수)를 씁니다.

줄기와 잎 그림을 그리기 위해서는 먼저 '줄기와 잎'을 결정하는 것이 중요합니다. 다시 말해서, 자료의 분포가 한눈에 보여질 수 있도록 줄기에 해당하는 자릿수와 잎에 해당하는 자릿수를 적절히 결정해야 한다는 말입니다. 일반적으로는 가장 작은 변량과 가장 큰 변량을 확인한 다음, 줄기와 잎에 해당하는 자릿수를 정하는 것이 보통입니다. 그렇다면 다음 자료를 줄기와 잎 그림으로 그려보는 시간을 갖도록 하겠습니다.

① 변량 : 1.2, 2.5, 3.5, 1.9, 2.8, 1.1, 2.2, 3.9, 2.7
② 변량 : 123, 252, 278, 398, 312, 346, 301, 179, 136

 잠시 질문의 답을 스스로 찾아보는 시간을 가져보세요.

일단 가장 작은 변량과 가장 큰 변량이 무엇인지 각각 확인해 볼까요?

① 가장 작은 변량 : 1.1   가장 큰 변량 : 3.9
② 가장 작은 변량 : 123   가장 큰 변량 : 398

다음으로 줄기와 잎에 해당하는 자릿수를 결정해 봅시다. ①의 경우에는 일의 자릿수를 줄기로, 소수 첫째 자릿수를 잎으로 결정하면 좋을 것 같네요. ②의 경우에는 백의 자릿수를 줄기로, 십의 자리 이하의 수를 잎으로 결정하면 좋을 듯합니다. 이제 왼쪽 세로줄에는 줄기에 해당하는 자릿수를 넣고, 오른쪽 세로줄에는 잎에 해당하는 자릿수를 일정한 간격으로 하나씩 나열하여 줄기와 잎 그림을 완성해 보겠습니다.

일의 자릿수	소수 첫째 자릿수
1	2 9 1
2	5 8 2 7
3	5 9

백의 자릿수	십의 자리 이하의 수
1	23 79 36
2	52 78
3	98 12 46 01

어렵지 않죠? 여러분~ 이렇게 통계자료를 '줄기와 잎 그림'으로 표현하면 무엇이 좋을까요?

 잠시 질문의 답을 스스로 찾아보는 시간을 가져보세요.

그렇습니다. 자료의 전체적인 분포 경향을 한눈에 확인할 수 있습니다. 이것이 바로 줄기와 잎 그림이 갖는 숨은 의미가 되겠습니다. 하지만 모든 자료를 줄기와 잎 그림으로 표현해야 한다는 생각은 버리십시오. 특히 자료의 개수가 많을 경우, 더 큰 불편을 초래할 수도 있기 때문입니다. 즉, 자료에 따라 줄기와 잎 그림으로 표현하는 것이 좋을 수도 있고 그렇지 않을 수도 있다는 사실, 반드시 명심하시기 바랍니다.

다음은 어느 마을 사람들의 나이를 조사한 자료입니다. 이 자료를 줄기와 잎 그림으로 표현해 보고 가장 인원수가 많은 나이대와 가장 인원수가 적은 나이대를 찾아보시기 바랍니다. 단, 나이대는 30대, 40대, 50대, 60대, 70대로 구분하도록 하겠습니다.

이름	나이	이름	나이	이름	나이	이름	나이	이름	나이
김○○	38	홍○○	58	김○○	56	황○○	39	왕○○	50
이○○	45	조○○	44	박○○	54	선○○	59	현○○	57
박○○	62	정○○	71	최○○	40	경○○	60	마○○	69

 잠시 질문의 답을 스스로 찾아보는 시간을 가져보세요.

일단 어느 자릿수까지 줄기로 놓을지 생각해 봐야겠죠? 자료를 보아하니 십의 자릿수를 줄기로, 일의 자릿수를 잎으로 놓으면 좋겠네요. 이제 왼쪽 세로줄에는 줄기에 해당하는 자릿수를 넣고, 오른쪽 세로줄에는 잎에 해당하는 자릿수를 일정한 간격으로 하나씩 나열하여 줄기와 잎 그림을 완성해 보겠습니다.

줄기(십의 자릿수)	잎(일의 자릿수)
3	8 9
4	5 4 0
5	8 6 4 9 0 7
6	2 0 9
7	1

어떠세요? 자료가 한눈에 들어오죠? 이제 질문의 답을 찾아볼까요? 가장 인원수가 많은 나이대는 50대(50이상 60미만 : 6명)이고 가장 인원수가 적은 나이대는 70대(70이상 80미만 : 1명)입니다. 줄기와 잎 그림, 그렇게 어렵지 않죠?

다음은 ○○중학교 1학년 2반 학생들의 키를 조사한 자료입니다. 이 자료를 줄기와 잎 그림으로 표현해 보고 가장 인원수가 많은 키의 범위와 가장 인원수가 적은 키의 범위가 어느 것인지 말해 보시기 바랍니다. 여기서 학생들의 키의 단위는 cm입니다.

170.2, 149.8, 155.4, 158.6, 161.4, 155.1, 153.2, 169.6, 162.5, 148.5, 165.5, 169.9
155.2, 159.7, 145.9, 148.1, 151.2, 165.9, 173.8, 169.6, 152.7, 158.7, 175.3, 159.3

 잠시 질문의 답을 스스로 찾아보는 시간을 가져보세요.

일단 어느 자릿수까지 줄기로 놓을지 생각해 봐야겠죠? 자료를 보아하니 백의 자릿수와 십의 자릿수를 줄기로 놓고, 그 나머지를 잎으로 놓으면 좋겠네요. 즉, 일의 자릿수와 소수점 첫째 자릿수를 잎으로 놓자는 말입니다. 이제 왼쪽 세로줄에는 줄기에 해당하는 자릿수를 넣고, 오른쪽 세로줄에는 잎에 해당하는 자릿수를 일정한 간격으로 하나씩 나열하여 줄기와 잎 그림을 완성해 보면 다음과 같습니다. 여기서 소수점은 큰 의미가 없으므로 생략하도록 하겠습니다.

줄기(백의 자릿수와 십의 자릿수)	잎(일의 자릿수와 소수점 첫째 자릿수)
14	98 85 59 81
15	54 86 51 32 52 97 12 27 87 93
16	14 96 25 55 99 59 96
17	02 38 53

어떠세요? 자료가 한눈에 들어오죠? 이제 질문의 답을 찾아볼까요? 가장 인원수가 많은 키의 범위는 150cm대(150이상 160미만 : 10명)이고 가장 인원수가 적은 키의 범위는 170cm대(170이상 180미만 : 3명)입니다.

다음은 ○○중학교 1학년 3반 학생들의 2단줄넘기 기록입니다. 이 자료를 줄기와 잎 그림으로 표현해 보고 가장 많은 인원수를 포함하는 줄넘기횟수의 범위와 가장 적은 인원수를 포함하는 줄넘기횟수의 범위가 어디인지, 남학생과 여학생으로 각각 구분하여 말해보시기 바랍니다.

- 남학생 : 5, 7, 19, 30, 0, 22, 10, 14, 19, 21, 34, 28, 11, 39, 31, 19, 26, 12
- 여학생 : 7, 2, 22, 33, 4, 12, 14, 10, 21, 1, 14, 16, 7, 3, 6, 18, 25, 30, 2

 잠시 질문의 답을 스스로 찾아보는 시간을 가져보세요.

마찬가지로 어느 자릿수까지 줄기로 놓을지 생각해 봐야겠죠? 자료를 보아하니 십의 자릿수를 줄기로 놓고, 일의 자릿수를 잎으로 놓으면 좋겠네요. 참고로 주어진 자료가 남학생과 여학생 두 종류이므로, 이를 한꺼번에 표현하기 위해 가운데를 줄기로 놓은 다음, 좌우를 각각 남학생과 여학생의 잎으로 놓도록 하겠습니다.

잎(남학생)	줄기	잎(여학생)
5 7 0	0	7 2 4 1 7 3 6 2
9 0 4 9 1 9 2	1	2 4 0 4 6 8
2 1 8 6	2	2 1 5
0 4 9 1	3	3 0

어떠세요? 자료가 한눈에 들어오죠? 이제 질문의 답을 찾아볼까요? 가장 많은 인원수를 포함하는 줄넘기횟수의 범위는 남학생 10개 이상 20개 미만(7명), 여학생 0개 이상 10개 미만(8명)이고, 가장 적은 인원수를 포함하는 줄넘기횟수의 범위는 남학생 0개 이상 10개 미만(3명), 여학생 30개 이상 40개 미만(2명)입니다. 어렵지 않죠?

줄기와 잎 그림을 활용하면 자료의 분포 경향을 한눈에 확인할 수 있는 반면, 자료의 개수가 많을 경우 상당히 불편하다는 단점이 있습니다. 그렇다면 이러한 단점을 보완할 수 있는 새로운 도표를 구상해 보는 것은 어떨까요? 다음은 어느 마을 기혼남자들의 나이를 조사한 줄기와 잎 그림(①)입니다. 표 ①를 토대로 표 ②의 빈 칸을 채워보시기 바랍니다.

줄기(십의 자릿수)	잎(일의 자릿수)
3	8 9
4	5 4 0
5	8 6 4 9 0 7
6	5 0 9
7	1

①

나이(세)	사람수(명)
30이상 ~ 40미만	( )
40이상 ~ 50미만	( )
50이상 ~ 60미만	( )
60이상 ~ 70미만	( )
70이상 ~ 80미만	( )
계	( )

②

어렵지 않죠? 그렇다면 여기서 질문! 표 ②는 표 ①(줄기와 잎 그림)에 비해 어떤 장점을 가졌을까요?

 잠시 질문의 답을 스스로 찾아보는 시간을 가져보세요.

네~ 맞아요. 표 ②는 줄기와 잎 그림처럼 자료를 일일이 나열하지 않아도, 자료의 분포를 한 눈에 확인할 수 있는 표입니다. 즉, 어느 나이대(구간)에 얼마만큼의 사람들이 분포되어 있는지 쉽게 알 수 있는 표라는 말입니다. 하지만 단점도 있습니다. 바로 그 나이대(구간)에 있는 사람들의 실제 나이를 전혀 알 수 없다는 것입니다. 왜냐하면 이 표는 자료의 값이 아닌 해당 구간에 포함되는 자료의 개수만 표시된 도표이기 때문이죠. 이해가 되시나요?

정리하면, 줄기와 잎 그림의 경우 자료의 개수가 적고 실제 자료의 값을 정확히 알아야 할 필요성이 있을 때 사용합니다. 반면에 자료의 개수가 많고 자료에 대한 정확한 값이 아닌 해당 구간의 분포를 쉽게 파악하고자 한다면 표 ②와 같이 구간에 따른 자료의 도수(구간에 해당하는 변량의 개수)를 나타낸 표를 사용하면 된다는 말입니다. 이러한 표를 도수분포표라고 부릅니다.

도수분포표

오른쪽 표에서 30이상 40미만, 40이상 50미만, …과 같이 변량을 일정한 간격으로 나눈 구간을 계급이라고 말합니다. 그리고 구간의 너비(10세)를 계급의 크기라고 하며, 각 계급에 속하는 자료의 개수를 그 계급의 도수라고 칭합니다. 이렇게 계급과 도수로 자료를 정리한 표를 도수분포표라고 부르는데 도수분포표에서 각 계급의 가운데 값(중앙값)을 그 계급의 계급값이라고 정의합니다. 참고로 계급값을 구하는 식은

$$(계급값) = \frac{(계급의\ 양끝값의\ 합)}{2}$$ 입니다.

나이(세)	사람수(명)
30이상 ~ 40미만	2
40이상 ~ 50미만	3
50이상 ~ 60미만	6
60이상 ~ 70미만	3
70이상 ~ 80미만	1
계	15

계급, 계급의 크기, 도수, 도수분포표, 계급값, … 아이고~ 갑자기 여러 수학용어들이 한꺼번에 등장하니까, 너무 혼란스럽다고요? 도대체 이 많은 용어들을 어떻게 다 암기하느냐고요? 억지로 암기하려고 하지 마십시오~ 교과서나 인터넷 등을 찾아보면 언제든지 그 용어의 의미를 쉽게 확인할 수 있거든요. 가끔씩 수학개념을 달달 암기해야만 수학을 잘한다고 착각하는 학생들이 있는데, 여러분~ 수학이 암기과목이 아니라는 사실, 다들 아시죠? 필요할 때마다 개념을 찾다보면 자연스럽게 기억할 수 있으니, 너무 조급해 하지 않길 바랍니다.

도수분포표의 숨은 의미는 무엇일까요?

 잠시 질문의 답을 스스로 찾아보는 시간을 가져보세요.

그렇습니다. 줄기와 잎 그림의 단점, 즉 자료의 개수가 많을 경우 자료를 일일이 나열해야 하는 불편함을 보완할 수 있는 표가 바로 도수분포표입니다. 더불어 도수분포표 또한 자료의 분포 경향을 한눈에 확인할 수 있도록 도와줍니다. (도수분포표의 숨은 의미)

다음은 ○○중학교 1학년 4반 학생들의 2단줄넘기 기록입니다. 계급의 크기를 얼마로 정해야할지 고민해 보면서 도수분포표를 작성해 보시기 바랍니다.

- 남학생 : 5, 7, 9, 30, 0, 22, 10, 14, 19, 21, 34, 28, 11, 39, 31, 19, 26, 12, 20, 31
- 여학생 : 7, 2, 12, 3, 4, 12, 14, 10, 11, 1, 14, 16, 7, 3, 6, 18, 25, 0, 2, 17

 잠시 질문의 답을 스스로 찾아보는 시간을 가져보세요.

도수분포표를 직접 작성하라고 하니까, 어디서부터 어떻게 시작해야 할지 잘 모르겠다고요? 어렵지 않습니다. 먼저 계급의 크기부터 결정해 봅시다. 우선 가장 작은 변량과 가장 큰 변량을 찾아보면 다음과 같습니다.

• 가장 작은 변량 : 0   • 가장 큰 변량 : 39

보아하니, 계급의 크기를 10으로 정하면 딱 좋을 듯 싶네요. 즉, 계급을 i) 0이상 10미만, ii) 10이상 20미만, iii) 20이상 30미만, iv) 30이상 40미만 이렇게 4개의 계급으로 설정해 보자는 말입니다. 이제 남학생과 여학생을 구분하여 각 계급에 해당하는 도수(자료의 개수)를 확인한 후, 빈 칸을 채우면 쉽게 도수분포표를 완성할 수 있습니다.

줄넘기 개수(개)	남학생 수(명)	여학생 수(명)
0이상 ~ 10미만		
10이상 ~ 20미만		
20이상 ~ 30미만		
30이상 ~ 40미만		
계		

어떠세요? 할 만하죠? 완성된 도수분포표는 다음과 같습니다.

줄넘기 개수(개)	남학생 수(명)	여학생 수(명)
0이상 ~ 10미만	4	10
10이상 ~ 20미만	6	9
20이상 ~ 30미만	5	1
30이상 ~ 40미만	5	0
계	20	20

그렇다면 작성된 도수분포표를 활용하여 도수가 가장 큰 계급과 가장 작은 계급이 무엇인지 말해보는 시간을 갖도록 하겠습니다.

〔남학생〕
• 도수가 가장 큰 계급 : 10이상 20미만
• 도수가 가장 작은 계급 : 0이상 10미만

〔여학생〕
• 도수가 가장 큰 계급 : 0이상 10미만
• 도수가 가장 작은 계급 : 30이상 40미만

뭐~ 당연한 얘기겠지만 자료상으로 봤을 때, 남학생이 여학생보다 줄넘기를 좀 더 잘합니다. 또한 남학생의 경우 계급별로 도수가 거의 균등하게 분포되어 있는 반면, 여학생의 경우 두 계급(0이상 10미만, 10이상 20미만)에 집중적으로 분포되어 있음을 쉽게 확인할 수 있습니다. 즉, 남학생은 줄넘기를 잘하는 학생부터 못하는 학생까지 두루두루 존재하지만, 여학생은 수준이 비슷한 학생들이 대부분이라는 분석이 나옵니다. 이해되시죠? 참고로 계급의 크기가 적절해야 자료의 분포 경향을 쉽게 확인할 수 있다는 사실, 반드시 기억하시기 바랍니다. 잠깐! 이 도수분포표의 계급값은 얼마일까요?

 잠시 질문의 답을 스스로 찾아보는 시간을 가져보세요.

음... 계급값의 정의만 알고 있으면 쉽게 질문의 답을 찾을 수 있겠네요. 계급값의 정의는 다음과 같습니다.

$$계급값 : 도수분포표에서 각 계급의 중앙값 \rightarrow (계급값) = \frac{(계급의 양끝값의 합)}{2}$$

그렇습니다. 계급값은 바로 5입니다. 여러분~ 도수분포표가 줄기와 잎 그림보다 훨씬 보기도 편하고 작성하기도 쉽죠? 가끔 계급을 좀 더 세부적으로 구분하여 도수분포표를 작성하면 안 되냐고 묻는 학생들이 있습니다. 왜 안 되겠어요? 계급을 구분하는 것은 도수분포표를 작성하는 사람 마음입니다. 하지만 계급을 너무 세분화하면 그만큼 표를 작성하는 데 손이 많이 갈 뿐더러, 자료에 대한 전체적인 분포 경향을 쉽게 파악하지 못할 수도 있다는 사실, 반드시 명심하시기 바랍니다. 연습삼아 다음 자료를 계급값이 1(계급의 크기 2)인 도수분포표로 작성해 본 후, 앞서 계급값이 5(계급의 크기 10)인 도수분포표와 비교해 보시기 바랍니다.

- 남학생 : 5, 7, 9, 30, 0, 22, 10, 14, 19, 21, 34, 28, 11, 39, 31, 19, 26, 12, 20, 31
- 여학생 : 7, 2, 12, 3, 4, 12, 14, 10, 11, 1, 14, 16, 7, 3, 6, 18, 25, 0, 2, 17

줄넘기 개수(개)	남학생 수(명)	여학생 수(명)	줄넘기 개수(개)	남학생 수(명)	여학생 수(명)
0이상 ~ 2미만			20이상 ~ 22미만		
2이상 ~ 4미만			22이상 ~ 24미만		
4이상 ~ 6미만			24이상 ~ 26미만		
6이상 ~ 8미만			26이상 ~ 28미만		
8이상 ~ 10미만			28이상 ~ 30미만		
10이상 ~ 12미만			30이상 ~ 32미만		
12이상 ~ 14미만			32이상 ~ 34미만		
14이상 ~ 16미만			34이상 ~ 36미만		
16이상 ~ 18미만			36이상 ~ 38미만		
18이상 ~ 20미만			38이상 ~ 40미만		
계			계		

다음은 어느 마을 사람들의 나이를 조사한 도수분포표입니다. **마을 사람들의 평균 나이는 얼마일까요?** 만약 마을 사람들의 평균 나이를 정확히 구할 수 없다면 어떻게 추정하는 것이 가장 합리적일까요?

나이(세)	인원수(명)
30이상 ~ 40미만	2
40이상 ~ 50미만	5
50이상 ~ 60미만	3
계	10

 잠시 질문의 답을 스스로 찾아보는 시간을 가져보세요.

도무지 무슨 말을 하는지 잘 모르겠다고요? 먼저 평균의 사전적 의미에 대해 알아보면 다음과 같습니다. 참고로 평균의 평은 '평평할 평(平)', 균은 '고를 균(均)'자를 씁니다.

평균 : 여러 사물의 질이나 양 따위를 통일적이고 고르게 표현한 것(값)

수학에서 말하는 평균이란 어떤 값들의 특징을 표현할 수 있는 대푯값으로서, 통상적으로 변량의 총합을 변량의 개수로 나누어 계산합니다. 다음은 은설이의 중간고사 성적표입니다. 은설이의 중간고사 성적의 평균을 구해보시기 바랍니다.

과목	국어	영어	수학
성적	85	90	86

 잠시 질문의 답을 스스로 찾아보는 시간을 가져보세요.

어렵지 않죠? 변량의 총합(국어, 영어, 수학 성적의 합) 261을 변량의 개수 3(세 과목)으로 나누기만 하면 됩니다.

$$\text{은설이의 중간고사 성적의 평균} : \frac{85+90+86}{3} = \frac{261}{3} = 87점$$

이렇게 계산된 평균을 전문용어로 '산술평균'이라고 말합니다. 사실 평균에는 산술평균 이외에 기하평균, 조화평균 등 여러 가지가 있지만 이는 중학교 교과과정을 벗어난 개념이므로 따로 언급하지는 않겠습니다.

이제 주어진 도수분포표로부터 마을 사람들이 평균 나이를 구해볼까요?

나이(세)	사람수(명)
30이상 ~ 40미만	2
40이상 ~ 50미만	5
50이상 ~ 60미만	3
계	10

$$(\text{평균}) = \frac{(\text{변량의 총합})}{(\text{변량의 개수})} \ ???$$

어라…? 변량의 총합을 모르는데, 어떻게 평균을 구할 수 있냐고요? 네, 맞아요. 마을 사람들의 평균 나이를 구하기 위해서는, 마을 사람들의 나이의 총합(변량의 총합)과 마을 사람들의 인원수(변량의 개수)를 알아야 합니다. 하지만 주어진 도수분포표를 가지고는 변량의 총합을 확인할 길이 없어 보입니다. 그렇죠? 물론 변량의 개수(마을 사람들의 인원수 : 10명)는 알 수 있겠지만 말이죠. 다시 말해서, 주어진 자료로부터 정확한 평균값(산술평균)을 구하는 것은 사실상 불가능하다는 것입니다. 그렇다고 여기서 포기하면 안 되겠죠? 마을 사람들의 평균 나이의 근삿값이라도 구해봅시다.

마을 사람들의 평균 나이의 근삿값을 구할 수 있는 가장 합리적인 방법은 무엇일까요?

자료를 보아하니, 30세 이상 40세 미만인 사람이 2명입니다. 그렇죠? 과연 이 두 사람의 나이를 얼마로 추정하는 것이 가장 합리적일까요?

 잠시 질문의 답을 스스로 찾아보는 시간을 가져보세요.

네, 맞습니다. 계급값 35세로 추정하는 것이 가장 합리적일 것입니다. 여러분도 그렇게 생각하시죠? 이러한 방식으로 각 계급에 대한 마을 사람들의 나이를 추정해 보면 다음과 같습니다.

나이(세)	사람수(명)	추정치
30이상 ~ 40미만	2	35세(계급값) → 2명
40이상 ~ 50미만	5	45세(계급값) → 5명
50이상 ~ 60미만	3	55세(계급값) → 3명
계	10	

이제 각 계급값에 도수를 곱하여 모두 더한 다음 도수의 총합(마을 사람들의 수)으로 나누어, 마을 사람들의 평균 나이에 대한 근삿값을 구해보겠습니다.

$$\text{마을 사람들의 평균 나이(근삿값) : } \frac{(35\times2)+(45\times5)+(55\times3)}{10}=46\text{세}$$

여기서 우리는 도수분포표의 평균을 정의할 수 있습니다. 당연히 실제 평균값과 도수분포표의 평균값이 다를 수 있다는 사실, 명심하시기 바랍니다.

도수분포표의 평균

각 계급값에 도수를 곱하여 모두 더한 다음, 도수의 총합으로 나눈 값을 도수분포표의 평균이라고 정의합니다.

$$(\text{도수분포표의 평균})=\frac{\{(\text{계급값})\times(\text{도수})\text{의 총합}\}}{(\text{도수의 총합})}$$

이렇게 도수분포표의 평균을 정의하게 되면, 도수분포표로부터 변량에 대한 대푯값을 손쉽게 추정할 수 있습니다. (도수분포표의 평균의 숨은 의미)

가끔 도수분포표의 평균을 어려워하는 학생들이 있는데, 지극히 단순한 계산문제일뿐입니다. 물론 계급값을 찾아 일일히 도수를 곱하여 더하는 작업이 조금은 복잡할 수도 있겠지만, 어쨌든 도수분포표의 평균을 구하는 계산식이 존재한다는 것, 즉 이미 만천하에(교과서, 참고서, 인터넷 등) 공개되어 있다는 것만으로도 더 이상 우리가 구하지 못하는 도수분포표의 평균은 없습니다. 이 점 반드시 명심하시기 바랍니다.

다음은 어느 마을 사람들의 가구원수를 조사한 도수분포표입니다. 이 마을의 평균 가구원수를 추정해 보시기 바랍니다. 즉, **도수분포표의 평균을 구해보라는 말입니다.**

가구원수(명)	가구수(호)
1이상 ~ 2미만	2
2이상 ~ 3미만	6
3이상 ~ 4미만	2
4이상 ~ 5미만	8
5이상 ~ 6미만	2
계	20

 잠시 질문의 답을 스스로 찾아보는 시간을 가져보세요.

어렵지 않죠? 다들 아시다시피 도수분포표의 평균을 구하는 계산식이 존재합니다. 즉, 도수분포표만 있으면 더 이상 우리가 구하지 못하는 도수분포표의 평균은 없다는 말입니다. 그럼 다시 한 번 도수분포표의 평균의 정의(계산식)를 확인해 볼까요?

$$(\text{도수분포표의 평균}) = \frac{\{(\text{계급값}) \times (\text{도수})\text{의 총합}\}}{(\text{도수의 총합})}$$

이제 다음 표를 완성해 보시기 바랍니다.

가구원수(명)	가구수(호)	계급값	(계급값)×(도수)
1이상 ~ 2미만	2		
2이상 ~ 3미만	6		
3이상 ~ 4미만	2		
4이상 ~ 5미만	8		
5이상 ~ 6미만	2		
계	20	—	

마지막으로 각 계급값에 도수를 곱하여 모두 더한 다음 도수의 총합으로 나누십시오. 즉, 도수분포표의 평균을 구해보자는 말입니다.

가구원수(명)	가구수(호)	계급값	(계급값)×(도수)
1이상 ~ 2미만	2	1.5	3
2이상 ~ 3미만	6	2.5	15
3이상 ~ 4미만	2	3.5	7
4이상 ~ 5미만	8	4.5	36
5이상 ~ 6미만	2	5.5	11
계	20	—	72

$$(\text{도수분포표의 평균}) = \frac{(1.5 \times 2) + (2.5 \times 6) + (3.5 \times 2) + (4.5 \times 8) + (5.5 \times 2)}{20} = 3.6$$

어렵지 않죠? 이처럼 통계와 관련된 문제는 대부분 단순 계산문제입니다. 즉, 머리를 쓰면서 고민해야 하는 문제가 전혀 아니라는 말이죠. 정해진 계산식에 맞춰 차근차근 풀어나가면 누구든지 쉽게 해결할 수 있으니 너무 걱정하지 마시기 바랍니다.

참고로 시중에 나와있는 통계용 컴퓨터 소프트웨어를 활용하면, 클릭 한 번에 모든 통계적 수치를 계산해 낼 수 있다고 합니다. 말인즉슨 통계학에서는 더 이상 계산이 중요하지 않다는 것을 뜻합니다. 그럼 도대체 뭐가 중요한 것일까요? 그렇습니다. 다양한 통계적 수치로부터 우리사회의 여러 현상을 분석해 낼 수 있는 능력을 갖추었느냐 하는 것입니다. 이 점 반드시 명심하시기 바랍니다.

★ 개념을 정확히 이해했는지 확인하고 싶다면, 학교 교과서에 나오는 개념확인 문제를 풀어 보거나 스스로 개념 확인문제를 출제 하여 풀어보면 큰 도움이 될 것입니다.

2 히스토그램, 도수분포다각형

여러분~ 그래프를 활용하면 자료의 분포 경향을 좀 더 쉽게 확인할 수 있지 않을까요? 다음은 은설이네 반 학생들의 수학성적을 조사한 도수분포표입니다. 어떻게 하면 도수분포표를 그래프로 표현할 수 있을지, 그 방법에 대해 고민해 보시기 바랍니다.

계급(점)	도수(명)
50이상 ~ 60미만	1
60이상 ~ 70미만	9
70이상 ~ 80미만	12
80이상 ~ 90미만	18
90이상 ~ 100미만	5
계	45

 잠시 질문의 답을 스스로 찾아보는 시간을 가져보세요.

음... 어디서부터 어떻게 시작해야 할지 전혀 감이 잡히지 않는다고요? 일단 그래프를 그리기 위해 우리에게 필요한 것은 무엇일까요? 네, 맞아요. 바로 좌표평면입니다. 그렇다면 머릿속으로 가로축이 x축, 세로축이 y축인 좌표평면(제1사분면)을 상상해 보시기 바랍니다. 다음으로 x축의 값을 계급으로, y축의 값을 도수로 설정해 보십시오.

x축의 값 : 계급 y축의 값 : 도수

잠깐! 뭔가 좀 이상하다고요? 계급이란 것은 어떤 하나의 숫자가 아닌 구간을 의미하는 값인데, 어떻게 계급을 x축의 값으로 설정할 수 있냐고요? 음... 그럼 이렇게 하면 어떨까요? 다음

그림과 같이 x축의 두 점 사이의 구간(계급)을 밑변으로 하고 높이가 도수인 직사각형을 만들어 보는 것이지요.

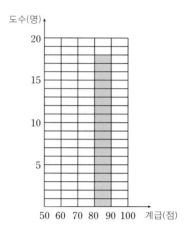

- 계급 : 80이상 ~ 90미만
- 도수 : 18

어떠세요? 계급과 도수가 좌표평면상에 잘 표현되어 있죠? 즉, 이 그래프는 계급 '80이상 90미만'을 x축의 값(구간)으로, 도수 18을 y축의 값으로 하여 좌표평면에 표시한 그림입니다. 나머지 계급에 대해서도 동일한 방식으로 표현해 보면 다음과 같습니다.

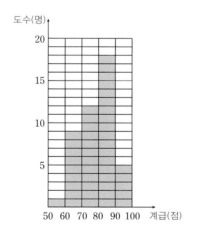

계급(점)	도수(명)
50이상 ~ 60미만	1
60이상 ~ 70미만	9
70이상 ~ 80미만	12
80이상 ~ 90미만	18
90이상 ~ 100미만	5
계	45

보는 바와 같이 그래프를 활용하면, 도수분포표보다 훨씬 쉽게 자료의 분포 경향을 확인할 수 있습니다. 이렇게 도수분포표를 그래프로 표현한 것, 즉 자료의 분포 상태를 막대기둥 모양으로 나타낸 것을 히스토그램이라고 부릅니다.

여기서 퀴즈~ 히스토그램이라는 용어는 어디에서 유래했을까요? 힌트를 드리자면, 어떤 두 영어 단어의 합성어입니다.

히스토(histo)＋그램(gram)?

 잠시 질문의 답을 스스로 찾아보는 시간을 가져보세요.

너무 어렵나요? 함께 질문의 답을 찾아보도록 하겠습니다. 사실 히스토그램은 '어떤 값에 대한 변화 양상'을 그림(그래프)으로 보기 편하게 표현한 '도표'입니다. 여기서 '어떤 값에 대한 변화 양상'과 관련된 영어단어와 '도표'와 관련된 영어단어를 하나씩 떠올려 보면 어렵지 않게 히스토그램의 어원을 유추할 수 있을 것입니다.

'어떤 값에 대한 변화 양상' 및 '도표'와 관련된 영어단어라...?

그렇습니다. 히스토그램(histogram)은 역사를 의미하는 영어단어 'history'와 도표를 의미하는 영어단어 'diagram'의 합성어입니다.

$$\text{history} + \text{diagram} \quad \rightarrow \quad \text{histogram}$$

고대 수학자들은 통계자료로부터 그 시대에 일어난 사회적 변화 양상, 즉 역사를 해석할 수 있다고 생각했던 모양입니다. 전혀 틀린 얘기는 아니죠? 앞서 우리도 연대별 인구수에 대한 통계자료로부터 우리나라 인구수에 대한 변화 추이 등을 분석했었잖아요.

〔연대별 우리나라의 인구수〕
- 1960년 : 24,954,290명
- 1970년 : 30,851,984명
- 1980년 : 37,406,815명
- 1990년 : 43,390,370명
- 2000년 : 45,985,289명
- 2010년 : 47,990,761명

1960년부터 1990년까지 우리나라의 인구수는 매년 500만 명 이상 증가했으나 2000년부터는 그 증가추세가 조금씩 더뎌지고 있다. 이는 우리사회가 산업화를 거쳐 현대화·고도화로 접어들면서, 아이를 적게 낳는 풍토가 조성되었다고 볼 수 있다.

히스토그램의 정의와 이를 그리는 순서를 정리해 보면 다음과 같습니다.

히스토그램

도수분포표를 그래프로 표현한 것, 즉 자료의 분포 상태를 막대기둥 모양으로 나타낸 것을 히스토그램이라고 부릅니다. 히스토그램을 그리는 방법은 다음과 같습니다.

　① 가로축(x)에 칸을 나누어 계급의 양끝값을 크기순으로 표시합니다.

　② 세로축(y)에 칸을 나누어 도수의 값을 크기순으로 표시합니다.

　③ 각 계급의 크기를 가로로, 도수를 세로로 하는 직사각형(막대기둥)을 그립니다.

　다들 짐작했겠지만 통계자료를 히스토그램으로 표현할 경우, 자료의 분포 경향 등을 손쉽게 파악할 수 있습니다. 이것이 바로 히스토그램이 갖는 숨은 의미가 되겠습니다. 가끔 히스토그램을 어려워하는 학생들이 있는데, 도수분포표를 히스토그램으로 변환하는 과정은 지극히 단순한 작업에 해당합니다. 즉, 책에 나온 순서대로 천천히 따라하기만 하면 손쉽게 도수분포표를 히스토그램으로 변환할 수 있다는 말이지요. 더불어 자주 그리다 보면 보다 쉽게 히스토그램을 해석할 수 있다는 사실 또한 함께 기억하시기 바랍니다.

히스토그램을 함수의 그래프처럼 선으로 표현할 수는 없을까요?

 잠시 질문의 답을 스스로 찾아보는 시간을 가져보세요.

　일단 좌표평면에 어떤 선을 그리기 위해서는, 그 선이 지나는 점을 찾아야 합니다. 그렇죠? 과연 히스토그램에서 각 막대기둥을 표현할 수 있는 점은 어디일까요?

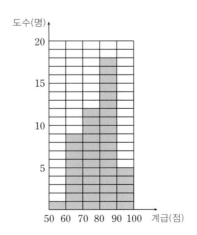

　그렇습니다. 각 막대기둥(직사각형) 윗변의 중점이 될 것입니다. 이렇게 막대기둥을 대표하는 점(윗변의 중점)을 찾아 직선으로 연결하면 자연스럽게 히스토그램을 선으로 표현할 수 있습니다. 더불어 히스토그램의 양끝에 도수가 0이고 크기가 같은 계급이 하나씩 더 있다고 생각하고 다음과 같이 그래프를 x축까지 연결하여 마무리합니다.

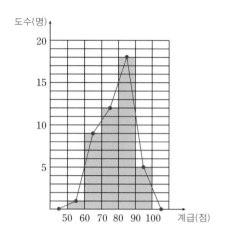

잠깐! 막대기둥을 대표하는 점의 좌표(막대기둥의 윗변의 중점)는 어떤 값일까요? 네, 맞아요. 바로 '(계급값, 도수)'를 표현한 순서쌍입니다.

막대기둥을 대표하는 점의 좌표 : (계급값, 도수)

이렇게 꺾은선 그래프의 형태로 표현한 자료분포도를 도수분포다각형이라고 부릅니다.

꺾은선 그래프가 아닌 다각형이라고...?

왜 다각형이라고 부르는지 잘 모르겠다고요? 앞의 그림을 잘 살펴보시기 바랍니다. 밑변이 x축인 다각형을 찾을 수 있을 것입니다.

도수분포다각형

꺾은선 그래프의 형태로 도수의 분포를 표현한 다각형을 도수분포다각형이라고 부릅니다.

히스토그램과 마찬가지로 주어진 자료를 도수분포다각형으로 표현할 경우, 자료의 분포 경향 등을 손쉽게 파악할 수 있습니다. 이것이 바로 도수분포다각형의 숨은 의미가 되겠습니다.

히스토그램의 각 직사각형의 넓이의 합과 도수분포다각형의 넓이 중 어느 것이 더 클까요?

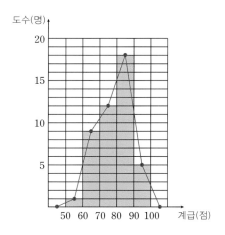

 잠시 질문의 답을 스스로 찾아보는 시간을 가져보세요.

　대충 봐도 둘의 넓이가 비슷해 보입니다. 그렇죠? 도수분포다각형의 각 변에 의해 잘려진 히스토그램(직사각형)의 넓이를 (−)로 놓고, 새롭게 추가된 넓이를 (+)로 놓은 후 비교해 보면, (+)와 (−)의 합이 0이 된다는 사실을 쉽게 확인할 수 있을 것입니다. 즉, 히스토그램의 각 직사각형의 넓이의 합과 도수분포다각형의 넓이는 서로 같습니다.

(히스토그램의 각 직사각형의 넓이의 합)＝(도수분포다각형의 넓이)

　다음은 어느 마을 사람들의 나이를 조사한 **도수분포표**입니다. 이 표를 토대로 도수분포다각형을 직접 그려보시기 바랍니다. 다시 말해서, 히스토그램으로 변환하지 말고 곧바로 도수분포다각형을 그리는 연습을 해 보라는 말입니다.

나이(세)	인원수(명)
30이상 ~ 40미만	2
40이상 ~ 50미만	6
50이상 ~ 60미만	7
60이상 ~ 70미만	8
70이상 ~ 80미만	2
계	25

 잠시 질문의 답을 스스로 찾아보는 시간을 가져보세요.

우선 가로축을 계급으로, 세로축을 도수로 설정한 좌표평면(제1사분면)을 그려봐야겠죠? 그리고 각 계급에 대한 순서쌍 '(계급값, 도수)'를 좌표평면 위에 점으로 표시해 봅니다. 마지막으로 양끝에 도수가 0이고 크기가 같은 계급이 하나씩 더 있다고 가정하고 그 중앙에 점을 찍은 후, 모든 점을 선분으로 연결하면 끝~.

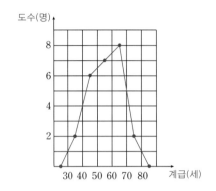

어렵지 않죠? 도수분포표를 히스토그램 또는 도수분포다각형으로, 도수분포다각형을 히스토그램 또는 도수분포표로 변형하는 과정은 지극히 단순한 작업입니다. 즉, 머리를 쓰는 문제가 아니라는 말입니다. 따라서 시간날 때 조금만 연습하면 누구나 쉽게 수행할 수 있으니, 너무 어려워 하지 않길 바랍니다. 참고로 통계학에서는 주어진 통계자료를 잘 정리하는 것보다 정리된 자료를 합리적으로 분석하는 것이 더 중요하다는 사실, 절대 잊지 마시기 바랍니다.

★ 개념을 정확히 이해했는지 확인하고 싶다면, 학교 교과서에 나오는 개념확인 문제를 풀어 보거나 스스로 개념 확인문제를 출제하여 풀어보면 큰 도움이 될 것입니다.

3 상대도수와 그 그래프

다음은 서울시내 맛집에 대한 평점을 도수분포다각형으로 표현한 것입니다.

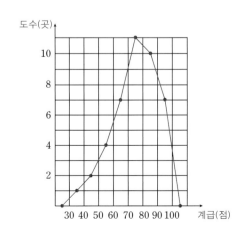

① 맛집의 평점이 70점 이상인 곳은 몇 군데일까요? 그리고 ② 어떤 사람이 조사대상 42곳의 맛집 중 무작위로 1군데를 찾아가려고 합니다. 이 사람이 맛집 음식에 만족할 확률은 몇 %일까요? 단, 이 사람은 맛집의 평점이 70점 이상인 경우에만 맛집 음식에 만족한다고 합니다. 참고로 확률값(%)은 소수점 둘째자리에서 반올림 하시기 바랍니다.

 잠시 질문의 답을 스스로 찾아보는 시간을 가져보세요.

어렵지 않죠? 일단 ① 맛집의 평점이 70점 이상인 곳이 몇 군데인지 확인해 보면 다음과 같습니다.

- 평점 70점 이상 80점 미만인 맛집의 수 : 11
- 평점 80점 이상 90점 미만인 맛집의 수 : 10
- 평점 90점 이상 100점 미만인 맛집의 수 : 7

그렇습니다. ① 맛집의 평점이 70점 이상인 곳은 총 28군데입니다. 이제 ② 어떤 사람이 조사대상 42곳의 맛집 중 무작위로 1군데를 찾아 간다고 할 때, 이 사람이 맛집 음식에 만족할 확률(%)이 얼마인지 구해보도록 하겠습니다. 잠깐! 여러분 혹시 백분위(%)가 어떤 값을 의미하는지 알고 계신가요? 사실 이 문제는 백분위(%)의 개념만 정확히 알고 있으면 쉽게 답을 찾을 수 있는 문제입니다. 그럼 잠시 백분위(%)의 개념에 대해 간략히 짚고 넘어가도록 하겠습니다.

백분위(%) : 100을 기준으로 얼마의 양이 조건을 만족하는지 표현하는 단위

예를 들어, 어떤 사람이 맛집 200곳을 돌아다닌 후 140군데에서 만족했다면, 맛집 100곳을 기준으로 70군데에서 만족했다고 볼 수 있습니다. 그렇죠?

맛집 200곳 중 140군데에서 만족 → 맛집 100곳 중 70군데에서 만족

즉, 이 사람의 맛집 만족도는 70%가 된다는 뜻입니다. 이해가 되시나요? 그렇다면 이를 바탕으로 백분위(%)의 값을 구하는 계산식을 도출해 보도록 하겠습니다.

$$70\% = \frac{(만족한\ 맛집의\ 수)}{(전체\ 맛집의\ 수)} \times 100 = \frac{140}{200} \times 100 \rightarrow 백분위(\%) = \frac{(해당\ 자료의\ 수)}{(전체\ 자료의\ 수)} \times 100$$

백분위(%)의 계산식 양변에 (전체 자료의 수)를 곱하고 다시 양변을 100으로 나눌 경우, 다음과 같이 (해당 자료의 수)를 구하는 계산식을 도출해 낼 수 있습니다.

$$백분위(\%) = \frac{(해당\ 자료의\ 수)}{(전체\ 자료의\ 수)} \times 100 \quad \rightarrow \quad (해당\ 자료의\ 수) = \frac{\{백분위(\%)\}}{100} \times (전체\ 자료의\ 수)$$

이 식에 따르면 전체 자료의 수가 300이고 백분위의 값이 70%일 때, 해당 자료의 수는 210이 될 것입니다.

$$(해당\ 자료의\ 수) = \frac{70}{100} \times 300 = 210$$

이제 백분위(%)의 개념에 대해 확실히 감을 잡으셨죠? 그렇다면 질문의 답을 찾아볼까요? 우선 전체 맛집의 수 42곳에 대해서 평점이 70점 이상인 맛집의 수는 28곳입니다. 그렇죠?

$$전체\ 맛집의\ 수 : 42곳, \quad 평점이\ 70점\ 이상인\ 맛집의\ 수 : 28곳$$

그럼 이 사람이 조사대상 42곳의 맛집 중 무작위로 1군데를 찾아 간다고 할 때, 맛집 음식에 만족할 확률(%)이 얼마인지 구해보도록 하겠습니다. 즉, 전체 맛집의 수(42곳)를 기준으로 평점이 70점 이상인 맛집의 수(28곳)에 대한 백분위가 몇 %인지 계산해 보자는 말입니다.

$$백분위(\%) = \frac{(해당\ 자료의\ 수)}{(전체\ 자료의\ 수)} \times 100 \quad \rightarrow \quad \frac{28}{42} \times 100 = 66.7\%$$

따라서 ② 어떤 사람이 42곳의 맛집 중 무작위로 1군데를 찾아 간다고 할 때, 이 사람이 맛집 음식에 만족할 확률은 66.7%가 됩니다. 잘 이해가 가지 않는다면 백분위(%)의 개념부터 다시 읽어보시기 바랍니다.

A중학교에 다니는 은설이와 B중학교에 다니는 규민이는 교내 수학경시대회에서 각각 전교 12등과 5등을 차지했다고 합니다. 그렇다면 둘 중 누가 더 수학을 잘한다고 말할 수 있을까요? 단, A중학교의 전교생 수는 500명이며, B중학교의 전교생 수는 200명이라고 합니다. 그리고 A중학교와 B중학교 학생들의 학력수준은 동일하다고 가정하겠습니다.

 잠시 질문의 답을 스스로 찾아보는 시간을 가져보세요.

질문에 대한 답을 찾기에 앞서 우리는 은설이와 규민이가 다니는 학교가 서로 다른 곳이며, 전교생 수 또한 같지 않다는 사실에 유의해야 합니다. 물론 문제에서 두 학교 학생들의 학력수준이 동일하다고 가정했으므로, 학교에 따른 학력수준은 별반 차이가 없습니다. 하지만 전교생 수가 다르다는 것은 두 학생의 수학실력을 비교하는 데 있어 아주 큰 영향을 미친다는 사실 또한 놓쳐서는 안 됩니다. 다시 말해서, 단순히 12등과 5등을 비교하는 것이 아니라 '500명 중의 12등'과 '200명 중의 5등'을 비교해야 한다는 뜻이지요. 이해가 되시나요? 과연 우리는 두 학생의 수학실력을 어떻게 비교해야 할까요? 일단 전교생 수를 동일하게 맞춰 주어야 합니다. 음... 전교생 수를 100명으로 가정해 보는 건, 어떨까요? 여기서 우리는 백분위라는 개념을 머릿속에 떠올릴 수 있을 것입니다.

- 백분위(%) : 100을 기준으로 얼마의 양이 조건을 만족하는지 표현하는 단위

이제 두 학생의 학교별 전교생 수에 대한 백분위(%)가 얼마인지 정확히 계산해 보도록 하겠습니다. 앞서도 언급했지만 백분위(%)의 계산식은 다음과 같습니다.

$$\text{백분위}(\%) = \frac{(\text{해당 자료의 수})}{(\text{전체 자료의 수})} \times 100 = \frac{(\text{전교 등수})}{(\text{전교생 수})} \times 100$$

- $(\text{은설이의 백분위}) = \dfrac{(\text{전교 등수})}{(\text{전교생 수})} \times 100 = \dfrac{12}{500} \times 100 = 2.4\%$ (100명 중 2.4등)

- $(\text{규민이의 백분위}) = \dfrac{(\text{전교 등수})}{(\text{전교생 수})} \times 100 = \dfrac{5}{200} \times 100 = 2.5\%$ (100명 중 2.5등)

어떠세요? 객관적으로 볼 때 은설이가 규민이보다 조금 더 수학을 잘한다고 말할 수 있겠죠?

혹시 여러분은 대학수학능력시험 성적의 등급이 어떻게 결정되는지 알고 계십니까? 그렇습니다. 바로 백분위로 계산됩니다. 단, 등급간 경계점에 있는 동점자는 상위 등급으로 분류된다고 하네요.

수능등급	표준점수의 백분위	수능등급	표준점수의 백분위	수능등급	표준점수의 백분위
1등급	4% 이하	4등급	23~40%	7등급	77~89%
2등급	4~11%	5등급	40~60%	8등급	89~96%
3등급	11~23%	6등급	60~77%	9등급	96% 초과

수능성적과 관련하여 잠시 어느 가정의 두 형제(형과 아우) 이야기를 해 보려 합니다. 형과 아우는 모두 Y대학 수학과에 다니고 있습니다. 형은 2015학년도 수능시험 수학과목에서 95점을 받았고, 아우는 2016학년도 수능시험 수학과목에서 85점을 받아 대학에 합격했다고 합니다. 그런데 정작 입학성적 우수 장학금을 받은 학생은 아우라고 하네요. 왜 그럴까요? 형의 수학성적이 동생보다 훨씬 더 좋았는데 말이죠. 참고로 Y대학은 상대평가 방식을 채택하고 있다고 합니다.

 잠시 질문의 답을 스스로 찾아보는 시간을 가져보세요.

질문의 답을 찾으셨나요? 음… 잘 모르겠다고요? 이 질문의 답을 찾기에 앞서 우리는 성적 평가방식에 대해 정확히 알고 있어야 합니다. 일반적으로 성적을 평가하는 방식에는 다음과 같이 두 종류가 있습니다.

- 절대평가 : 어떤 절대적인 기준에 의하여 개별 학생의 성적을 평가하는 방법
- 상대평가 : 다른 학생과 비교하여 성적의 위치를 부여하는 평가방법

무슨 말인지 잘 모르겠다고요? 쉽게 말하면, 절대평가의 경우 획득한 점수에 비례하여 평가등급이 결정되는 반면 상대평가의 경우 획득한 점수가 아닌 '등수 또는 등수에 대한 백분위'에 비례하여 평가등급이 결정됩니다. 예를 들어, A, B, C, D, E학생이 각각 95점, 85점, 71점, 99점, 88점을 획득했다고 가정해 봅시다. 절대평가 방식에서는 다음과 같이 학생들이 획득한 점수에 비례하여 등급이 매겨집니다.

〔절대평가 방식〕

구분(점)	90점 이상	80점 이상 ~ 90점 미만	70점 이상 ~ 80점 미만	60점 이상 ~ 70점 미만	60점 미만
등급	1등급	2등급	3등급	4등급	5등급
해당학생	A, D	B, E	C		

만약 모든 학생의 성적이 90점 이상이라면, 모두 '1등급'을 받게 될 것입니다. 이해되시죠? 하지만 상대평가의 경우는 조금 다릅니다. 상대평가에서는 등수 또는 등수에 대한 백분위에 비례하여 등급이 결정되는데… 일단 A, B, C, D, E학생의 등수로부터 백분위를 계산해 보면 다음과 같습니다. 잠깐! 백분위의 계산식이 '백분위(%)$= \dfrac{(전체\ 등수)}{(전체\ 학생\ 수)} \times 100$'이라는 사실, 다들 아시죠?

학생	A(2등)	B(4등)	C(5등)	D(1등)	E(3등)
백분위	40%	80%	100%	20%	60%
계산식	$\frac{2}{5} \times 100$	$\frac{4}{5} \times 100$	$\frac{5}{5} \times 100$	$\frac{1}{5} \times 100$	$\frac{3}{5} \times 100$

상대평가에 따른 각 학생들의 등급은 다음과 같이 결정됩니다. 물론 평가하는 기관에 따라 기준이 되는 백분위의 값은 조금 다를 수도 있습니다.

〔상대평가 방식〕

구분(%)	20% 이하	20% 초과 ~ 40% 이상	40% 초과 ~ 60% 이상	60% 초과 ~ 80% 이하	80% 초과
등급	1등급	2등급	3등급	4등급	5등급
해당학생	D	A	E	B	C

앞서 Y대학의 평가방식이 상대평가라고 했던 거, 기억나시죠? 그리고 형(95점)이 아닌 아우(85점)가 입학성적 우수 장학금을 받았다고 했습니다. 아우가 장학금을 받을 수 있었던 이유는 뭘까요? 네, 맞아요. 바로 아우의 등수(또는 백분위)가 형의 등수(또는 백분위)보다 높았기 때문입니다.

85점을 받은 학생이 95점을 받은 학생보다 등수(또는 백분위)가 높다고...?

언뜻 이해가 잘 가지 않을 수도 있겠지만, 아마도 형이 입학할 당시(2015학년도)보다 아우가 입학할 당시(2016학년도)의 수학 문제가 훨씬 더 어려웠던 모양입니다. 정리하자면, 95점을 받은 형보다 85점을 받은 아우의 전체 등수가 더 좋았다는 뜻입니다. 그러니 85점을 맞고도 장학금을 받을 수 있었겠죠.

왜 자꾸 백분위(%)에 대한 이야기만 하냐고요? 그 이유는 통계자료를 분석할 때, 백분위가 아주 중요한 역할을 하기 때문입니다. 일례로 노령화지수를 살펴보면 다음과 같습니다.

노령화지수 : 15세 미만의 유소년인구에 대한 65세 이상의 노령인구의 비율

짐작하셨겠지만 노령화지수는 그 나라의 노령화 정도를 나타내는 지표입니다. 인구수에 대한 통계자료만으로는 그 나라의 노령화 정도를 확인할 수 없지만, 노령화지수를 계산하면 애

기가 달라집니다. 노령화지수가 높으면 높을수록 그 사회에 노령인구가 많다는 것을 의미하거든요. 통상적으로 노령화지수가 30% 이상일 경우 노령화사회로 분류되는데, 통계청 자료에 따르면 우리나라의 경우, 2000년도에 이미 노령화지수가 34.3%가 되어 1998년을 전후로 노령화사회에 접어 들었다고 합니다. 더불어 2005년도에는 47.3%, 2010년에 68.7%, 2015년에는 94.1%로, 2000년 이후 우리나라의 노령화는 급속도로 진행되고 있음을 알 수 있습니다.

도수분포표에서도 백분위와 유사한 개념이 등장합니다. 그것은 바로 어떤 계급의 도수가 전체에서 차지하는 비율을 의미하는 '상대도수'입니다.

$$(어떤\ 계급의\ 상대도수) = \frac{(그\ 계급의\ 도수)}{(도수의\ 총합)}$$

예를 들어, 어느 마을의 전체 인구수가 25명이고 50세 이상 60세 미만의 인구수가 10명이라고 할 경우, 그 계급(50세 이상~60세 미만)의 상대도수는 $\frac{2}{5}\left(=\frac{10}{25}\right)$가 됩니다. 어라...? 왜 %(백분위)로 표현하지 않느냐고요? 참고로 비율을 표현하는 방식에는 여러 가지가 있는데, 전체를 100으로 할 때에는 %라는 단위를 사용하지만, 전체를 1로 할 경우에는 특별한 단위 없이 1보다 작은 분수로 그 비율을 표현합니다. 이 점 반드시 명심하시기 바랍니다. 물론 상대도수의 값에 100을 곱할 경우, 백분위(%)로 나타낼 수 있다는 사실 또한 함께 기억하시기 바랍니다.

상대도수와 상대도수분포표

전체도수에 대하여 어떤 계급의 도수가 차지하는 비율을 상대도수라고 말하며, 상대도수가 포함된 도수분포표를 상대도수분포표라고 부릅니다.

$$(어떤\ 계급의\ 상대도수) = \frac{(그\ 계급의\ 도수)}{(도수의\ 총합)}$$

어떤 계급의 상대도수를 알면 그 계급의 도수가 전체에서 얼마만큼 차지하는지 한눈에 확인할 수 있습니다. 예를 들어, 인구수가 100명인 어느 마을의 어떤 계급의 상대도수가 0.3이라면 그 계급의 도수가 전체에서 차지하는 비율(백분위)은 30%가 된다는 것을 의미합니다. (상대도수의 숨은 의미)

다음은 ○○중학교 1학년 1반 학생들의 수학성적을 조사한 도수분포표입니다. 각 계급에 대한 상대도수를 구해보시기 바랍니다.

계급(점)	도수(명)	상대도수
50이상 ~ 60미만 (5등급)	1	
60이상 ~ 70미만 (4등급)	3	
70이상 ~ 80미만 (3등급)	12	
80이상 ~ 90미만 (2등급)	18	
90이상 ~ 100미만 (1등급)	6	
계	40	

 잠시 질문의 답을 스스로 찾아보는 시간을 가져보세요.

어렵지 않죠? 상대도수의 정의만 알고 있으면 쉽게 해결할 수 있는 문제입니다. 일단 상대도수가 무엇인지 그 계산식을 머릿속으로 떠올려 볼까요?

$$(어떤 \ 계급의 \ 상대도수)=\frac{(그 \ 계급의 \ 도수)}{(도수의 \ 총합)}$$

계산식을 활용하여 주어진 표의 빈 칸을 채워보겠습니다.

계급(점)	도수(명)	상대도수
50이상 ~ 60미만 (5등급)	1	$\frac{1}{40}$ (0.025)
60이상 ~ 70미만 (4등급)	3	$\frac{3}{40}$ (0.075)
70이상 ~ 80미만 (3등급)	12	$\frac{3}{10}$ (0.3)
80이상 ~ 90미만 (2등급)	18	$\frac{9}{20}$ (0.45)
90이상 ~ 100미만 (1등급)	6	$\frac{3}{20}$ (0.15)
계	40	1

이제 상대도수를 활용하여 주어진 자료를 분석해 볼 시간이군요. 우선 상대도수에 100을 곱하여 각 계급에 대한 백분위를 계산하면 다음과 같습니다.

계급(점)	도수(명)	상대도수	백분위(%)
50이상 ~ 60미만 (5등급)	1	$\frac{1}{40}$ (0.025)	2.5
60이상 ~ 70미만 (4등급)	3	$\frac{3}{40}$ (0.075)	7.5
70이상 ~ 80미만 (3등급)	12	$\frac{3}{10}$ (0.3)	30.0
80이상 ~ 90미만 (2등급)	18	$\frac{9}{20}$ (0.45)	45.0
90이상 ~ 100미만 (1등급)	6	$\frac{3}{20}$ (0.15)	15.0
계	40	1	100

보는 바와 같이 ○○중학교 1학년 1반 학생들 중 수학성적이 1등급인 학생은 전체의 15.0%, 2등급인 학생은 전체의 45.0%, 3등급인 학생은 전체의 30%, 4등급인 학생은 전체의 7.5% 그리고 5등급인 학생은 전체의 2.5%입니다. 어떠세요? 역시 상대도수를 활용하니까, 자료의 분포를 정말 쉽게 확인할 수 있죠?

상대도수분포표에서 상대도수의 총합은 얼마일까요?

 잠시 질문의 답을 스스로 찾아보는 시간을 가져보세요.

앞서 다루었던 상대도수분포표를 살펴보니, 상대도수의 총합이 1이라고 써 있네요. 과연 상대도수의 총합은 항상 1일까요? 음… 잘 모르겠다고요? 예를 들어 보면서 천천히 확인해 보도록 하겠습니다. 만약 계급이 A, B, C, …로 나누어지고 각 계급에 대한 도수가 a, b, c, …라고 가정할 경우, 상대도수의 총합을 계산하면 다음과 같습니다.

$$(\text{어떤 계급의 상대도수}) = \frac{(\text{그 계급의 도수})}{(\text{도수의 총합})}$$

$$(\text{상대도수의 총합}) = \frac{(\text{계급 A의 도수})}{(\text{도수의 총합})} + \frac{(\text{계급 B의 도수})}{(\text{도수의 총합})} + \frac{(\text{계급 C의 도수})}{(\text{도수의 총합})} + \cdots$$

$$= \frac{(\text{계급 A의 도수}) + (\text{계급 B의 도수}) + (\text{계급 C의 도수}) + \cdots}{(\text{도수의 총합})}$$

어떠세요? 감이 오시나요? 그렇습니다. 계급 A, B, C, …의 도수의 합은 (도수의 총합)과 같으므로 상대도수의 총합은 1이 됩니다.

$$(상대도수의 총합)=\frac{(계급\ A의\ 도수)+(계급\ B의\ 도수)+\ ...}{(도수의\ 총합)}=\frac{(도수의\ 총합)}{(도수의\ 총합)}=1$$

다음은 어느 어린이집의 원생 40명의 키를 조사한 상대도수분포표입니다. 각 계급에 대한 도수를 구해보시기 바랍니다.

계급(cm)	도수(명)	상대도수
75이상 ~ 80미만		0.3
80이상 ~ 85미만		0.25
85이상 ~ 90미만		0.225
90이상 ~ 95미만		0.125
95이상 ~ 100미만		0.1
계	40	1

 잠시 질문의 답을 스스로 찾아보는 시간을 가져보세요.

조금 어렵나요? 일단 상대도수의 개념(계산식)을 머릿속에 떠올려 보시기 바랍니다.

$$(상대도수)=\frac{(그\ 계급의\ 도수)}{(도수의\ 총합)}$$

다음으로 등식의 양변에 (도수의 총합)을 곱하여 (그 계급의 도수)를 구하는 식을 작성해 보겠습니다.

$$(그\ 계급의\ 도수)=(도수의\ 총합)\times(상대도수)$$

이제 도출된 계산식을 활용하여 도수분포표의 빈 칸을 채워볼까요?

계급(cm)	도수(명)	상대도수
75이상 ~ 80미만	12	0.3
80이상 ~ 85미만	10	0.25
85이상 ~ 90미만	9	0.225
90이상 ~ 95미만	5	0.125
95이상 ~ 100미만	4	0.1
계	40	1

어렵지 않죠? 다음은 어느 실버클럽 회원수의 나이를 조사한 상대도수분포표입니다. 이를 토대로 상대도수히스토그램과 상대도수분포다각형을 그려보시기 바랍니다.

계급(세)	상대도수
50이상 ~ 60미만	0.05
60이상 ~ 70미만	0.2
70이상 ~ 80미만	0.4
80이상 ~ 90미만	0.25
90이상 ~ 100미만	0.1
계	1

상대도수히스토그램과 상대도수분포다각형?

 잠시 질문의 답을 스스로 찾아보는 시간을 가져보세요.

다들 짐작하셨겠지만, 일반적인 히스토그램과 도수분포다각형의 세로축의 값을 상대도수로 변형한 것을 각각 상대도수히스토그램과 상대도수분포다각형이라고 부릅니다. 물론 이 변환 과정은, 도수분포표로부터 히스토그램과 도수분포다각형을 그리는 방식과 동일합니다. 즉, 단순 변형작업에 불과하다는 뜻이지요. 주어진 자료로부터 상대도수히스토그램과 상대도수분포다각형을 그려보면 다음과 같습니다. 여기서 상대도수히스토그램과 상대도수분포다각형을 '상대도수의 그래프'라고 일컫습니다.

상대도수의 그래프 : 상대도수히스토그램, 상대도수분포다각형

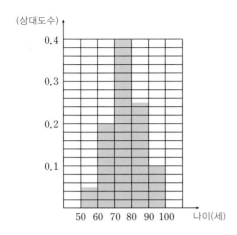

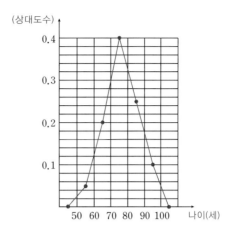

다음은 어느 연예인협회 회원들의 나이를 조사한 상대도수분포다각형입니다. 나이가 40세 이상인 연예인은 총 몇 명일까요? 단, 협회에 소속된 연예인의 수는 총 200명이라고 합니다.

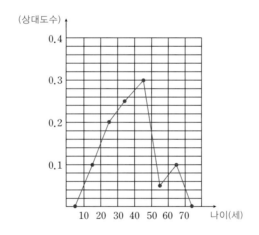

여러분~ 어떤 계급에 대한 도수는, 도수의 총합에 그 계급에 대한 상대도수를 곱한 값과 같다는 사실, 기억하시죠?

(어떤 계급의 도수)＝(도수의 총합)×(그 계급의 상대도수)

문제에서 40세 이상인 연예인이 총 몇 명이냐고 물었으므로, 40세 이상의 연예인을 포함하는 세 계급, 즉 40세 이상 50세 미만, 50세 이상 60세 미만, 60세 이상 70세 미만에 대한 도수를 구하여 모두 더하면, 쉽게 40세 이상인 연예인의 수를 계산해 낼 수 있을 것입니다.

(40세 이상인 연예인의 수)＝(40세 이상 ～ 70세 미만의 도수)

- (40세 이상 50세 미만의 도수)=(도수의 총합)×(상대도수)=200×0.3=60
- (50세 이상 60세 미만의 도수)=(도수의 총합)×(상대도수)=200×0.05=10
- (60세 이상 70세 미만의 도수)=(도수의 총합)×(상대도수)=200×0.1=20

따라서 40세 이상인 연예인의 수는 90(=60+10+20)명입니다. 참고로 40세 이상 70세 미만에 대한 상대도수의 합을 구한 후, 이 값에 도수의 총합을 곱하여 40세 이상인 계급에 대한 도수(40세 이상인 연예인의 수)를 계산할 수도 있다는 사실, 함께 기억하시기 바랍니다.

40세 이상인 계급에 대한 상대도수의 합 : 0.45(=0.3+0.05+0.1)
→ (40세 이상인 계급에 대한 도수)=(도수의 총합)×(상대도수)=200×0.45=90

혹시 이해가 잘 가지 않는 학생들이 있다면, 상대도수의 개념부터 다시 한 번 천천히 읽어보시기 바랍니다.

다음은 어느 학교의 남학생과 여학생들의 월 핸드폰요금을 나타낸 도수분포표입니다. 빈 칸을 채워보시기 바랍니다. 더불어 상대도수분포표 및 상대도수분포다각형을 그려 남학생과 여학생의 핸드폰요금에 대한 특징을 찾아보시기 바랍니다.

계급(원)	도수(남학생_명)	도수(여학생_명)
10,000이상 ~ 15,000미만	10	3
15,000이상 ~ 20,000미만	12	7
20,000이상 ~ 25,000미만		
25,000이상 ~ 30,000미만	7	10
30,000이상 ~ 35,000미만	6	8
계	50	40

 잠시 질문의 답을 스스로 찾아보는 시간을 가져보세요.

우선 남학생의 수는 50명이고 여학생의 수는 인원은 40명입니다. 맞죠? 즉, 남학생과 여학생의 인원수에서, 계급 20,000이상 25,000미만을 제외한 나머지 계급에 대한 도수의 합을 빼면 손쉽게 빈 칸을 채울 수 있습니다.

계급(원)	도수(남학생_명)	도수(여학생_명)
10,000이상 ~ 15,000미만	10	3
15,000이상 ~ 20,000미만	12	7
20,000이상 ~ 25,000미만	15	12
25,000이상 ~ 30,000미만	7	10
30,000이상 ~ 35,000미만	6	8
계	50	40

이제 상대도수분포표 및 상대도수분포다각형을 그려 남학생과 여학생의 핸드폰요금의 특징을 찾아볼까요? 먼저 주어진 도수분포표로부터 각 계급에 대한 상대도수를 계산하면 다음과 같습니다.

계급(원)	남학생		여학생	
	도수	상대도수	도수	상대도수
10,000이상 ~ 15,000미만	10	0.2	3	0.075
15,000이상 ~ 20,000미만	12	0.24	7	0.175
20,000이상 ~ 25,000미만	15	0.3	12	0.3
25,000이상 ~ 30,000미만	7	0.14	10	0.25
30,000이상 ~ 35,000미만	6	0.12	8	0.2
계	50	1	40	1

그럼 상대도수분포다각형을 그려보겠습니다.

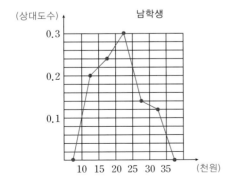

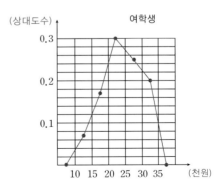

어떠세요? 남학생과 여학생의 핸드폰요금의 특징이 보이시나요? 잘 모르겠다고요? 힌트를 드리겠습니다. 남학생과 여학생의 상대도수분포다각형을 비교하였을 때, 오른쪽으로 좀 더 치우친 다각형이 어느 것인지 그리고 그것이 무엇을 의미하는지 생각해 보시기 바랍니다.

이제 좀 감이 오시죠? 자료를 분석하면 다음과 같습니다.

① 남학생과 여학생 모두 20,000원 이상 25,000원 이하의 핸드폰요금이 가장 많았다.
② 남학생은 30,000원 이상 35,000원 이하의 핸드폰요금이 가장 적었지만,
   여학생은 10,000원 이상 15,000원 이하의 핸드폰요금이 가장 적었다.
③ 여학생의 상대도수분포다각형이 남학생보다 오른쪽에 위치한 것으로 보아
   평균적인 핸드폰요금은 여학생이 더 많다고 볼 수 있다.

여러분~ 아직도 통계가 어렵나요? 용어가 생소해서 그렇지, 그리 어렵진 않죠? 사실 중학교 수준에서 다루는 통계 문제는 단순 계산문제에 불과합니다. 용어의 정의대로 천천히 계산하거나 그래프를 그리면 쉽게 해결할 수 있거든요. 그러니 너무 걱정하지 마십시오. 더불어 용어를 처음부터 달달 암기하려고 하지 말고, 개념이 나올 때마다 자주 찾아보면서 자연스럽게 기억하려고 노력하시기 바랍니다. 그러면 좀 더 수학이 쉬워질 것입니다.

★ 개념을 정확히 이해했는지 확인하고 싶다면, 학교 교과서에 나오는 개념확인 문제를 풀어 보거나 스스로 개념 확인문제를 출제하여 풀어보면 큰 도움이 될 것입니다.

심화학습

★ 개념의 이해도가 충분하지 않다면, 일단 PASS하시기 바랍니다. 그리고 개념정리가 마무리 되었을 때 심화학습 내용을 따로 읽어보는 것을 권장합니다.

【편차, 평균편차, 분산】
다음 용어의 정의를 읽어보고, 각 개념이 갖고 있는 숨은 의미를 찾아보시기 바랍니다.

> 편차 (偏差 : 치우칠 편, 다를 차)
> 변량과 평균의 차를 말하며, 한자어의 말 그대로 변량이 어느 한 쪽으로 치우쳐 평균과 얼마나 다른지 확인할 수 있는 지표입니다. (편차＝변량－평균)

평균편차

편차의 절댓값에 대한 평균값으로, |편차|의 총합을 도수의 총합으로 나눈 값입니다. 이 값이 크면 클수록 변량은 평균으로부터 멀리 떨어져 있으며, 작으면 작을수록 변량은 평균에 근접해 있습니다.

분산 (分散 : 나눌 분, 흩어질 산)

편차의 제곱에 대한 평균값으로, 변량의 흩어진 정도를 계산하는 지표입니다. (편차)²의 총합을 도수의 총합으로 나누어 계산하며, 이 값이 크면 클수록 변량은 평균으로부터 멀리 흩어져 있으며, 작으면 작을수록 변량은 평균에 근접해 있습니다.

도무지 무슨 말을 하고 있는지 이해가 되지 않는다고요? 이럴 땐 예를 들어보면 쉽습니다. 다음은 은설이와 규민이의 중간고사 성적 자료입니다. 일단 두 사람의 중간고사 성적분포에 대한 차이점을 비교·분석해 보시기 바랍니다.

구분	국어	영어	수학	과학	사회
은설이의 성적	65	95	100	58	70
규민이의 성적	75	79	78	76	80

 잠시 질문의 답을 스스로 찾아보는 시간을 가져보세요.

분석 결과가 나왔나요? 네, 그렇습니다. 은설이의 경우 중간고사 성적이 과목별로 들쭉날쭉한 반면, 규민이의 경우 과목별로 성적이 고르게 분포되어 있습니다. 이 점을 기억하면서 은설이와 규민이의 중간고사 성적의 편차, 평균편차, 분산을 구해보도록 하겠습니다. 우선 은설이와 규민의의 중간고사 성적에 대한 평균을 구하면 다음과 같습니다.

$$(평균) = \frac{(변량의\ 총합)}{(변량의\ 개수)}$$

$$(은설이의\ 중간고사\ 성적평균) = \frac{65+95+100+58+70}{5} = \frac{388}{5} = 77.6$$

$$(규민이의\ 중간고사\ 성적평균) = \frac{75+79+78+76+80}{5} = \frac{388}{5} = 77.6$$

어라…? 두 사람의 평균점수가 77.6점으로 똑같네요. 그럼 각 변량에 대한 편차, 평균편차, 분산을 계산해 볼까요? 어렵지 않아요~ 용어의 정의(계산식)대로 식의 값만 구하면 되거든요.

- (편차)＝(변량)－(평균)

- (평균편차)＝(|편차|의 평균값)＝$\dfrac{(|편차|의\ 총합)}{(변량의\ 개수)}$

- (분산)＝{(편차)^{2}의 평균값)}＝$\dfrac{\{(편차)^2의\ 총합\}}{(변량의\ 개수)}$

구분	평균	국어	영어	수학	과학	사회
은설이의 성적	77.6	65	95	100	58	70
편차(＝변량－평균)		－12.6	17.4	22.4	－19.6	－7.6
평균편차	$\dfrac{(|편차|의\ 총합)}{(변량의\ 개수)}=\dfrac{12.6+17.4+22.4+19.6+7.6}{5}=15.92$					
분산	$\dfrac{\{(편차)^2의\ 총합\}}{(변량의\ 개수)}$ $=\dfrac{(-12.6)^2+(17.4)^2+(22.4)^2+(-19.6)^2+(-7.6)^2}{5}=281.04$					

구분	평균	국어	영어	수학	과학	사회
규민이의 성적	77.6	75	79	78	76	80
편차(＝변량－평균)		－2.6	1.4	0.4	－1.6	2.4
평균편차	$\dfrac{(|편차|의\ 총합)}{(변량의\ 개수)}=\dfrac{2.6+1.4+0.4+1.6+2.4}{5}=1.68$					
분산	$\dfrac{\{(편차)^2의\ 총합\}}{(변량의\ 개수)}$ $=\dfrac{(-2.6)^2+(1.4)^2+(0.4)^2+(-1.6)^2+(2.4)^2}{5}=3.44$					

대충 감이 좀 오시죠? 그렇다면 편차, 평균편차, 분산이 갖고 있는 통계학적 의미가 무엇인지 직접 설명해 보시기 바랍니다.

 잠시 질문의 답을 스스로 찾아보는 시간을 가져보세요.

음... 막상 말하려고 하니 입이 잘 떨어지지 않는다고요? 일단 은설이의 중간고사 성적에 대한 편차, 평균편차, 분산은 규민이의 중간고사 성적에 대한 편차, 평균편차, 분산보다 더 크다는 것을 알 수 있습니다. 그냥 큰 게 아니라 상당히 크죠? 여기에 은설이와 규민이의 성적분포(평균으로부터 떨어진 정도)를 연관시키면, 이들 세 값에 대한 수학적 의미를 찾아낼 수 있을 것입니다.

- 은설이의 성적분포 : 과목별 성적이 들쑥날쑥하다.
  → 편차, 평균편차, 분산이 크다.
- 규민이의 성적분포 : 과목별 성적이 고르게 분포되어 있다.
  → 편차, 평균편차, 분산이 작다.

네, 맞습니다. 편차, 평균편차, 분산이 크다는 말은 과목별 성적이 평균점수보다 크게 벗어나 있다는 것을 의미합니다. 뭐... 당연한 얘기겠죠? 왜냐하면 편차, 평균편차, 분산은 모두 변량에서 평균을 뺀 값을 기반으로 계산된 수치니까요. 반면에 편차, 평균편차, 분산이 작다는 말은 과목별 성적이 평균점수보다 크게 벗어나지 않는다는 것을 뜻합니다. 이해되시죠? 다시 한 번 용어의 정의를 읽어보도록 하겠습니다.

편차 (偏差 : 치우칠 편, 다를 차)
변량과 평균의 차를 말하며, 한자어의 말 그대로 변량이 어느 한 쪽으로 치우쳐 평균과 얼마나 다른지 확인할 수 있는 지표입니다. (편차＝변량－평균)

평균편차
편차의 절댓값에 대한 평균값으로, |편차|의 총합을 도수의 총합으로 나눈 값입니다. 이 값이 크면 클수록 변량은 평균으로부터 멀리 떨어져 있으며, 작으면 작을수록 변량은 평균에 근접해 있습니다.

분산 (分散 : 나눌 분, 흩어질 산)
편차의 제곱에 대한 평균값으로, 변량의 흩어진 정도를 계산하는 지표입니다. (편차)^{2}의 총합을 도수의 총합으로 나누어 계산하며, 이 값이 크면 클수록 변량은 평균으로부터 멀리 흩어져 있으며, 작으면 작을수록 변량은 평균에 근접해 있습니다.

여기서 퀴즈~ 임의의 자료에 대하여 편차의 합은 얼마일까요?

임의의 자료에 대한 편차의 합이라...?

 잠시 질문의 답을 스스로 찾아보는 시간을 가져보세요.

일단 앞서 살펴 본 자료의 경우 편차의 합은 0입니다. 맞죠? 과연 임의의 자료에 대해서도 편차의 합이 모두 0일까요? 그렇습니다. 왜냐하면 편차란 변량에서 평균을 뺀 값이기 때문입니다. 즉, 각각의 변량이 평균으로부터 (＋), (－) 방향으로 벗어나 있는 정도를 편차로 정의했기 때문에, 편차의 합은 항상 0이 됩니다. 다음 그림을 살펴보면 이해하기가 한결 수월할 것입니다.

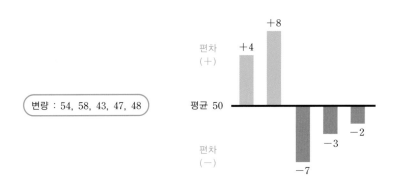

변량 : 54, 58, 43, 47, 48

【누적도수】

규민이의 키는 175cm입니다. 그런데 규민이는 자기보다 키가 작은 학생이 총 몇 명인지 궁금하다고 하네요. 보통 남자 애들이 다 이런 가 봅니다. 저도 중·고등학생 때, 나보다 키가 큰 학생이 몇 명이고 작은 학생이 몇 명인지 되게 궁금해 했었거든요.

키(cm)	도수(명)
175이상 ~ 180미만	2
170이상 ~ 175미만	5
165이상 ~ 170미만	4
160이상 ~ 165미만	1

키가 175cm 미만인
학생은 몇 명일까?

5＋4＋1＝10명

여러분~ 혹시 이순신 장군을 소재로 한 영화 '명량'을 본 적이 있으신가요? 영화 명량은 2014년 7월 30일에 개봉한 영화로 누적관객수가 무려 17,615,045명이라고 합니다. 이 영화는 역대 대한민국 영화 중에서 누적관객수 1위(2016.5월 기준)를 차지한 영화이기도 합니다. 다음은 역대 한국영화 누적관객수 베스트 1, 2, 3위를 조사한 자료입니다.

순위	영화제목	누적관객수	개봉일
1	명량	17,615,045명	2014. 07. 30.
2	국제시장	14,262,199명	2014. 12. 17.
3	베테랑	13,414,200명	2015. 08. 05.

아마 대부분의 학생들은 1위 명량과 2위 국제시장 정도는 보셨을 것입니다. 혹시 3위를 차지한 베테랑을 본 학생이 있나요? 없죠? 네, 맞아요. 이 영화는 청소년 관람불가 등급입니다. 여기서 잠깐! 누적관객수의 '누적'이라는 용어가 정확히 무엇을 의미하는지, 아는 사람 있나요?

 잠시 질문의 답을 스스로 찾아보는 시간을 가져보세요.

누적은 '여러 루(累)', '쌓을 적(積)'자를 써서 포개어 여러 번 쌓음 또는 포개져 여러 번 쌓임을 의미하는 한자어입니다. 도수분포표에서 앞선 계급에 대한 도수를 다음 계급의 도수에 더하여 정리하게 되면, 특정 계급 이상(또는 미만)의 도수가 얼마인지 간단히 확인할 수 있습니다. 즉, 계급이 올라가면서 도수를 계속 누적시키면 그 계급 이상(또는 미만)의 도수를 쉽게 구할 수 있다는 말입니다. 이 값을 누적도수라고 부릅니다. 누적도수? 또 새로운 용어가 등장했네요. 하지만 걱정하지 마세요. 예를 들어 보면 쉽게 이해할 수 있으니까요.

키(cm)	도수(명)	누적도수	
175이상 ~ 180미만	2	12	10+2
170이상 ~ 175미만	5	10	5+5
165이상 ~ 170미만	4	5	1+4
160이상 ~ 165미만	1	1	

이제 누적도수가 어떤 값인지 이해가 되시죠? 그렇다면 규민이네 반(12명) 아이들 중에서 규민이(175cm)보다 키가 작은 학생은 몇 명일까요? 즉, 키가 175cm 미만인 학생들이 몇 명인지 묻는 것입니다. 네, 맞아요. 바로 10명입니다. 이 값이 바로 계급 170cm 이상 175cm 미만의 누적도수입니다.

도수분포표에서 변량이 작은(또는 큰) 계급부터 차례로 각 계급의 도수를 더한 값을 누적도수라고 말하며, 각 계급의 누적도수를 써 넣은 표를 누적도수분포표라고 부릅니다.

도수분포표에서 누적도수를 구하는 방법은 간단합니다. 변량이 작은(또는 큰) 계급부터 차례로 각 계급의 도수를 더하면 되거든요.

[규민이네 반 아이들(35명)의 몸무게 누적도수분포표]

몸무게(kg)	도수(명)	누적도수	
65이상 ~ 75미만	6	35	}29+6
55이상 ~ 65미만	8	29	}21+8
45이상 ~ 55미만	12	21	}9+12
35이상 ~ 45미만	9	9	

누적도수는 어떤 특징을 가지고 있을까요?

 잠시 질문의 답을 스스로 찾아보는 시간을 가져보세요.

앞의 도표에서도 그랬듯이 처음 계급에 대한 누적도수는 그 계급의 도수와 같습니다. 그리고 다음 계급의 누적도수는 그 계급의 도수와 이전 계급의 누적도수의 합과 같습니다. 이렇게 계급이 올라가면서 도수가 합쳐지게 되면 마지막 계급의 누적도수는 바로 전체 도수와 같게 될 것입니다. 이해가 되시나요? 혹여 이해가 잘 가지 않는 학생들이 있다면, 앞의 도표를 천천히 살펴보면서 다시 한 번 읽어 보시기 바랍니다.

① 처음 계급에 대한 누적도수는 그 계급의 도수와 같습니다.
② 다음 계급의 누적도수는 그 계급의 도수와 이전 계급의 누적도수의 합과 같습니다.
③ 마지막 계급의 누적도수는 전체 도수와 같습니다.

누적도수와 관련된 문제 하나 풀어볼까요? 다음은 어느 어린이집 원생들의 키를 조사한 도수분포표입니다. 빈 칸을 채워보시기 바랍니다.

키(cm)	도수(명)	누적도수
65이상 ~ 75미만	2	(④)
55이상 ~ 65미만	(③)	14
45이상 ~ 55미만	(②)	10
35이상 ~ 45미만	7	(①)

조금 어렵다고요? 그럼 함께 풀어보도록 하겠습니다. 먼저 처음 계급에 대한 누적도수는 그 계급의 도수와 같습니다. 즉, 빈 칸 ①에 들어갈 숫자는 7입니다. 그렇죠? 다음 계급의 누적도수는 그 계급의 도수와 이전 계급의 누적도수의 합과 같습니다. 즉, 45이상 55미만에 해당하는 계급의 누적도수는 다음과 같이 계산됩니다.

(계급 45이상 55미만의 누적도수)
= (계급 45이상 55미만의 도수) + (계급 35이상 45미만의 누적도수)
☞ 10 = (②) + 7

그렇습니다. 빈 칸 ②에 들어갈 숫자는 바로 3입니다. 빈 칸 ③도 마찬가지겠죠?

(계급 55이상 65미만의 누적도수)
= (계급 55이상 65미만의 도수) + (계급 45이상 55미만의 누적도수)
☞ 14 = (③) + 10

네, 맞아요. 빈 칸 ③에 들어갈 숫자는 4입니다. 마지막 계급의 누적도수는 전체 도수와 같으므로, 도수의 총합을 구하면 쉽게 빈 칸 ④를 채울 수 있을 것입니다.

(도수의 총합) = 2 + ③ + ② + 7 = 2 + 4 + 3 + 7 = 16 (④)

따라서 정답은 다음과 같습니다.

① 7   ② 3   ③ 4   ④ 16

할 만하죠? 일반적인 히스토그램과 도수분포다각형의 세로축을 누적도수로 지정하면 어렵지 않게 누적도수히스토그램과 누적도수분포다각형을 작성할 수 있습니다. 이 둘을 누적도수 그래프라고 말하는데요, 다음은 누적도수 그래프를 그리는 방법을 설명한 내용입니다. 그래프와 함께 천천히 읽어보시기 바랍니다. 혹시 잘 이해가 안 간다면, 앞쪽 히스토그램 및 도수분포다각형 부분을 다시 한 번 살펴보시기 바랍니다.

누적도수 그래프 그리기

① 가로축에는 각 계급의 양끝값을, 세로축에는 누적도수를 써 넣습니다.
② 각 계급의 큰 쪽의 끝값에 그 계급의 누적도수를 대응시키는 점을 찍습니다.
③ 왼쪽 끝에는 누적도수가 0인 계급이 하나 있는 것으로 간주하고 점을 찍습니다.
④ 각 점들을 차례로 선분으로 연결합니다.

키(cm)	누적도수(명)
175이상 ~ 180 미만	12
170이상 ~ 175 미만	10
165이상 ~ 170 미만	5
160이상 ~ 165 미만	1

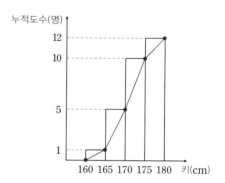

마지막으로 누적도수 그래프의 특징을 살펴보도록 하겠습니다. 어렵지 않으니, 천천히 이해해 보시기 바랍니다.

누적도수 그래프의 특징

① 누적도수 그래프는 오른쪽 위로 올라가는 모양입니다.
② 누적도수 그래프에서 경사가 가장 심한 계급이 도수가 가장 큽니다.
③ 누적도수 그래프는 자료 전체에서 어떤 변량의 순위를 알아볼 때 편리합니다.

2 개념정리하기

1 통계의 정의

어떤 현상을 종합적으로 한눈에 알아보기 쉽게 일정한 체계에 따라 숫자로 나타낸 것 또는 어떤 집단의 상황을 숫자로 표현한 것을 통계라고 부릅니다. 통계를 뒷받침하고 있는 자료를 변량이라고 하는데, 변량이란 조사 내용의 특성을 수량으로 나타낸 것을 의미합니다. 더불어 변량에는 신장이나 체중 따위처럼 구간내 값을 연속적으로 취할 수 있는 연속 변량과, 나이 및 인원수 등과 같이 분리된 값만 취하는 이산 변량이 있습니다. (숨은 의미 : 어떤 자료에 대한 세부적인 정보 등을 확인할 수 있게 하며, 더 나아가 사회현상이나 과학적 원리 등을 추론할 수 있도록 도와줍니다)

2 줄기와 잎 그림

통계자료를 자릿수로 구분하여 숫자로만 표현한 도표를 줄기와 잎 그림이라고 부릅니다. 즉, 변량의 앞자릿수를 줄기로, 변량의 뒷자릿수를 잎으로 표현한 그림(표)입니다. 줄기와 잎 그림을 그리는 방법은 다음과 같습니다.
　① 자료(변량)를 보고, 줄기와 잎에 해당하는 자릿수를 정합니다.
　② 왼쪽 세로줄에는 줄기에 해당하는 숫자(변량의 앞자릿수)를 씁니다.
　③ 오른쪽 세로줄에는 잎에 해당하는 숫자(변량의 뒷자릿수)를 씁니다.
(숨은 의미 : 자료의 전체적인 분포 경향을 한눈에 확인할 수 있도록 도와줍니다)

3 도수분포표

오른쪽 표에서 30이상 40미만, 40이상 50미만, …과 같이 변량을 일정한 간격으로 나눈 구간을 계급이라고 정의합니다. 그리고 구간의 너비(10세)를 계급의 크기라고 말하며, 각 계급에 속하는 자료의 개수를 그 계급의 도수라고 칭합니다. 이렇게 계급과 도수로 자료를 정리한 표를 도수분포표라고 부르는데, 도수분포표에서 각 계급의 가운데 값(중앙값)을 그 계급의 계급값이라고 정의합니다. 참고로 계급값을 구하는

나이(세)	사람수(명)
30이상 ~ 40미만	2
40이상 ~ 50미만	3
50이상 ~ 60미만	6
60이상 ~ 70미만	3
70이상 ~ 80미만	1
계	15

식은 (계급값)$=\dfrac{(계급의\ 양끝값의\ 합)}{2}$입니다. (숨은 의미 : 줄기와 잎 그림의 단점, 즉 자료의 개수가 많을 경우 자료를 일일이 나열하는 불편함을 보완할 수 있는 새로운 표라는 사실입니다. 더불어 자료의 분포 경향을 한눈에 확인할 수 있도록 도와줍니다)

4 도수분포표의 평균

각 계급값에 도수를 곱하여 모두 더한 다음, 도수의 총합으로 나눈 값을 도수분포표의 평균이라고 정의합니다.

$$(도수분포표의\ 평균)=\frac{\{(계급값)\times(도수)의\ 총합\}}{(도수의\ 총합)}$$

(숨은 의미 : 도수분포표로부터 변량에 대한 평균값을 추정할 수 있도록 도와줍니다)

5 히스토그램

도수분포표를 그래프로 표현한 것, 즉 자료의 분포 상태를 막대기둥 모양으로 나타낸 것을 히스토그램이라고 부릅니다. 히스토그램을 그리는 방법은 다음과 같습니다.
　① 가로축(x축)에 칸을 나누어 계급의 양끝값을 크기순으로 표시합니다.
　② 세로축(y축)에 칸을 나누어 도수의 값을 크기순으로 표시합니다.
　③ 각 계급의 크기를 가로로, 도수를 세로로 하는 직사각형(막대기둥)을 그립니다.

(숨은 의미 : 히스토그램으로 자료를 표현하게 되면, 자료의 분포 경향 등을 손쉽게 파악할 수 있습니다)

6 도수분포다각형

꺾은선 그래프의 형태로 도수의 변동(분포)을 나타낸 다각형을 도수분포다각형이라고 부릅니다. (숨은 의미 : 도수분포다각형으로 자료를 표현하게 되면, 자료의 분포 경향 등을 손쉽게 파악할 수 있습니다)

7 상대도수와 상대도수분포표

도수분포표에서 전체도수에 대하여 어떤 계급이 차지하는 도수의 비율을 상대도수라고 정의하며, 상대도수가 포함된 도수분포표를 상대도수분포표라고 부릅니다.

$$(상대도수) = \frac{(그 \ 계급의 \ 도수)}{(도수의 \ 총합)}$$

참고로 상대도수의 총합은 항상 1입니다. (숨은 의미 : 상대도수를 알면 그 계급의 도수가 전체에서 얼마만큼 차지하는지 쉽게 확인할 수 있습니다)

■ **개념도출형** 학습방식

개념도출형 학습방식이란 단순히 수학문제를 계산하여 푸는 것이 아니라, 문제로부터 필요한 개념을 도출한 후 그 개념을 떠올리면서 문제의 출제의도 및 문제해결방법을 찾는 학습방식을 말합니다. 문제를 통해 스스로 개념을 도출할 수 있으므로, 한 문제를 풀더라도 유사한 많은 문제를 풀 수 있는 능력을 기를 수 있으며, 더 나아가 스스로 개념을 변형하여 새로운 문제를 만들어 낼 수 있어, 좀 더 수학을 쉽고 재미있게 공부할 수 있도록 도와줍니다.

시간에 쫓기듯 답을 찾으려 하지 말고, 어떤 개념을 어떻게 적용해야 문제를 풀 수 있는지 천천히 생각한 후에 계산하시기 바랍니다. 문제를 해결하는 방법을 찾는다면 정답을 구하는 것은 단순한 계산과정일 뿐이라는 사실을 명심하시기 바랍니다. (생각을 많이 하면 할수록, 생각의 속도는 빨라집니다)

문제해결과정

① 이 문제를 풀기 위해 어떤 개념을 알아야 하는가?
② 그 개념을 간단히 설명해 보아라.
③ 문제의 출제의도를 말하고 어떻게 풀지 간단히 설명해 보아라.
④ 그럼 문제의 답을 찾아라.

※ 책 속에 있는 붉은색 카드를 사용하여 힌트 및 정답을 가린 후, ①~④까지 순서대로 질문의 답을 찾아보시기 바랍니다.

Q1. 다음은 은설이네 반 학생 20명의 멀리뛰기 기록이다. 이 자료를 줄기와 잎 그림으로 표현하여라.

(단위 : m)

3.23, 2.56, 3.15, 2.99, 2.89, 2.67, 3.10, 2.51, 3.29, 3.24
2.73, 2.77, 3.13, 2.95, 2.71, 3.27, 3.19, 3.02, 3.09, 2.52

① 이 문제를 풀기 위해 어떤 개념을 알아야 하는가?
② 그 개념을 머릿속에 떠올려 보아라.
③ 문제의 출제의도를 말하고 어떻게 풀지 간단히 설명해 보아라. (잘 모를 경우, 아래 Hint를 보면서 질문의 답을 찾아본다)

Hint(1) 가장 큰 변량은 3.29m이고 가장 작은 변량은 2.51m이다.

Hint(2) 줄기를 '일의 자릿수와 소수 첫째 자릿수'로, 잎을 '소수 둘째 자릿수'로 설정해 본다.

④ 그럼 문제의 답을 찾아라.

A1.

① 줄기와 잎 그림

② 개념정리하기 참조

③ 이 문제는 줄기와 잎 그림의 개념(정의)을 정확히 알고 있는지 그리고 주어진 자료를 줄기와 잎 그림으로 표현할 수 있는지 묻는 문제이다. 가장 큰 변량이 3.29m이고 가장 작은 변량이 2.51m이므로, 줄기를 '일의 자릿수와 소수 첫째 자릿수'로, 잎을 '소수 둘째 자릿수'로 설정한 후, 자료를 정리하면 쉽게 답을 찾을 수 있다. 여기서 소수점은 생략할 수 있다.

④

줄기(일의 자릿수, 소수 첫째 자릿수)	잎(소수 둘째 자릿수)
25	6 1 2
26	7
27	3 7 1
28	9
29	9 5
30	2 9
31	5 0 3 9
32	3 9 4 7

 스스로 유사한 문제를 여러 개 만들어(출제하여) 답을 찾아보시기 바랍니다.

Q2. 다음은 규민이네 반 학생 20명의 1500m 오래달리기 기록이다. 이 자료를 토대로 계급값이 5초인 도수분포표를 작성하여라. 그리고 도수가 가장 큰 계급과 가장 작은 계급이 무엇인지 말하여라.

3분 13초, 2분 56초, 3분 9초, 2분 19초, 3분 29초, 3분 1초, 2분 10초,

2분 41초, 2분 29초, 3분 24초, 2분 18초, 2분 48초, 2분 41초, 2분 59초,

3분 9초, 3분 12초, 3분 19초, 3분 2초, 2분 35초, 2분 38초

① 이 문제를 풀기 위해 어떤 개념을 알아야 하는가?

② 그 개념을 머릿속에 떠올려 보아라.

③ 문제의 출제의도를 말하고 어떻게 풀지 간단히 설명해 보아라. (잘 모를 경우, 아래 Hint를 보면서 질문의 답을 찾아본다)

Hint(1) 계급값이 5초이면 계급의 크기는 10초가 된다.

Hint(2) 가장 큰 변량은 3분 29초이고 가장 작은 변량은 2분 10초이다.

Hint(3) 계급을 2분 10초 이상 2분 20초 미만, 2분 20초 이상 2분 30초 미만, …으로 분류해 본다.

④ 그럼 문제의 답을 찾아라.

A2.

① 도수분포표(관련 용어 : 계급, 계급의 크기, 도수, 계급값)

② 개념정리하기 참조

③ 이 문제는 도수분포표 및 관련 용어의 정의를 정확히 알고 있는지 그리고 주어진 자료를 도수분포표로 표현할 수 있는지 묻는 문제이다. 문제에서 계급값이 5초인 도수분포표를 작성하라고 했으므로 계급의 크기는 10초가 된다. 더불어 가장 큰 변량이 3분 29초이고 가장 작은 변량은 2분 10초이므로, 도수분포표의 계급을 2분 10초 이상 2분 20초 미만, 2분 20초 이상 2분 30초 미만, …으로 분류하면 어렵지 않게 주어진 자료를 도수분포표로 표현할 수 있다. 이렇게 작성된 도수분포표를 보면서 도수가 가장 큰 계급과 가장 작은 계급을 찾으면 어렵지 않게 문제를 해결할 수 있을 것이다.

④

계급(시간 : 분, 초)	도수(명)
2분 10초 이상 ~ 2분 20초 미만	3
2분 20초 이상 ~ 2분 30초 미만	1
2분 30초 이상 ~ 2분 40초 미만	2
2분 40초 이상 ~ 2분 50초 미만	3
2분 50초 이상 ~ 3분 00초 미만	2
3분 00초 이상 ~ 3분 10초 미만	4
3분 10초 이상 ~ 3분 20초 미만	3
3분 20초 이상 ~ 3분 30초 미만	2
계	20

• 도수가 가장 큰 계급 : 3분 00초 이상 3분 10초 미만 (도수 : 4)
• 도수가 가장 작은 계급 : 2분 20초 이상 2분 30초 미만 (도수 : 1)

 스스로 유사한 문제를 여러 개 만들어(출제하여) 답을 찾아보시기 바랍니다.

Q3. 다음은 어느 지역 분식집 40곳의 김밥가격을 조사한 도수분포표이다. 자료를 토대로 이 지역 김밥가격의 평균을 추정하여라.

계급(원)	도수(곳)
1000이상 ~ 1500미만	7
1500이상 ~ 2000미만	6
2000이상 ~ 2500미만	14
2500이상 ~ 3000미만	7
3000이상 ~ 3500미만	5
3500이상 ~ 4000미만	1
계	40

① 이 문제를 풀기 위해 어떤 개념을 알아야 하는가?

② 그 개념을 머릿속에 떠올려 보아라.

③ 문제의 출제의도를 말하고 어떻게 풀지 간단히 설명해 보아라.

④ 그럼 문제의 답을 찾아라.

A3.

① 도수분포표의 평균

② 개념정리하기 참조

③ 이 문제는 도수분포표의 평균의 개념(계산식)을 알고 있는지 그리고 그 값을 구할 수 있는지 묻는 문제이다. 각 계급의 계급값과 도수를 곱하여 모두 더한 후, 도수의 총합으로 나누면 어렵지 않게 도수분포표의 평균을 구할 수 있다.

④ 2,250원

[정답풀이]

주어진 도수분포표로부터 계급값, (계급값)×(도수)의 값을 구하면 다음과 같다.

계급(원)	도수(곳)	계급값	(계급값)×(도수)
1000이상 ~ 1500미만	7	1250	8750
1500이상 ~ 2000미만	6	1750	10500
2000이상 ~ 2500미만	14	2250	31500
2500이상 ~ 3000미만	7	2750	19250
3000이상 ~ 3500미만	5	3250	16250
3500이상 ~ 4000미만	1	3750	3750
계	40		90,000

(계급값)×(도수)의 총합 90,000원을 도수의 총합 40으로 나누어 도수분포표의 평균을 구하면 다음과 같다.

$$(도수분포표의 평균) = \frac{\{(계급값) \times (도수)의 총합\}}{(도수의 총합)} = \frac{90000}{40} = 2250$$

따라서 이 지역 김밥가격의 평균은 2,250원이라고 말할 수 있다.

 스스로 유사한 문제를 여러 개 만들어(출제하여) 답을 찾아보시기 바랍니다.

Q4. 다음은 어느 지역 분식집 40곳의 김밥가격을 조사한 도수분포표이다. 이 자료를 히스토그램으로 변환하여라.

계급(원)	도수(곳)
1000이상 ~ 1500미만	7
1500이상 ~ 2000미만	6
2000이상 ~ 2500미만	14
2500이상 ~ 3000미만	7
3000이상 ~ 3500미만	5
3500이상 ~ 4000미만	1
계	40

① 이 문제를 풀기 위해 어떤 개념을 알아야 하는가?

② 그 개념을 머릿속에 떠올려 보아라.

③ 문제의 출제의도를 말하고 어떻게 풀지 간단히 설명해 보아라. (잘 모를 경우, 아래 Hint를 보면서 질문의 답을 찾아본다)

　　Hint(1) 주어진 도수분포표의 계급을 가로축(x축)으로, 도수를 세로축(y축)으로 하는 좌표평면을 만들어 본다.

　　Hint(2) 한 계급의 구간을 밑변(가로)으로 하고, 도수를 높이(세로)로 하는 막대기둥(직사각형)을 계급별로 각각 좌표평면에 그려본다.

④ 그럼 문제의 답을 찾아라.

A4.
> ① 히스토그램
> ② 개념정리하기 참조
> ③ 이 문제는 히스토그램에 대한 개념을 정확히 알고 있는지 그리고 도수분포표를

히스토그램으로 변환할 수 있는지 묻는 문제이다. 일단 주어진 도수분포표의 계급을 가로축(x축)으로, 도수를 세로축(y축)으로 하는 좌표평면(제1사분면)을 만들어 본다. 그리고 한 계급의 구간을 밑변(가로)으로 하고, 도수를 높이(세로)로 하는 막대기둥(직사각형)을 계급별로 구분하여 좌표평면에 그리면 어렵지 않게 히스토그램을 완성할 수 있다.

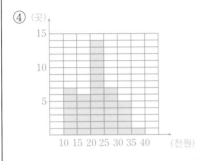

 스스로 유사한 문제를 여러 개 만들어(출제하여) 답을 찾아보시기 바랍니다.

Q5. 다음은 어느 지역 분식집 **40곳**의 김밥가격을 조사한 도수분포표이다. 이 자료를 도수분포다각형으로 변환하여라.

계급(원)	도수(곳)
1000이상 ~ 1500미만	7
1500이상 ~ 2000미만	6
2000이상 ~ 2500미만	14
2500이상 ~ 3000미만	7
3000이상 ~ 3500미만	5
3500이상 ~ 4000미만	1
계	40

① 이 문제를 풀기 위해 어떤 개념을 알아야 하는가?
② 그 개념을 머릿속에 떠올려 보아라.
③ 문제의 출제의도를 말하고 어떻게 풀지 간단히 설명해 보아라. (잘 모를 경우, 아래 Hint를 보면서 질문의 답을 찾아본다)

Hint(1) 주어진 도수분포표의 계급을 가로축(x축)으로, 도수를 세로축(y축)으로 하는 좌표평면을 만들어 본다.

Hint(3) 계급의 양끝에 도수가 0인 계급이 하나씩 더 있다고 간주하고 선분을 좌우 x축까지 연결해
본다.

④ 그림 문제의 답을 찾아라.

A5.

① 도수분포다각형

② 개념정리하기 참조

③ 이 문제는 도수분포다각형에 대한 개념을 정확히 알고 있는지 그리고 주어진 도
수분포표를 도수분포다각형으로 변환할 수 있는지 묻는 문제이다. 일단 주어진
도수분포표의 계급을 가로축(x축)으로, 도수를 세로축(y축)으로 하는 좌표평면
(제1사분면)을 만들어 본다. 그리고 각 계급에 대하여 순서쌍 '(계급값, 도수)'를
점으로 찍은 후 선분으로 연결한다. 마지막으로 계급의 양끝에 도수가 0인 계급
이 하나씩 더 있다고 간주하고 선분을 좌우 x축까지 연결하면 어렵지 않게 도수
분포다각형을 완성할 수 있다.

④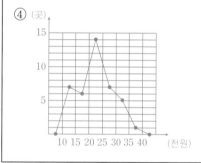

 스스로 유사한 문제를 여러 개 만들어(출제하여) 답을 찾아보시기 바랍니다.

Q6. 다음은 은설이네 반과 규민이네 반 학생들의 수학성적을 조사한 상대도수분포표이다. 빈 칸(①, ②, ③, ④, ⑤)을 채우고, 두 반 학생들 중 수학성적이 1등급인 학생이 총 몇 명인지 말하여라. (단, 은설이네 반과 규민이네 반 학생수는 각각 40명이며, 규민이네 반 학생 중 수학성적이 5등급인 학생은 2명이라고 한다)

계급(점)	은설이네 반 상대도수	규민이네 반 상대도수
50이상 ~ 60미만 (5등급)	0.1	③
60이상 ~ 70미만 (4등급)	①	0.25
70이상 ~ 80미만 (3등급)	0.4	0.5
80이상 ~ 90미만 (2등급)	0.15	④
90이상 ~ 100미만 (1등급)	0.05	0.15
계	②	⑤

① 이 문제를 풀기 위해 어떤 개념을 알아야 하는가?

② 그 개념을 머릿속에 떠올려 보아라.

③ 문제의 출제의도를 말하고 어떻게 풀지 간단히 설명해 보아라. (잘 모를 경우, 아래 Hint를 보면서 질문의 답을 찾아본다)

　　Hint(1) 규민이네 반 학생 40명 중 수학성적이 5등급인 학생이 2명이라고 했으므로, 5등급에 대한 상대도수는 $0.05 \left(= \dfrac{2}{40} \right)$가 된다.

　　Hint(2) 상대도수의 총합은 1이다.

　　Hint(3) 전체 학생수에 계급별 상대도수의 값을 곱하면 해당 계급에 대한 도수를 구할 수 있다.

④ 그럼 문제의 답을 찾아라.

A6.

① 상대도수, 상대도수분포표

② 개념정리하기 참조

③ 이 문제는 상대도수 및 상대도수분포표에 대한 개념을 정확히 알고 있는지 묻는 문제이다. 우선 규민이네 반 학생 40명 중 수학성적이 5등급인 학생이 2명이라고 했으므로, 5등급에 대한 상대도수(빈 칸 ③)는 $0.05 \left(= \dfrac{2}{40} \right)$가 된다. 또한 상대도수의 총합이 1이라는 사실로부터 빈 칸 ①, ②, ④, ⑤를 채울 수 있다. 더불어 반 학생수(40명)에 계급별 상대도수의 값을 곱하면 해당 계급에 대한 도수를 모두 구할 수 있는데, 여기서 반별로 1등급에 해당하는 도수를 찾아 서로 더하면 쉽

게 수학성적이 1등급인 학생수를 구할 수 있다.

④

계급(점)	은설이네 반 상대도수	규민이네 반 상대도수
50이상 ~ 60미만 (5등급)	0.1	0.05
60이상 ~ 70미만 (4등급)	0.3	0.25
70이상 ~ 80미만 (3등급)	0.4	0.5
80이상 ~ 90미만 (2등급)	0.15	0.05
90이상 ~ 100미만 (1등급)	0.05	0.15
계	1	1

• 수학성적이 1등급인 학생수 : 8명

[정답풀이]

문제에서 규민이네 반 학생 40명 중 수학성적이 5등급인 학생이 2명이라고 했으므로, 5등급에 해당하는 상대도수를 구하면 다음과 같다.

빈 칸 ③ : (상대도수)$=\dfrac{(\text{그 계급의 도수})}{(\text{도수의 총합})}=\dfrac{2}{40}=0.05$

상대도수의 총합이 1이라는 사실로부터 빈 칸 ①, ②, ④, ⑤를 채워보자. 편의상 빈 칸 ①, ②, ④, ⑤의 값을 a, b, c, d라고 놓는다.

계급(점)	은설이네 반 상대도수	규민이네 반 상대도수
50이상 ~ 60미만 (5등급)	0.1	0.05
60이상 ~ 70미만 (4등급)	①	0.25
70이상 ~ 80미만 (3등급)	0.4	0.5
80이상 ~ 90미만 (2등급)	0.15	④
90이상 ~ 100미만 (1등급)	0.05	0.15
계	②	⑤

• 빈 칸 ① : $0.1+a+0.4+0.15+0.05=1 \rightarrow a=0.3$
• 빈 칸 ② : 상대도수의 총합이므로 $b=1$이다.
• 빈 칸 ④ : $0.05+0.25+0.5+c+0.15=1 \rightarrow c=0.05$
• 빈 칸 ⑤ : 상대도수의 총합이므로 $d=1$이다.

반별로 1등급에 해당하는 도수를 찾아 서로 더하면 어렵지 않게 수학성적이 1등급인 학생수를 구할 수 있다. 참고로 상대도수와 학생수(40명)를 곱하면 손쉽게 해당 계급의 도수를 구할 수 있다.

• 은설이네 반 : $0.05 \times 40=2$(명)   • 규민이네 반 : $0.15 \times 40=6$(명)

따라서 1등급에 해당하는 총 학생수는 8($=2+6$)명이다.

 스스로 유사한 문제를 여러 개 만들어(출제하여) 답을 찾아보시기 바랍니다.

Q7. 다음은 A지역과 B지역의 주유소 30곳에 대한 1리터당 휘발유가격을 조사한 도수분포다각형(A 지역)과 상대도수분포다각형(B지역)이다.

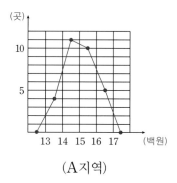

(A지역)

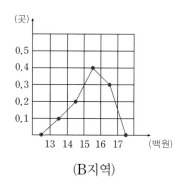

(B지역)

(1) 두 지역 중 1리터당 휘발유의 평균가격이 더 비싼 곳은 어디인가? 그래프의 형태를 보고 추론하여라. (추론한 이유도 밝힐 것)

(2) A지역과 B지역의 1리터당 휘발유의 평균가격을 구하고, 지역별로 휘발유의 평균가격을 포함하고 있는 계급에 대한 도수를 각각 구하여라. (단, 평균가격의 경우 소수 첫째 자리에서 반올림한다)

① 이 문제를 풀기 위해 어떤 개념을 알아야 하는가?

② 그 개념을 머릿속에 떠올려 보아라.

③ 문제의 출제의도를 말하고 어떻게 풀지 간단히 설명해 보아라. (잘 모를 경우, 아래 Hint를 보면서 질문의 답을 찾아본다)

Hint(1) B지역 상대도수분포다각형을 도수분포다각형으로 변형한 후, A지역 도수분포다각형과 함께 하나의 평면에 그려본다.

Hint(2) 두 지역 도수분포다각형의 형태를 비교해 보면서 1리터당 휘발유의 평균가격이 더 비싼 곳이 어느 지역인지 추론해 본다.

Hint(3) 두 지역 도수분포다각형을 도수분포표로 변형하여, 1리터당 휘발유의 평균가격, 즉 도수분포표의 평균을 각각 구해본다.

Hint(4) 두 지역의 1리터당 휘발유의 평균가격을 포함하는 계급에 대한 도수를 각각 구해본다.

④ 그럼 문제의 답을 찾아라.

A7.
① 도수분포다각형, 상대도수분포다각형, 도수분포표, 도수분포표의 평균
② 개념정리하기 참조
③ 이 문제는 도수분포다각형과 상대도수분포다각형을 통해 두 지역의 특성을 비교

· 분석할 수 있는지 묻는 문제이다. 더 나아가 상대도수분포다각형을 도수분포다각형으로, 도수분포다각형을 도수분포표로 변환할 수 있는지 그리고 도수분포표의 평균을 구할 수 있는지도 함께 묻는 문제이다. 일단 그래프를 서로 비교하기 위해서는 동일한 그래프의 형태로 맞추어야 한다. 즉, B지역 상대도수분포다각형을 도수분포다각형으로 변환한 후, A지역 도수분포다각형과 함께 하나의 평면에 그려 보라는 말이다. 두 지역의 도수분포다각형을 비교했을 때, 오른쪽으로 더 치우친 그래프에 해당하는 지역이 바로 1리터당 휘발유의 평균가격(도수분포표의 평균)이 더 비싼 지역이라고 추론할 수 있다. 또한 두 지역의 도수분포다각형을 도수분포표로 변환하면 어렵지 않게 1리터당 휘발유의 평균가격을 계산할 수 있을 것이다. 더불어 도출한 도수분포표로부터 휘발유의 평균가격을 포함하는 계급에 대한 지역별 도수를 확인하면 쉽게 답을 찾을 수 있다.

④ (1) 두 지역 중 1리터당 휘발유의 평균가격이 더 비싼 지역 : B지역(두 지역의 도수분포다각형을 비교했을 때, B지역 도수분포다각형이 A지역 도수분포다각형보다 좀 더 오른쪽으로 치우쳐 있기 때문이다. 참고로 좌표평면상에서 오른쪽으로 갈수록 휘발유의 가격은 커진다)

(2) 1리터당 휘발유의 평균가격 : A지역 1,503원, B지역 1,540원
계급 1,500원 이상 1,600원 이하의 도수 : A지역 10곳, B지역 16곳

[정답풀이]

B지역 상대도수분포다각형을 도수분포다각형으로 변환한 후, A지역 도수분포다각형과 함께 하나의 평면에 그려보면 다음과 같다. 참고로 B지역의 계급별 상대도수의 값에 30(B지역 도수의 총합)을 곱하면 쉽게 계급별 도수를 파악할 수 있다.

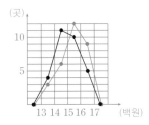

• 검정색 : A지역 도수분포다각형
• 빨간색 : B지역 도수분포다각형

B지역 도수분포다각형이 A지역 도수분포다각형보다 오른쪽으로 더 치우쳐 있다.

이로부터 우리는 B지역이 A지역보다 1리터당 휘발유의 평균가격이 더 비싼 곳임을 쉽게 추론할 수 있다. 왜냐하면 좌표평면상에서 오른쪽으로 갈수록 휘발유의 가격이 커지기 때문이다. 이제 두 지역의 휘발가격에 대한 도수분포표를 작성하여, 1리터당 휘발유의 평균가격(도수분포표의 평균)을 구해보자. 참고로 도수분포표의 평균의 계산식은 다음과 같다.

$$(\text{도수분포표의 평균}) = \frac{\{(\text{계급값}) \times (\text{도수})\}\text{의 합}}{(\text{도수의 총합})}$$

계급(원)	A지역		
	도수	계급값	(계급값)×(도수)
1,300이상 ~ 1,400미만	4	1,350	5,400
1,400이상 ~ 1,500미만	11	1,450	15,950
1,500이상 ~ 1,600미만	10	1,550	15,500
1,600이상 ~ 1,700미만	5	1,650	8,250
계	30		45,100

• A지역 1리터당 휘발유의 평균가격 : 1,503원$\left(=\dfrac{45100}{30}\right)$

계급(원)	B지역		
	도수	계급값	(계급값)×(도수)
1,300이상 ~ 1,400미만	3	1,350	4,050
1,400이상 ~ 1,500미만	6	1,450	8,700
1,500이상 ~ 1,600미만	12	1,550	18,600
1,600이상 ~ 1,700미만	9	1,650	14,850
계	30		46,200

• B지역 1리터당 휘발유의 평균가격 : 1,540원$\left(=\dfrac{46200}{30}\right)$

따라서 A지역 1리터당 휘발유의 평균가격은 1,503원이며 B지역 1리터당 휘발유의 평균가격은 1,540 원이다. 또한 평균을 포함하는 계급 1,500원 이상 1,600원 이하의 도수는 A지역 10곳, B지역 16곳이다.

 스스로 유사한 문제를 여러 개 만들어(출제하여) 답을 찾아보시기 바랍니다.

Q8. 다음은 어느 중학교 여학생들의 치마높이(무릎으로부터 치마끝자락까지의 길이)를 조사한 히스 토그램이다. 히스토그램을 보고 물음에 답하여라. (단, 이 학교에서 권장하는 치마높이는 무릎 위 4cm 미만이며, 치마끝자락은 무릎 밑으로 내려오지 않는다고 가정한다)

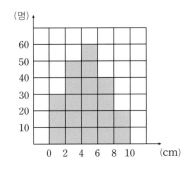

(1) 학교에서 권장하는 치마높이를 준수한 학생은 몇 명인가?

(2) 학교에서 권장하는 치마높이를 준수하지 않은 학생의 상대도수를 구하여라.

(3) 여학생들의 치마높이의 평균을 구하여라.

① 이 문제를 풀기 위해 어떤 개념을 알아야 하는가?

② 그 개념을 머릿속에 떠올려 보아라.

③ 문제의 출제의도를 말하고 어떻게 풀지 간단히 설명해 보아라. (잘 모를 경우, 아래 Hint를 보면서 질문의 답을 찾아본다)

> **Hint(1)** 4cm 미만에 해당하는 막대기둥을 찾아 그 도수를 모두 합한다.
>
> **Hint(2)** 4cm 이상에 해당하는 막대기둥을 찾아 그 도수를 모두 합하여 전체 학생수로 나누어 준다.
>
> **Hint(3)** 히스토그램으로부터 각 계급에 대한 계급값과 도수를 찾아 여학생들의 치마높이의 평균(도수분포표의 평균)을 구해본다.

④ 그럼 문제의 답을 찾아라.

A8.

> ① 히스토그램, 상대도수, 도수분포표의 평균
>
> ② 개념정리하기 참조
>
> ③ 이 문제는 히스토그램 및 상대도수, 도수분포표의 평균의 개념을 알고 있는지 그리고 주어진 히스토그램을 해석할 수 있는지 묻는 문제이다. (1) 학교에서 권장하는 치마높이를 준수한 학생수는, 4cm 미만에 해당하는 모든 계급의 도수를 합한 값과 같다. 그리고 (2) 학교에서 권장하는 치마높이를 준수하지 않은 학생의 상대도수는, 4cm 이상에 해당하는 모든 계급의 도수를 합하여 전체 학생수로 나누어 준 값과 같다. 마지막으로 (3) 여학생들의 치마높이의 평균은, 각 계급값과 도수를 곱하여 더한 값을 전체 인원수로 나누어 준 값과 같다.
>
> ④ (1) 80명   (2) $0.6\left(=\dfrac{120}{200}\right)$ (3) 4.7cm

[정답풀이]

(1) 4cm 미만에 해당하는 모든 계급의 도수를 합한다.

(0cm~2cm의 도수)+(2cm~4cm의 도수)=30+50=80명

따라서 학교에서 권장하는 치마높이를 준수한 학생은 80명이다.

(2) 4cm 이상에 해당하는 모든 계급의 도수를 합하여 전체 학생수(전체 도수)로 나누어 준다.

(4cm~6cm의 도수)+(6cm~8cm의 도수)+(8cm~10cm의 도수)=60+40+20=120명

(전체 학생수)=200명

(치마높이 4cm 이상에 해당하는 상대도수) → $\dfrac{120}{200}=0.6$

따라서 학교에서 권장하는 치마높이를 준수하지 않은 학생의 상대도수는 0.6이다.

(3) 히스토그램의 각 계급값과 도수를 모두 구하여, (계급값)×(도수)의 총합을 계산해 본다.

0cm~2cm : 계급값 1, 도수 30 → (계급값)×(도수)=30

$2\text{cm} \sim 4\text{cm}$: 계급값 3, 도수 50 $\rightarrow$ (계급값)$\times$(도수)$=150$

$4\text{cm} \sim 6\text{cm}$: 계급값 5, 도수 60 $\rightarrow$ (계급값)$\times$(도수)$=300$

$6\text{cm} \sim 8\text{cm}$: 계급값 7, 도수 40 $\rightarrow$ (계급값)$\times$(도수)$=280$

$8\text{cm} \sim 10\text{cm}$: 계급값 9, 도수 20 $\rightarrow$ (계급값)$\times$(도수)$=180$

$\therefore 30+150+300+280+180=940$

(계급값)$\times$(도수)의 총합 940을 전체 학생수 200으로 나누어 주면, 여학생들의 치마높이의 평균을 구할 수 있다.

$$(여학생들의 치마높이의 평균)=4.7\text{cm}\left(=\frac{940}{200}\right)$$

 스스로 유사한 문제를 여러 개 만들어(출제하여) 답을 찾아보시기 바랍니다.

Q9. 다음은 은설이네 반 학생들의 수학성적을 조사한 상대도수분포표이다. 그런데 실수로 일부분이 찢겨져 나갔다. 은설이네 반 학생들의 총 인원이 40명이고 3등급을 받은 학생이 8명이라고 할 때, 완성된 상대도수분포표를 작성하여라.

계급(점)	상대도수
50이상 ~ 60미만 (5등급)	0.1
60이상 ~ 70미만 (4등급)	
70이상 ~ 80미만 (3등급)	
80이상 ~ 90미만 (2등급)	0.25
90이상 ~ 100미만 (1등급)	0.05

① 이 문제를 풀기 위해 어떤 개념을 알아야 하는가?

② 그 개념을 머릿속에 떠올려 보아라.

③ 문제의 출제의도를 말하고 어떻게 풀지 간단히 설명해 보아라. (잘 모를 경우, 아래 Hint를 보면서 질문의 답을 찾아본다)

Hint(1) 어떤 계급의 상대도수가 $\dfrac{(그\ 계급의\ 도수)}{(도수의\ 총합)}$ 의 값과 같다는 사실을 이용하여 3등급에 해당하는 상대도수를 찾아본다.

☞ $(3$등급에 해당하는 상대도수$)=\dfrac{(3등급의\ 도수)}{(도수의\ 총합)}=\dfrac{8}{40}=\dfrac{1}{5}=0.2$

Hint(2) 상대도수의 총합이 1이라는 사실을 이용하여 4등급에 해당하는 상대도수(편의상 x라고 놓는다)를 찾아본다.

☞ $(상대도수의\ 총합)=0.1+x+0.2+0.25+0.05=1 \rightarrow x=0.4$

④ 그럼 문제의 답을 찾아라.

A9.

① 상대도수, 상대도수분포표

② 개념정리하기 참조

③ 이 문제는 상대도수, 상대도수분포표의 개념을 정확히 알고 있는지 묻는 문제이다. 주어진 상대도수분포표를 완성하기 위해서는 3등급과 4등급에 해당하는 상대도수를 찾아야 한다. 어떤 계급의 상대도수가 $\dfrac{(\text{그 계급의 도수})}{(\text{도수의 총합})}$ 의 값과 같다는 사실을 이용하면 어렵지 않게 3등급에 해당하는 상대도수를 찾을 수 있다. 그리고 상대도수의 총합이 1이라는 사실을 이용하면 4등급에 해당하는 상대도수도 쉽게 구할 수 있다.

④

계급(점)	상대도수
50이상 ~ 60미만 (5등급)	0.1
60이상 ~ 70미만 (4등급)	0.4
70이상 ~ 80미만 (3등급)	0.2
80이상 ~ 90미만 (2등급)	0.25
90이상 ~ 100미만 (1등급)	0.05

[정답풀이]

어떤 계급의 상대도수가 $\dfrac{(\text{그 계급의 도수})}{(\text{도수의 총합})}$ 의 값과 같다는 사실을 이용하여 3등급에 해당하는 상대도수를 찾아보면 다음과 같다.

$$(\text{3등급에 해당하는 상대도수})=\dfrac{(\text{3등급의 도수})}{(\text{도수의 총합})}=\dfrac{8}{40}=\dfrac{1}{5}=0.2$$

상대도수의 총합이 1이라는 사실을 이용하여 4등급에 해당하는 상대도수(편의상 x라고 놓는다)를 찾아보면 다음과 같다.

$$(\text{상대도수의 총합})=0.1+x+0.2+0.25+0.05=1 \;\rightarrow\; x=0.4$$

이제 찢겨진 상대도수분포표를 완성하면 다음과 같다.

계급(점)	상대도수
50이상 ~ 60미만 (5등급)	0.1
60이상 ~ 70미만 (4등급)	0.4
70이상 ~ 80미만 (3등급)	0.2
80이상 ~ 90미만 (2등급)	0.25
90이상 ~ 100미만 (1등급)	0.05

 스스로 유사한 문제를 여러 개 만들어(출제하여) 답을 찾아보시기 바랍니다.

Q10. 계급값의 크기 순서대로 4개의 계급으로 나누어진 도수분포표가 있다. 이 도수분포표의 계급의 크기는 5이며, 첫 번째 계급의 계급값은 42.5라고 한다. 마지막 계급이 'a 이상 b 미만'일 때, $(a+b)$의 값을 구하여라. (단, 이 도수분포표는 첫 번째 계급의 계급값이 가장 작으며, 크기순으로 두 번째, 세 번째, 네 번째 계급으로 분류되었다)

① 이 문제를 풀기 위해 어떤 개념을 알아야 하는가?

② 그 개념을 머릿속에 떠올려 보아라.

③ 문제의 출제의도를 말하고 어떻게 풀지 간단히 설명해 보아라. (잘 모를 경우, 아래 Hint를 보면서 질문의 답을 찾아본다)

    Hint(1) 계급의 크기가 5라는 말은 계급의 양끝값의 차가 5가 된다는 말과 같다.

    Hint(2) 첫 번째 계급의 계급값이 42.5이므로, 계급의 양끝값은 42.5에 ±2.5를 더한 값과 같다. 즉, 첫 번째 계급은 40이상 45미만이 된다.

    Hint(3) 첫 번째 계급이 40이상 45미만이므로, 두 번째 계급은 45이상 50미만이 된다.

④ 그럼 문제의 답을 찾아라.

A10.

① 도수분포표

② 개념정리하기 참조

③ 이 문제는 도수분포표과 관련된 용어의 개념을 정확히 알고 있는지 묻는 문제이다. 계급의 크기가 5라는 말은 계급의 양끝값의 차가 5가 된다는 말과 같다. 문제에서 첫 번째 계급의 계급값이 42.5라고 했으므로, 계급의 양끝값은 42.5에 ±2.5를 더한 값과 같다. 즉, 첫 번째 계급은 40이상 45미만이 된다. 계급의 크기 5에 맞춰 마지막 계급까지 순서대로 찾으면 어렵지 않게 $(a+b)$의 값을 구할 수 있을 것이다.

④ 115

[정답풀이]

계급의 크기가 5라는 말은 계급의 양끝값의 차가 5가 된다는 말과 같다. 문제에서 첫 번째 계급의 계급값이 42.5라고 했으므로, 계급의 양끝값은 42.5에 ±2.5를 더한 값과 같다. 즉, 첫 번째 계급은 40이상 45미만이 된다. 계급의 크기 5에 맞춰 도수분포표의 각 계급을 순서대로 찾으면 다음과 같다.

  첫 번째 계급 : 40이상 45미만

  두 번째 계급 : 45이상 50미만

  세 번째 계급 : 50이상 55미만

  네 번째 계급(마지막 계급) : 55이상 60미만

따라서 $a=55$, $b=60$이 되어 $a+b=115$이다.

 스스로 유사한 문제를 여러 개 만들어(출제하여) 답을 찾아보시기 바랍니다.

Q11. 다음은 서울지역 남녀 각 100명을 대상으로 월 스마트폰 데이터 사용량을 조사한 히스토그램 (남자)과 도수분포다각형(여자)이다. 조사대상 남녀의 월 스마트폰 데이터 사용량의 평균을 각각 구하여라.

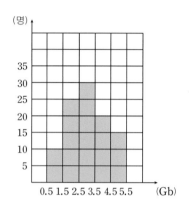 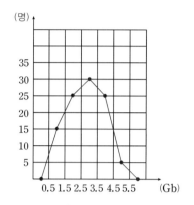

① 이 문제를 풀기 위해 어떤 개념을 알아야 하는가?

② 그 개념을 머릿속에 떠올려 보아라.

③ 문제의 출제의도를 말하고 어떻게 풀지 간단히 설명해 보아라. (잘 모를 경우, 아래 Hint를 보면서 질문의 답을 찾아본다)

    Hint(1) 주어진 히스토그램과 도수분포다각형을 모두 도수분포표로 변환해 본다.

    Hint(2) 도수분포표에서 각 계급별로 계급값, (계급값)×(도수)의 값을 구해본다.

    Hint(3) (계급값)×(도수)의 합을 도수의 총합으로 나누어 도수분포표의 평균을 구해본다.

④ 그럼 문제의 답을 찾아라.

A11.

① 히스토그램, 도수분포다각형, 도수분포표의 평균

② 개념정리하기 참조

③ 이 문제는 히스토그램과 도수분포다각형을 도수분포표로 변환할 수 있는지 그리고 도수분포표의 평균을 구할 수 있는지 묻는 문제이다. 일단 주어진 히스토그램과 도수분포다각형을 모두 도수분포표로 변환한 후, 각 도수분포표의 계급별로 계급값, (계급값)×(도수)의 값을 구한다. 그리고 (계급값)×(도수)의 합을 도수의 총합으로 나누면 어렵지 않게 조사대상 남녀의 월 스마트폰 데이터 사용량의 평균을 구할 수 있다.

④ 남 3.05Gb, 여 2.8Gb

[정답풀이]

우선 주어진 히스토그램(남자)을 도수분포표로 변환해 본다. 그리고 계급별로 계급값, (계급값)×(도수)를 계산해 본다.

계급(Gb)	도수(명)	계급값	(계급값)×(도수)
0.5이상 ~ 1.5미만	10	1	10
1.5이상 ~ 2.5미만	25	2	50
2.5이상 ~ 3.5미만	30	3	90
3.5이상 ~ 4.5미만	20	4	80
4.5이상 ~ 5.5미만	15	5	75
계	100		305

이제 (계급값)×(도수)의 합을 도수의 총합으로 나누어 도수분포표의 평균을 구해본다.

- 월 스마트폰 데이터 사용량의 평균(남자) : $3.05\left(=\dfrac{305}{100}\right)$

마찬가지로 주어진 도수분포다각형(여자)을 도수분포표로 변환해 본다. 그리고 계급별로 계급값, (계급값)×(도수)를 계산해 본다.

계급(Gb)	도수(명)	계급값	(계급값)×(도수)
0.5이상 ~ 1.5미만	15	1	15
1.5이상 ~ 2.5미만	25	2	50
2.5이상 ~ 3.5미만	30	3	90
3.5이상 ~ 4.5미만	25	4	100
4.5이상 ~ 5.5미만	5	5	25
계	100		280

이제 (계급값)×(도수)의 합을 도수의 총합으로 나누어 도수분포표의 평균을 구해본다.

- 월 스마트폰 데이터 사용량의 평균(여자) : $2.8\left(=\dfrac{280}{100}\right)$

따라서 조사대상 남녀의 월 스마트폰 데이터 사용량의 평균은 각각 3.05Gb(남), 2.8Gb(여)이다.

 스스로 유사한 문제를 여러 개 만들어(출제하여) 답을 찾아보시기 바랍니다.

Q12. 다음은 은설이네 반 학생 40명의 시력을 조사한 상대도수분포표와 도수분포다각형이다. 다음 물음에 답하여라. (실수로 두 자료가 모두 훼손되었으며, 시력검사시 안경을 쓴 학생들은 모두 안경을 벗고 검사하였다고 한다)

계급(시력)	상대도수
0.1이상 ~ 0.3미만	0.05
0.3이상 ~ 0.6미만	0.2
0.6이상 ~ 0.9미만	
0.9이상 ~ 1.2미만	0.
1.2이상 ~ 1.5미만	0.1
1.5이상 ~ 2.0미만	0.05

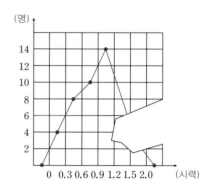

(1) 계급 0.6이상 0.9미만의 상대도수를 구하여라.

(2) 계급 1.2이상 1.5미만의 도수를 구하여라.

(3) 안경을 써야 하는 학생은 전체 몇 %인가? (단, 시력 0.9미만인 학생은 안경을 써야 한다고 가정한다)

① 이 문제를 풀기 위해 어떤 개념을 알아야 하는가?

② 그 개념을 머릿속에 떠올려 보아라.

③ 문제의 출제의도를 말하고 어떻게 풀지 간단히 설명해 보아라. (잘 모를 경우, 아래 Hint를 보면서 질문의 답을 찾아본다)

　Hint(1) 도수분포다각형의 자료를 토대로 계급 0.6이상 0.9미만의 상대도수를 계산해 본다. (어떤 계급의 상대도수는 그 계급의 도수를 전체 도수로 나눈 값과 같다)

　Hint(2) 상대도수분포표에 나와있는 계급 1.2이상 1.5미만의 상대도수의 값에 전체 학생수를 곱하여 그 계급의 도수를 구해본다.

　Hint(3) 도수분포다각형으로부터 시력 0.9미만인 학생수를 모두 세어 그 값을 전체 학생수로 나눈 다음 100을 곱하여 시력이 0.9미만인 학생수에 대한 백분위(%)를 구해본다.

④ 그럼 문제의 답을 찾아라.

A12.
① 상대도수, 상대도수분포표, 도수분포다각형

② 개념정리하기 참조

③ 이 문제는 상대도수, 상대도수분포표, 도수분포다각형의 개념을 알고 있는지

그리고 주어진 자료를 해석할 수 있는지 묻는 문제이다. (1)의 경우, 도수분포다각형을 토대로 계급 0.6이상 0.9미만의 상대도수를 계산하면 쉽게 답을 구할 수 있다. 참고로 어떤 계급의 상대도수는 그 계급의 도수를 전체 도수로 나눈 값과 같다. (2)의 경우, 상대도수분포표에 나와 있는 계급 1.2이상 1.5미만의 상대도수의 값에 전체 학생수를 곱하면 쉽게 그 계급의 도수를 구할 수 있다. (3)의 경우, 문제에서 시력 0.9미만인 학생은 모두 안경을 써야한다고 했으므로, 주어진 도수분포다각형으로부터 시력 0.9미만인 학생수를 모조리 세어 그 값을 전체 학생수로 나눈 다음 100을 곱하면 시력이 0.9미만인 학생수에 대한 백분위(%)를 쉽게 구할 수 있다.

④ (1) 0.25　(2) 4명　(3) 55%

[정답풀이]

(1) 도수분포다각형을 토대로 계급 0.6이상 0.9미만의 상대도수를 계산해 본다. (어떤 계급의 상대도수는 그 계급의 도수를 전체 도수로 나눈 값과 같다)

계급 0.6이상 0.9미만의 도수 : 10명 → 상대도수 : $0.25\left(=\dfrac{10}{40}\right)$

(2) 상대도수분포표에 나와있는 계급 1.2이상 1.5미만의 상대도수에 전체 학생수를 곱하여 그 계급의 도수를 구해본다.

(계급 1.2이상 1.5미만의 도수)＝(계급 1.2이상 1.5미만의 상대도수)×(전체 학생수)
＝$0.1 \times 40 = 4$(명)

(3) 도수분포다각형으로부터 시력 0.9미만인 학생수를 모두 세어 그 값을 전체 학생수로 나눈 다음 100을 곱하여 시력이 0.9미만인 학생수에 대한 백분위(%)를 구해본다.

(시력 0.9미만인 학생수)＝$10 + 8 + 4 = 22$(명)

(전체 학생수)＝40명

(시력이 0.9미만인 학생수의 백분위)＝$\dfrac{(\text{시력 0.9미만인 학생 수})}{(\text{전체 학생 수})} \times 100 = \dfrac{22}{40} \times 100 = 55$(%)

따라서 전체 학생 중 55%의 학생이 안경을 써야한다.

 스스로 유사한 문제를 여러 개 만들어(출제하여) 답을 찾아보시기 바랍니다.

★ 개념의 이해도가 충분하지 않다면, 일단 PASS하시기 바랍니다. 그리고 개념정리가 마무리 되었을 때 심화학습 내용을 따로 읽어보는 것을 권장합니다.

Q1. 다음은 어느 회사의 한 달간 복사량을 조사한 도수분포표이다. 업무담당자의 실수로 계급 1,500 이상 2,000미만(x일), 3,000이상 3,500미만(y일)의 일수가 누락되었다. 도수분포표의 평균이 2,210매일 때, $(x \times y)$의 값을 구하여라.

계급(매)	도수(일)
1000이상 ~ 1500미만	5
1500이상 ~ 2000미만	x
2000이상 ~ 2500미만	8
2500이상 ~ 3000미만	7
3000이상 ~ 3500미만	y
계	25

① 이 문제를 풀기 위해 어떤 개념을 알아야 하는가?

② 그 개념을 머릿속에 떠올려 보아라.

③ 문제의 출제의도를 말하고 어떻게 풀지 간단히 설명해 보아라. (잘 모를 경우, 아래 Hint를 보면서 질문의 답을 찾아본다)

Hint(1) 도수의 총합으로부터 x, y에 대한 등식을 도출해 본다.
☞ (도수의 총합)$=5+x+8+7+y=25 \rightarrow x+y=5$

Hint(2) 도수분포표의 평균을 구하는 식을 이용하여 x, y에 대한 등식을 도출해 본다.
☞ (도수분포표의 평균)$= \dfrac{\{(계급값) \times (도수)\}의 합}{(도수의 총합)}$

$$= \frac{1250 \times 5 + 1750 \times x + 2250 \times 8 + 2750 \times 7 + 3250 \times y}{25} = \frac{43500 + 1750x + 3250y}{25}$$
$$=2210$$
$$\rightarrow 1750x + 3250y = 11750$$

Hint(3) 두 방정식 $x+y=5$와 $1750x+3250y=11750$을 연립하여 x, y의 값을 구해본다.

④ 그럼 문제의 답을 찾아라.

A1.

① 도수분포표, 도수분포표의 평균

② 개념정리하기 참조

③ 이 문제는 도수분포표와 도수분포표의 평균의 개념을 알고 있는지 그리고 그 개념으로부터 x, y에 대한 방정식을 도출하여 구하고자 하는 값을 찾을 수 있는지 묻는 문제이다. 먼저 도수의 총합으로부터 x, y에 대한 방정식을 도출해 본다. 그리고 도수분포표의 평균을 계산하는 식으로부터 또 다른 x, y에 대한 방정식을 도출한다. 두 방정식을 연립하면 어렵지 않게 x, y값을 구할 수 있을 것이다.

④ 6

[정답풀이]

도수의 총합으로부터 x, y에 대한 방정식을 도출해 보면 다음과 같다.

(도수의 총합)$=5+x+8+7+y=25$ → $x+y=5$

도수분포표의 평균을 구하는 식을 이용하여 x, y에 대한 방정식을 도출해 본다.

$$
\text{(도수분포표의 평균)} = \frac{\{(계급값)\times(도수)의 합\}}{(도수의 총합)}
$$
$$
= \frac{1250\times5+1750\times x+2250\times8+2750\times7+3250\times y}{25}
$$
$$
= \frac{43500+1750x+3250y}{25}
$$
$$
= 2210
$$
$$
\rightarrow 1750x+3250y=11750
$$

도출된 두 연립방정식 $x+y=5$와 $1750x+3250y=11750$을 풀어 x, y의 값을 구하면 다음과 같다.

($x+y=5$를 y에 관하여 푼 후($y=5-x$), 또 다른 식 $1750x+3250y=11750$에 대입한다)

$x+y=5$ → $y=5-x$

$1750x+3250y=11750$ → $1750x+3250(5-x)=11750$ → $-1500x=-4500$ → $x=3$

$x=3$이므로 $y=2$가 된다. 따라서 $(x\times y)=6$이다.

 스스로 유사한 문제를 여러 개 만들어(출제하여) 답을 찾아보시기 바랍니다.

기본도형

1 점, 선, 면, 각

■ 학습 방식

본문의 내용을 '천천히', '생각하면서' 끝까지 읽어봅니다. (2~3회 읽기)

① 1차 목표 : 개념의 내용을 정확히 파악합니다. (점, 선, 면, 각의 정의, 점·선·면의 위치관계, 평행선의 성질)

② 2차 목표 : 개념의 숨은 의미를 스스로 찾아가면서 읽습니다.

※ 이 단원에서는 도형에 관한 다양한 기본 개념(용어)을 다루고 있습니다.

용어의 정의가 너무 많이 나와서 자칫 지루할 수도 있겠지만 체계적으로 도형의 개념을 정리한다는 생각으로 끝까지 읽어보시기 바랍니다.

1 점, 선, 면, 각

다음은 어느 자동차 내비게이션(navigation) 화면입니다. 두 지도의 차이점에 대해 말해보시기 바랍니다.

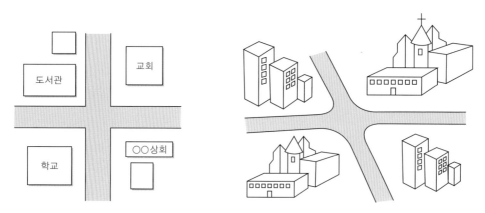

 잠시 질문의 답을 스스로 찾아보는 시간을 가져보세요.

대충 뭔지는 알겠는데, 입이 잘 떨어지지 않는다고요? 그렇다면 두 지도에 그려진 도형이 어떤 종류의 도형인지 따져보시기 바랍니다. 즉, ① 점·선·면(길이나 폭만 있고 두께가 없는 도형)으로 그려진 지도가 어느 것인지, ② 공간을 활용한 도형(일정한 부피를 차지하고 있는 도형)으로 그려진 지도가 어느 것인지 생각해 보라는 말입니다.

① 길이나 폭만 있고 두께가 없는 도형?　　② 일정한 부피를 차지하고 있는 도형?

감이 오시나요? 그렇습니다. 점·선·면과 같이 길이나 폭만 있고 두께가 없는 도형을 '평면도형'이라고 말하며, 공간에서 일정한 부피를 차지하고 있는 도형을 '입체도형'이라고 부릅니다.

① 평면도형 : 길이나 폭만 있고 두께가 없는 도형
② 입체도형 : 일정한 부피를 차지하고 있는 도형

즉, 왼쪽 지도는 평면도형으로 그려진 2차원 지도이며, 오른쪽 지도는 입체도형으로 그려진 3차원 지도란 말이지요.

2차원과 3차원이라...?

여러분~ 혹시 차원의 의미가 정확히 무엇인지 기억하고 계신가요? 1학기 함수단원에서 자세히 배웠는데... 잘 기억이 나질 않나 보네요. 사실 차원은 좌표계와 관련된 용어입니다. 흔히 엉뚱한 사람을 가리켜 '4차원'이라고 말을 하죠? 차원의 수학적인 의미는 다음과 같습니다.

차원 : 좌표계 안에서 어떤 특정한 점의 위치를 결정하는 데
필요한 '숫자 또는 문자(좌표)의 개수'

예를 들어, 1차원은 좌표계 안에서 어떤 특정한 점의 위치를 결정하는 데 필요한 숫자 또는 문자(좌표)의 개수가 1개라는 것을 의미하며, 2차원과 3차원은 좌표계 안에서 어떤 특정한 점의 위치를 결정하는 데 필요한 숫자 또는 문자(좌표)의 개수가 각각 2, 3개라는 것을 의미합니다. 이제 기억나시죠?

정리하자면, 1차원 좌표계란 특정한 점의 위치를 결정하는 데 필요한 숫자 또는 문자(좌표)의 개수가 1개인 좌표계를 말합니다. 대표적인 1차원 좌표계로는 수직선이 있습니다. 수직선을 다른 말로 직선좌표계라고 부르는 거, 다들 아시죠?

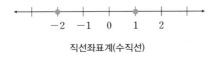

직선좌표계(수직선)

2차원 좌표계란 특정한 점의 위치를 결정하는 데 필요한 숫자 또는 문자(좌표)의 개수가 2개인 좌표계를 말합니다. 대표적인 2차원 좌표계로는 좌표평면이 있습니다. 좌표평면을 다른 말로 평면좌표계라고 부릅니다.

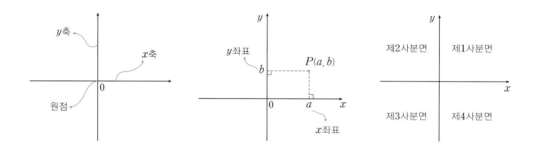

마찬가지로 3차원 좌표계란 특정한 점의 위치를 결정하는 데 필요한 숫자 또는 문자(좌표)의 개수가 3개인 좌표계를 말합니다. 대표적인 3차원 좌표계로는 좌표공간이 있습니다. 좌표공간을 다른 말로 공간좌표계라고 부릅니다.

좌표공간?   공간좌표계?

조금 어렵나요? 다음과 같이 세 축(x, y, z축)이 서로 직각을 이루는 좌표계를 공간좌표계라고 하는데, 공간 안에 있는 어느 한 점의 좌표는 그 점을 꼭짓점으로 하는 직육면체의 또 다른 세 꼭짓점(세 축과 만나는 점)의 좌표를 순서쌍으로 표현한 것입니다. 음... 너무 앞서 갔군요. 이는 고등학교 교과과정에 해당하므로 지금은 이러한 좌표계가 있다는 정도만 알고 넘어가시기 바랍니다.

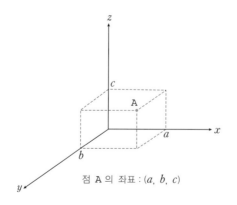

점 A 의 좌표 : (a, b, c)

참고로 평면을 2차원 공간(2D), 입체를 3차원 공간(3D)이라고 부릅니다. 여러분~ 2D, 3D라는 말 들어보셨죠? 여기서 D는 영어로 차원을 의미하는 dimension의 첫글자입니다.

도형을 구성하는 기본 요소에는 무엇이 있을까요?

 잠시 질문의 답을 스스로 찾아보는 시간을 가져보세요.

우선 형태나 방향은 없고 위치만 있는 도형의 기본 단위가 무엇인지 상상해 보십시오.

형태나 방향은 없고 위치만 있는 도형의 기본 단위?

아직도 잘 모르겠다고요? 힌트는 한 글자입니다. 네~ 맞아요. 바로 점입니다. 그렇다면 연속된 점이 모인 것으로 위치와 방향을 갖고 있는 도형의 기본 단위는 무엇일까요?

연속된 점이 모인 것? 위치와 방향을 갖고 있는 도형의 기본 단위?

이것도 한 글자입니다. 그렇죠. 바로 선입니다. 마지막으로 선으로 둘러싸인 경계선 내부의 평평한 부분을 무엇이라고 할까요? 네, 맞아요. 면이라고 말합니다. 즉, 도형을 구성하는 기본 요소로는 점, 선, 면이 있습니다.

점, 선, 면

- 점 : 형태나 방향은 없고 위치만 있는 도형의 기본 단위
- 선 : 연속된 점이 모인 것으로 위치와 방향을 갖고 있는 도형의 기본 단위
- 면 : 선으로 둘러싸인 경계선 내부의 평평한 부분

두 선이 만나는 점 또는 두 면이 만나서 이루는 선을 각각 무엇이라고 부를까요?

 잠시 질문의 답을 스스로 찾아보는 시간을 가져보세요.

조금 어렵나요? 힌트를 드리겠습니다. 두 선이 만나는 점을 'ㅇ점'이라고 말하고, 두 면이 만나서 이루는 선을 'ㅇ선'이라고 부르는데, 여기서 ㅇ은 '사귀다'를 의미하는 한자입니다.

'사귀다'를 의미하는 한자라...?

남학생과 여학생이 서로 사귀는 것(좋은 만남을 갖는 것)을 네 글자로 뭐라고 하죠? 그렇습니다. 바로 이성교제라고 합니다. 이성교제의 '교'자가 바로 '사귀다'를 의미하는 한자입니다.

사귈 교(交)

다시 한 번 묻겠습니다. 두 선이 만나는 점 또는 두 면이 만나서 이루는 선을 각각 무엇이라고 부를까요? 네, 맞습니다. 교점과 교선이라고 칭합니다.

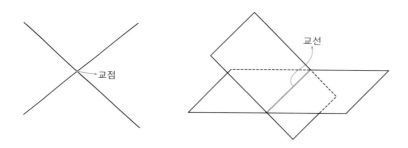

그 밖의 교점과 교선이 만들어지는 경우로는 선과 면이 만날 때 그리고 입체도형과 면이 만날 때입니다.

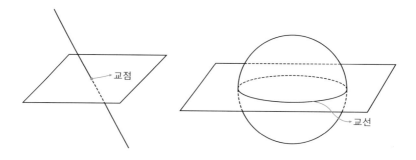

교점과 교선

- 교점 : 두 선이 만나는 점 또는 한 선과 한 면이 만나는 점
- 교선 : 두 면이 만나서 이루는 선 또는 한 면과 한 입체도형이 만나서 이루는 선

이렇게 도형의 기본요소를 명확히 정의함으로써, 체계적으로 도형을 다룰 수 있는 기틀을 마련할 수 있습니다. 참고로 용어의 정의만 정확히 파악하고 있으면, 기본적인 도형 문제는 '식은 죽 먹기'에 불과합니다. 이 점 반드시 명심하시기 바랍니다. (도형의 기본요소의 숨은 의미)

용어의 정의만 정확히 파악하고 있으면,
기본적인 도형 문제는 '식은 죽 먹기'에 불과하다.

다음 입체도형의 교점과 교선의 개수를 각각 구해보시기 바랍니다.

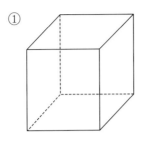
①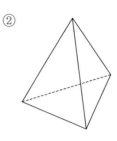
②

 잠시 질문의 답을 스스로 찾아보는 시간을 가져보세요.

우선 선과 선이 만나서 생기는 교점의 개수를 세어봐야겠죠?

① 교점 : 8개   ② 교점 : 4개

이제 면과 면이 만나서 생기는 교선의 개수를 하나씩 세어보도록 하겠습니다.

① 교선 : 12개   ② 교선 : 6개

어렵지 않죠? 거 봐요~ 용어의 정의만 제대로 파악하고 있으면 기본적인 도형 문제는 식은 죽 먹기라고 했잖아요.

한 점을 지나는 직선의 개수는 몇 개일까요?

 잠시 질문의 답을 스스로 찾아보는 시간을 가져보세요.

연습장에 점 하나를 찍고, 그 점을 지나는 직선을 모두 그려보시기 바랍니다. 참고로 직선이란 양쪽 방향으로 곧게 뻗어나가는 선을 말합니다.

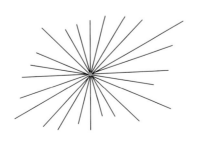

보는 바와 같이 한 점을 지나는 직선은 무수히 많습니다. 그렇다면 두 점을 지나는 직선은 몇 개일까요? 마찬가지로 연습장에 두 개의 점을 찍은 후, 두 점을 지나는 직선을 그려보시기 바랍니다.

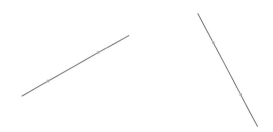

어라…? 두 점을 지나는 직선은 단 1개밖에 없네요. 여기서 우리는 **직선을 결정하는 조건**을 도출할 수 있습니다. 음… 무슨 말인지 잘 모르겠다고요? 그럼 하나의 직선을 결정하기 위해 최소한 몇 개의 점(직선이 지나는 점)이 주어져야 하는지 생각해 보시기 바랍니다.

 잠시 질문의 답을 스스로 찾아보는 시간을 가져보세요.

네, 맞아요. 하나의 직선을 결정하기 위해서는 최소 두 개의 점(직선이 지나는 점)이 필요합니다. 즉, 두 개의 점이 주어진다면, 그 점들을 지나는 직선은 오직 1개밖에 없다는 것을 의미하지요.

하나의 직선을 결정하는 조건 : 두 개의 점

만약 점이 세 개 이상일 경우에는 어떨까요?

그렇습니다. 세 개 이상의 점으로부터 하나의 직선을 결정하기 위해서는, 모든 점들이 일직선으로 정렬해 있어야 합니다. 즉, 특별한 경우를 제외하고는 임의의 세 점, 네 점, …을 가지고 하나의 직선을 결정할 수 없다는 뜻입니다. 이해되시죠?

두 점 A, B를 지나는 직선을 $\overleftrightarrow{AB}$와 같이 표시하며, 직선 AB라고 읽습니다.

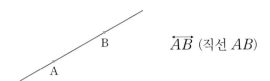

$\overleftrightarrow{AB}$ (직선 AB)

그렇다면 알파벳순서가 서로 뒤바뀐 $\overleftrightarrow{AB}$와 $\overleftrightarrow{BA}$는 어떻게 다를까요? 혹여 다르지 않다면 그 이유는 무엇일까요?

 잠시 질문의 답을 스스로 찾아보는 시간을 가져보세요.

우선 두 점 A, B로부터 두 직선 $\overleftrightarrow{AB}$와 $\overleftrightarrow{BA}$를 그려보면 다음과 같습니다.

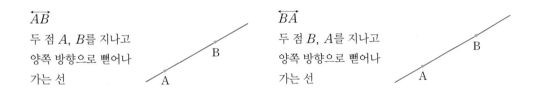

$\overleftrightarrow{AB}$
두 점 A, B를 지나고 양쪽 방향으로 뻗어나 가는 선

$\overleftrightarrow{BA}$
두 점 B, A를 지나고 양쪽 방향으로 뻗어나 가는 선

네, 그렇습니다. 두 직선 $\overleftrightarrow{AB}$와 $\overleftrightarrow{BA}$는 서로 동일한 직선입니다. 즉, 직선을 수식으로 표현하는 데 있어 두 점의 순서는 크게 중요하지 않다는 뜻입니다.

$$\overleftrightarrow{AB}=\overleftrightarrow{BA}$$

다음은 점 A, B, C, D를 지나는 직선을 도식화한 것입니다. $\overleftrightarrow{AB}$와 동일한 직선을 모두 찾아보시기 바랍니다. 힌트를 드리자면, 정답은 모두 11개입니다.

 잠시 질문의 답을 스스로 찾아보는 시간을 가져보세요.

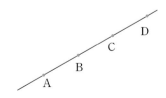

일단 점 A, B, C, D 중 임의의 두 점을 선택한 후, 그 점을 지나는 직선을 수식으로 표현해 보시기 바랍니다. 더불어 두 점의 순서를 바꾸어 직선을 표현해 보십시오. 어떠세요? 11개의 직선이 나오죠? 정답은 다음과 같습니다.

$\overleftrightarrow{AB}$와 동일한 직선 : $\overleftrightarrow{AC}$, $\overleftrightarrow{AD}$, $\overleftrightarrow{BC}$, $\overleftrightarrow{BD}$, $\overleftrightarrow{CD}$, $\overleftrightarrow{BA}$, $\overleftrightarrow{CA}$, $\overleftrightarrow{DA}$, $\overleftrightarrow{CB}$, $\overleftrightarrow{DB}$, $\overleftrightarrow{DC}$

참고로 점은 대문자 A, B, C, ...로, 직선은 소문자 l, m, n, ...으로 표현하는 것이 보통입니다.

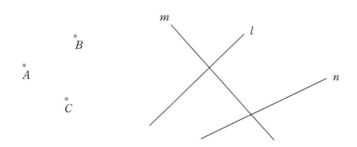

$\overrightarrow{AB}$는 무엇일까요?

 잠시 질문의 답을 스스로 찾아보는 시간을 가져보세요.

어라...? 직선 $\overleftrightarrow{AB}$와 비교해 보니, 화살표의 방향이 한쪽으로만 표시되어 있네요. 이러한 직선을 'O직선'이라고 말하는데, O에 들어갈 글자는 무엇일까요? 네, 맞습니다. '반'입니다. 즉, $\overrightarrow{AB}$와 같이 화살표의 방향이 한쪽으로만(반만) 표시되어 있는 선을 '반직선'이라고 부릅니다.

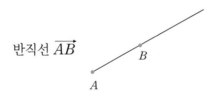

반직선 $\overrightarrow{AB}$

좀 더 정확히 말하면, 점 A에서 시작하여 점 B쪽으로 곧게 뻗어나가는 선을 '반직선 AB'라고 부르며, 기호 $\overrightarrow{AB}$로 표시합니다. 물론 반직선 $\overrightarrow{AB}$는 직선 $\overleftrightarrow{AB}$의 일부분(반쪽)입니다. 그렇다면 두 반직선 $\overrightarrow{AB}$와 $\overrightarrow{BA}$는 서로 같은 반직선일까요?

 잠시 질문의 답을 스스로 찾아보는 시간을 가져보세요.

앞서 직선에서 수행했던 것과 마찬가지로 두 점 A, B로부터 두 반직선 $\overrightarrow{AB}$와 $\overrightarrow{BA}$를 그려 보시기 바랍니다.

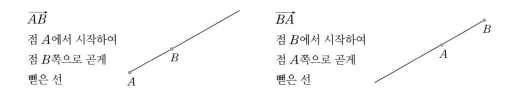

$\overrightarrow{AB}$
점 A에서 시작하여
점 B쪽으로 곧게
뻗은 선

$\overrightarrow{BA}$
점 B에서 시작하여
점 A쪽으로 곧게
뻗은 선

보는 바와 같이, 반직선은 직선과 달리 한쪽 방향으로 곧게 뻗어나가는 선이기 때문에 방향성이 존재합니다. 즉, 점의 순서에 따라 뻗어나가는 방향이 달라진다는 뜻이죠. 따라서 두 반직선 $\overrightarrow{AB}$와 $\overrightarrow{BA}$는 서로 다른 반직선입니다. 이해되시죠?

$$\overrightarrow{AB} \neq \overrightarrow{BA}$$

다음은 점 A, B, C, D를 지나는 직선을 도식화한 것입니다. $\overrightarrow{AB}$와 동일한 반직선을 모두 찾아 보시기 바랍니다.

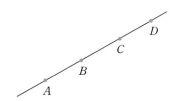

 잠시 질문의 답을 스스로 찾아보는 시간을 가져보세요.

우선 $\overrightarrow{AB}$를 다시 그려보면 다음과 같습니다.

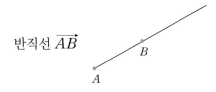

반직선 $\overrightarrow{AB}$

여기서 우리는 $\overrightarrow{AB}$가 점 A로부터 시작하여 점 B를 지나 곧게 뻗어나간다는 사실에 초점을 맞추어야 합니다. 보아하니, 점 B, C, D가 일직선상에 있으므로 반직선 $\overrightarrow{AB}$는 $\overrightarrow{AC}$, $\overrightarrow{AD}$와 같습니다. 그렇죠?

$$\overrightarrow{AB} \text{와 동일한 반직선} : \overrightarrow{AC} \text{와 } \overrightarrow{AD}$$

일상생활에서 접할 수 있는 반직선의 예시에는 무엇이 있을까요? 음... 한 점으로부터 시작하여 곧게 뻗어나가는 선이라...? 그렇습니다. 레이저의 빛이 떠오르네요. 더불어 자유낙하 하는 물체의 이동 경로 또한 반직선의 예시라고 말할 수 있습니다.

자유낙하 하는
물체의 이동 경로

$\overline{AB}$는 어떤 선을 말할까요?

 잠시 질문의 답을 스스로 찾아보는 시간을 가져보세요.

자세히 보니 $\overline{AB}$에는 화살표 표시가 없습니다. 이 말은 $\overline{AB}$가 양쪽 또는 한쪽 방향으로 뻗어나가는 선, 즉 직선 또는 반직선이 아님을 의미합니다.

$\overleftrightarrow{AB}$: 점 A와 B 양쪽으로 뻗어나가는 직선 (양쪽 화살표)
$\overrightarrow{AB}$: 점 A로부터 B의 방향으로(한쪽으로만) 뻗어나가는 직선 (한쪽 화살표)

슬슬 감이 오시죠? 그렇습니다. $\overline{AB}$는 두 점 A와 B 사이를 직선으로 이은 선을 말합니다.

A B

점 A로부터 점 B까지 직선으로 이은 선을 선분 AB라고 부르며, 기호 $\overline{AB}$로 표현합니다. 참고로 선분에서 분은 '나눌 분(分)'자를 씁니다. 즉, 직선으로부터 나누어진 한 부분을 의미한다는 뜻이죠. 잠깐! 두 선분 $\overline{AB}$와 $\overline{BA}$가 서로 같다는 것, 굳이 설명하지 않아도 되겠죠?

$$\overline{AB} = \overline{BA}$$

직선, 반직선, 선분의 개념을 한꺼번에 정리하면 다음과 같습니다.

> **직선, 반직선, 선분**
>
> - 직선 : 양쪽 방향으로 곧게 뻗어나가는 선을 직선이라고 부릅니다. 두 점 A, B를 지나는 직선을 $\overleftrightarrow{AB}$로 표현합니다. ($\overleftrightarrow{AB}=\overleftrightarrow{BA}$)
> - 반직선 : 한 점에서 시작하여 다른 점 쪽으로 곧게 뻗어나가는 선을 반직선이라고 부릅니다. 점 A에서 시작하여 점 B를 통과하는 반직선을 $\overrightarrow{AB}$로 표현합니다. ($\overrightarrow{AB} \neq \overrightarrow{BA}$)
> - 선분 : 두 점 사이를 직선으로 이은 선을 선분이라고 부릅니다. 두 점 A, B를 잇는 선분을 $\overline{AB}$로 표현합니다. ($\overline{AB}=\overline{BA}$)

두 점 A, B의 거리는 어떻게 정의될까요?

 잠시 질문의 답을 스스로 찾아보는 시간을 가져보세요.

사실 두 점 A, B 사이를 잇는 선(직선, 곡선)은 무수히 많습니다.

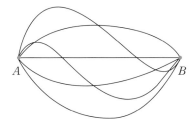

이렇게 많은 선들 중 두 점 A, B의 거리를 의미하는 선은 과연 무엇일까요? 그렇습니다. 다들 예상했겠지만, 두 점 A, B 사이의 최단 거리를 표현하는 선분 $\overline{AB}$의 길이가 바로 두 점 A, B의 거리입니다.

$$(\text{두 점 } A, B\text{의 거리})=(\overline{AB}\text{의 길이})$$

등호를 활용하여 $\overline{AB}$의 길이를 표현할 수도 있습니다. 예를 들어, $\overline{AB}=5\text{cm}$라고 하면 선분 $\overline{AB}$의 길이가 5cm가 된다는 것을 의미합니다. 더불어 두 선분 $\overline{AB}$와 $\overline{CD}$의 길이가 같을 때, $\overline{AB}=\overline{CD}$로 표현합니다.

수직선에서 두 점 사이의 거리는 어떻게 계산될까요? 다음 그림에서 두 선분 $\overline{AB}$와 $\overline{CD}$의 길이를 구해보고, 수직선상 두 점 사이의 거리를 구하는 공식을 도출해 보시기 바랍니다.

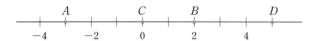

 잠시 질문의 답을 스스로 찾아보는 시간을 가져보세요.

일단 $\overline{AB}$와 $\overline{CD}$의 길이를 각각 구해보겠습니다. 다들 짐작했겠지만, 점 A와 B, 점 C와 D 사이의 칸 수를 세어보면 손쉽게 $\overline{AB}$와 $\overline{CD}$의 길이를 구할 수 있습니다.

$$\overline{AB}=5, \quad \overline{CD}=5$$

그럼 두 점 사이의 거리를 구하는 공식을 말해볼까요? 음... 아직 잘 모르겠다고요? 결정적인 힌트를 드리도록 하겠습니다. 다음 네 점 A, B, C, D의 좌표와 함께 주어진 수식(뺄셈식)을 잘 살펴보시기 바랍니다.

점 $A(-3)$, 점 $B(2) : \overline{AB}=2-(-3)=5$　　점 $C(0)$, 점 $D(5) : \overline{CD}=5-0=5$

네, 그렇습니다. 수직선에서 임의의 두 점 A와 B의 좌표가 각각 a, b일 때, 두 점 A, B 사이의 거리($\overline{AB}$의 길이)는 두 점의 좌표의 차와 같습니다. 여기서 절댓값의 개념을 활용하면 뺄셈순서는 큰 의미가 없어집니다.

두 점 $A(a)$, $B(b)$ 사이의 거리($\overline{AB}$의 길이) : $|b-a|=|a-b|$

다음 그림에서 점 M을 $\overline{AB}$의 무엇이라고 부를까요?

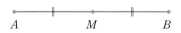

 잠시 질문의 답을 스스로 찾아보는 시간을 가져보세요.

보아하니, 점 M은 두 점 A, B의 한 가운데에 위치하고 있네요. 여러분~ 한 가운데를 의미하는 한자가 뭐였죠? 그렇습니다. 바로 '가운데 중(中)'입니다. 즉, $\overline{AB}$에서 $\overline{AM}=\overline{MB}$ 또는

$\overline{AM}=\dfrac{1}{2}\overline{AB}$를 만족하는 $\overline{AB}$ 위에 있는 점 M을 $\overline{AB}$의 중점이라고 부릅니다.

직선 · 반직선 · 선분, 두 점 사이의 거리와 중점의 개념을 명확히 정의함으로써, 우리는 도형을 체계적으로 설명할 수 있는 기본 토대를 마련할 수 있습니다. (직선 · 반직선 · 선분, 두 점 사이의 거리와 중점의 숨은 의미)

다음 그림에 대한 설명으로 **틀린** 것을 모두 골라보시기 바랍니다. 단, 점 P, Q, R은 각각 선분 $\overline{AB}$, $\overline{AP}$, $\overline{PB}$의 중점입니다.

$$A \quad Q \quad P \quad R \quad B$$

① $\overline{AB}=\dfrac{1}{2}\overline{AP}$

② $\overline{QP}=\overline{PR}$

③ $3\overline{PR}=\overline{QB}$

④ $\overline{AR}$의 중점과 $\overline{QB}$의 중점은 같다.

 잠시 질문의 답을 스스로 찾아보는 시간을 가져보세요.

점 P, Q, R이 각각 선분 $\overline{AB}$, $\overline{AP}$, $\overline{PB}$의 중점이라고 했으므로 다음 등식이 성립합니다.

- 점 P : $\overline{AB}$의 중점 → $\overline{AP}=\overline{PB}$, $\overline{AP}=\dfrac{1}{2}\overline{AB}$ $(\overline{AB}=2\overline{AP})$

- 점 Q : $\overline{AP}$의 중점 → $\overline{AQ}=\overline{QP}$, $\overline{AQ}=\dfrac{1}{2}\overline{AP}$ $(\overline{AP}=2\overline{AQ})$

- 점 R : $\overline{PB}$의 중점 → $\overline{PR}=\overline{RB}$, $\overline{PR}=\dfrac{1}{2}\overline{PB}$ $(\overline{PB}=2\overline{PR})$

이제 $\overline{AQ}$와 길이가 같은 선분을 모두 찾아보도록 하겠습니다. 앞서 도출한 등식을 기억하면서 다음 계산과정을 천천히 살펴보시기 바랍니다.

$$\overline{AQ}=\frac{1}{2}\overline{AP} \qquad \overline{PB}=2\overline{PR}$$

$$\overline{AQ}=\overline{QP}=\frac{1}{2}\overline{AP}=\frac{1}{2}\overline{PB}=\overline{PR}=\overline{PB}$$
$$\overline{AP}=\overline{PB}$$

어떠세요? 등식 $\overline{AQ}=\overline{QP}=\overline{PR}=\overline{PB}$가 성립함을 알 수 있죠?

따라서 ②와 ③은 맞는 〈보기〉지만, ①과 ④는 틀린 〈보기〉가 됩니다.

$$① \ \overline{AB}=\frac{1}{2}\overline{AP} \ (거짓), \quad ② \ \overline{QP}=\overline{PR} \ (참), \quad ③ \ 3\overline{PR}=\overline{QB} \ (참)$$
$$④ \ \overline{AR}의 \ 중점과 \ \overline{QB}의 \ 중점은 \ 같다. \ (거짓)$$

부연설명을 하자면, ①의 경우 $\overline{AB}=\frac{1}{2}\overline{AP}$가 아니라 $\overline{AP}=\frac{1}{2}\overline{AB}$가 되어야 맞습니다. 그리고 ④의 경우 $\overline{AR}$의 중점은 $\overline{QP}$의 중점과 같습니다. 수직선에 점을 찍어보면 쉽게 확인할 수 있을 것입니다. 참고로 수직선에서 어떤 두 점의 중점의 좌표는 두 점의 좌표를 더한 후 2로 나눈 값과 같습니다. 다음 수직선에서 $\overline{AB}$의 중점을 E라고 할 때, 점 E의 좌표를 구해보시기 바랍니다.

잠시 질문의 답을 스스로 찾아보는 시간을 가져보세요.

우선 $\overline{AB}$의 중점을 E라고 했으므로, 등식 $\overline{AE}=\frac{1}{2}\overline{AB}$가 성립합니다. 그렇죠? 수직선상에서 점 E의 위치를 확인해 보면 다음과 같습니다.

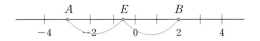

보는 바와 같이 점 E의 좌표는 -0.5입니다. 앞서도 언급했지만 두 점 A, B의 좌표를 더한 후 2로 나누어 주면 손쉽게 중점 E의 좌표를 구할 수 있습니다.

$$점 \ E의 \ 좌표 : \frac{(점 \ A의 \ 좌표)+(점 \ B의 \ 좌표)}{2} = \frac{(-3)+(+2)}{2} = -0.5$$

다음 그림을 보면서 시침과 분침이 이루는 각이 몇 °인지 말해보시기 바랍니다. 참고로 주어진 시계의 시침과 분침의 위치는 실제 시계와는 다르다는 점, 주의하시기 바랍니다.

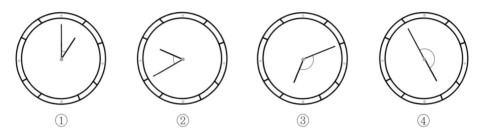

①   ②   ③   ④

잠시 질문의 답을 스스로 찾아보는 시간을 가져보세요.

일단 시계 한 바퀴를 각으로 표현하면 $360°$가 됩니다. 그렇죠? 더불어 시계에 표시된 눈금의 한 칸에 대한 각의 크기는 $360°$를 12로 나눈 값, 즉 $30°$입니다. 보는 바와 같이 〈보기〉 ① 1칸, ② 2칸, ③ 5칸, ④ 6칸이므로 각각의 칸 수에 $30°$를 곱하면 쉽게 시침과 분침 사이의 각의 크기를 계산해 낼 수 있습니다.

① $30°$ ② $60°$ ③ $150°$ ④ $180°$

방금 우리는 시계를 통해 여러 각의 크기를 확인해 보았습니다. 도대체 각이란 수학적으로 어떻게 정의될까요?

> **각**
>
> 한 점 O에서 시작하는 두 반직선 $\overrightarrow{OA}$와 $\overrightarrow{OB}$로 이루어진 도형을 각 AOB라고 말하고, $\angle AOB$로 표시합니다.

잘 이해가 가지 않는 학생은 다음 그림을 참고하시기 바랍니다. 혼동되지 않는 범위 내에서 $\angle AOB$를 간단히 $\angle O$, $\angle a$라고도 쓸 수 있습니다.

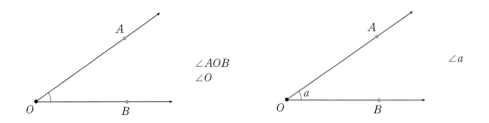

이렇게 각의 개념을 명확히 정의함으로써, 우리는 도형을 체계적으로 설명할 수 있는 기본 토대를 마련할 수 있습니다. (각의 숨은 의미)

$\angle AOB$와 $\angle BOA$는 어떻게 다를까요? 만약 다르지 않다면 그 이유는 무엇일까요?

 잠시 질문의 답을 스스로 찾아보는 시간을 가져보세요.

일단 도형 $\angle AOB$와 $\angle BOA$를 연습장에 그려보시기 바랍니다. 어떠세요? 질문의 답이 금 방 나오죠? 그렇습니다. 두 각 $\angle AOB$와 $\angle BOA$는 서로 같은 도형입니다. 왜냐하면 두 점 A 와 B의 위치가 정해져 있기 때문이죠. 더불어 두 도형 $\angle AOB$와 $\angle BOA$가 같다는 말은 두 각의 크기가 서로 같다는 것을 뜻하기도 합니다.

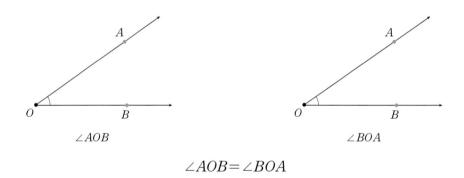

$$\angle AOB = \angle BOA$$

여기서 우리는 각의 크기를 정의할 수 있습니다.

각의 크기

$\angle AOB$에서 점 O를 각의 꼭짓점, 두 반직선 $\overrightarrow{OA}$와 $\overrightarrow{OB}$를 각의 변이라고 부릅니다. 더불어 꼭짓점 O를 기준으로(회전축으로 하여) $\overrightarrow{OB}$가 $\overrightarrow{OA}$까지 회전한 양을 $\angle AOB$의 크기로 정의합니다.

예를 들어 $\angle AOB = 30°$라는 말은 꼭짓점 O를 기준으로(회전축으로 하여) $\overrightarrow{OB}$가 $\overrightarrow{OA}$까지

회전한 양이 30°가 되는 것을 뜻합니다.

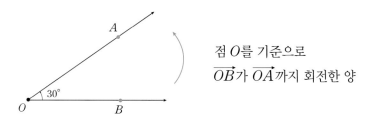

점 O를 기준으로
$\overrightarrow{OB}$가 $\overrightarrow{OA}$까지 회전한 양

참고로 각의 크기를 표현하는 단위 °는 1회전한 양을 360°로 정의한 값입니다. 즉, 1°란 1회전한 양을 360으로 나눈 각의 크기를 말합니다. 여기까지 이해되시는지요?

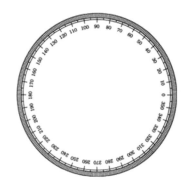

다음 그림을 보고 ∠AOB의 크기를 말해보시기 바랍니다.

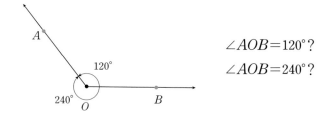

∠AOB＝120°?

∠AOB＝240°?

 잠시 질문의 답을 스스로 찾아보는 시간을 가져보세요.

잘 모르겠다고요? 특별한 표시가 없다면, ∠AOB의 크기는 작은 쪽의 각을 말하는 것이 보통입니다. 하지만 이렇게 혼동할 소지가 있는 경우에는 다음 그림과 같이 도형에 각을 정확히 표시해 주는 것이 좋습니다.

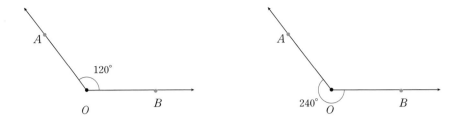

다음에 그려진 정오각형 $ABCDE$를 보고 물음에 답해보시기 바랍니다.

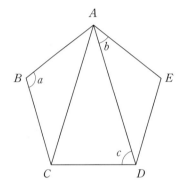

① $\angle a$, $\angle b$, $\angle c$를 A, B, C, D, E로 표현하여라.

② $\angle a$, $\angle b$, $\angle c$에 대한 꼭짓점과 변을 말하여라.

③ $\angle a$, $\angle b$, $\angle c$의 크기를 말하여라. (단, 정오각형의 한 내각의 크기는 108° 이다)

 잠시 질문의 답을 스스로 찾아보는 시간을 가져보세요.

조금 어렵나요? 그렇다면 각의 개념을 다시 한 번 떠올려 보도록 하겠습니다.

각의 정의와 그 크기

한 점 O에서 시작하는 두 반직선 $\overrightarrow{OA}$와 $\overrightarrow{OB}$로 이루어진 도형을 각 AOB라고 말하고, $\angle AOB$로 표시합니다. $\angle AOB$에서 점 O를 각의 꼭짓점, 두 반직선 $\overrightarrow{OA}$와 $\overrightarrow{OB}$를 각의 변이라고 부릅니다. 그리고 꼭짓점 O를 기준으로(회전축으로 하여) $\overrightarrow{OB}$가 $\overrightarrow{OA}$까지 회전한 양을 $\angle AOB$의 크기로 정의합니다.

잠깐! $\angle AOB$와 $\angle BOA$가 서로 같은 각이라는 사실, 다들 아시죠? 먼저 각의 정의를 바탕으로 ① $\angle a$, $\angle b$, $\angle c$를 A, B, C, D, E로 표현해 보면 다음과 같습니다.

$$\angle a = \angle ABC = \angle CBA, \quad \angle b = \angle EAD = \angle DAE, \quad \angle c = \angle ADC = \angle CDA$$

어렵지 않죠? 이제 ② $\angle a$, $\angle b$, $\angle c$에 대한 꼭짓점과 변을 찾아보겠습니다.

- $\angle a$: 꼭짓점 B, 변 $\overrightarrow{BA}$, $\overrightarrow{BC}$
- $\angle b$: 꼭짓점 A, 변 $\overrightarrow{AE}$, $\overrightarrow{AD}$
- $\angle c$: 꼭짓점 D, 변 $\overrightarrow{DA}$, $\overrightarrow{DC}$

마지막으로 ③ $\angle a$, $\angle b$, $\angle c$의 크기를 말해볼까요? 문제에서 정오각형의 한 내각의 크기가 108°라고 했으므로, $\angle a$는 108°가 될 것입니다. 그렇죠? 여기서 잠깐! 두 삼각형 $\triangle ABC$와 $\triangle AED$가 합동(모양이 완전히 일치한다)이면서 이등변삼각형이라는 사실, 캐치하셨나요?

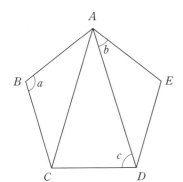

$\triangle ABC$와 $\triangle AED$: $\overline{BA}=\overline{BC}$, $\overline{EA}=\overline{ED}$
(이등변삼각형)

$\triangle ABC \equiv \triangle AED(\triangle ABC$와 $\triangle AED$는 합동이다)

더불어 두 삼각형 $\triangle ABC$와 $\triangle AED$가 합동이므로, $\overline{AC}=\overline{AD}$가 되어 $\triangle ACD$ 또한 이등변삼각형입니다. 이제 $\angle b$와 $\angle c$의 크기를 구해볼까요? 이등변삼각형 $\triangle ABC$에서 $\angle a$는 108°이므로, 두 밑각 $\angle BAC$와 $\angle BCA$는 모두 36°가 될 것입니다. 잠깐! 이등변삼각형의 두 밑각의 크기는 같다는 사실과 삼각형의 내각의 합이 180°라는 사실, 다들 알고 계시죠? $\triangle ABC$와 $\triangle AED$가 서로 합동이므로 $\angle b$와 $\angle EDA$ 또한 36°가 됩니다. 정오각형의 한 내각 $\angle D$의 크기는 108°이며 이는 $\angle EDA$와 $\angle c$의 합과 같습니다. 즉, $\angle EDA=36$°이므로 $\angle c=72$°가 된다는 뜻입니다. 따라서 $\angle a$, $\angle b$, $\angle c$의 크기는 다음과 같습니다. 참고로 삼각형의 합동은 뒤쪽에서 좀 더 자세히 다룹니다.

③ $\angle a=108$°, $\angle b=36$°, $\angle c=72$°

다음과 같은 각을 무엇이라고 부를까요?

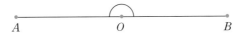

힌트를 드리겠습니다. '평평하다'를 의미하는 한자를 떠올려 보시기 바랍니다. 네, 맞아요. '평평할 평(平)'자를 써서 '평각'이라고 부릅니다. 즉, ∠AOB의 두 변 $\overrightarrow{OA}$와 $\overrightarrow{OB}$가 점 O를 중심으로 서로 반대 방향을 향하고 있으며, 세 점 A, O, B가 한 직선을 이룰 때(∠AOB= 180°일 때), ∠AOB를 평각이라고 정의합니다. 여기서 퀴즈! 다음 그림에서 ∠COB, 즉 평각의 $\frac{1}{2}$배인 각을 무엇이라고 부를까요?

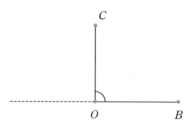

네, 맞아요. 직각(=90°)이라고 말합니다. 더불어 다음과 같이 정사각형 모양으로 직각임을 표시합니다.

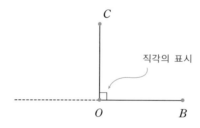

그 외 우리가 배웠던 각에는 무엇이 있었나요? 여러분~ 혹시 예각과 둔각에 대해 들어본 적이 있으신가요? 예각이란 0° 보다 크고 90° 보다 작은 각을, 둔각이란 90° 보다 크고 180° 보다 작은 각을 말합니다.

각의 분류

각의 크기에 따라 다음과 같이 각을 분류할 수 있습니다.
- 평각 : 각의 크기가 180°인 각 (한 직선 위에 있는 세 점 A, O, B가 이루는 각 ∠AOB)
- 직각 : 평각의 $\frac{1}{2}$배인 각 (90°)
- 예각 : 0° 보다 크고 90° 보다 작은 각
- 둔각 : 90° 보다 크고 180° 보다 작은 각

다음에 주어진 각을 평각, 직각, 예각, 둔각으로 구분해 보시기 바랍니다.

① 65°   ② 170°   ③ 180°   ④ 90°

쉽죠? 정답은 다음과 같습니다.

① 예각   ② 둔각   ③ 평각   ④ 직각

다음 그림에서 $\angle AOB$와 $\angle COA$의 크기를 구해보시기 바랍니다.

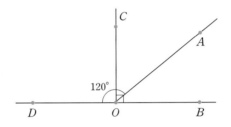

잠시 질문의 답을 스스로 찾아보는 시간을 가져보세요.

조금 난해한가요? 우선 $\angle DOB$는 평각(180°)입니다. 맞죠? 그리고 $\angle AOB$는 $\angle DOB$(평각)보다 120°만큼 작은 각입니다. 이를 등식으로 표현한 후, $\angle AOB$의 크기를 구하면 다음과 같습니다.

$$\angle DOB - 120° = \angle AOB \ \rightarrow \ \angle AOB = 180° - 120° = 60°$$

보는 바와 같이 $\angle COB$는 직각(90°)이며, $\angle COA$는 직각 $\angle COB$보다 $\angle AOB$의 크기만큼 작은 각입니다. 그렇죠? 마찬가지로 이를 등식으로 표현한 후, $\angle COA$의 크기를 구하면 다음과 같습니다.

$$\angle COB - \angle AOB = \angle COA \ \rightarrow \ \angle COA = 90° - 60° = 30°$$

따라서 $\angle AOB = 60°$이며 $\angle COA = 30°$입니다.

다음과 같이 두 직선이 만나서 생긴 각을 무엇이라고 부를까요?

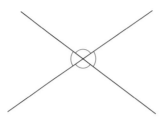

 잠시 질문의 답을 스스로 찾아보는 시간을 가져보세요.

힌트를 드리자면, '○각'이라고 말합니다. 여기서 ○은 '사귀다'를 의미하는 한자입니다.

'사귀다'를 의미하는 한자라...?

맞습니다. '사귈 교(交)'자를 써서, 교각이라고 부릅니다. 앞서 두 선이 만나는 점을 교점, 두 면이 만나서 이루는 선을 교선이라고 불렀던 거, 기억하시죠? 다음 두 직선이 교차하여 생긴 네 교각 $\angle a$, $\angle b$, $\angle c$, $\angle d$에 대하여 서로 크기가 같은 각끼리(육안으로 봤을 때) 짝지어 보시기 바랍니다.

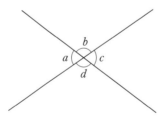

 잠시 질문의 답을 스스로 찾아보는 시간을 가져보세요.

네, 맞아요. $\angle a$와 $\angle c$, $\angle b$와 $\angle d$의 크기가 서로 같아 보입니다. 실제로도 같고요.

$$\angle a = \angle c, \quad \angle b = \angle d$$

이렇게 $\angle a = \angle c$, $\angle b = \angle d$와 같이 서로 마주보는 각을 '○꼭지각'이라고 부릅니다. 여기서 ○에 들어갈 글자는 무엇일까요?

'마주보다'를 의미하는 한 글자를 생각해 보면 쉽게 질문의 답을 찾을 수 있을 것입니다. 네, 그렇습니다. 맞꼭지각이라고 부릅니다. 다음 그림을 보면서 맞꼭지각의 크기가 서로 같은 이유($\angle a = \angle c$, $\angle b = \angle d$)를 설명해 보도록 하겠습니다.

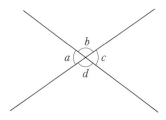

여러분~ 한 직선이 이루는 각이 평각($180°$)이라는 사실, 다들 아시죠? 즉, $\angle a + \angle b = 180°$, $\angle b + \angle c = 180°$입니다. 여기서 등식 $\angle a + \angle b = 180°$를 $\angle b = 180° - \angle a$로 변형하여, 등식 $\angle b + \angle c = 180°$에 대입하면, $(180° - \angle a) + \angle c = 180°$가 되어 결국 $\angle a = \angle c$임을 쉽게 확인할 수 있습니다.

$$\angle a + \angle b = 180° \quad \rightarrow \quad \angle b = 180° - \angle a$$
$$\angle b + \angle c = 180° \quad \rightarrow \quad (180° - \angle a) + \angle c = 180°$$
$$\therefore \angle a = \angle c$$

마찬가지로 등식 $\angle b + \angle c = 180°$를 변형하여 $\angle c + \angle d = 180°$에 대입하면 $\angle b = \angle d$임을 쉽게 확인할 수 있습니다.

교각과 맞꼭지각

- 교각 : 두 직선이 교차하여 생긴 각
- 맞꼭지각 : 두 직선이 교차하여 생긴 각 중 서로 마주보는 각 (맞꼭지각의 크기는 서로 같다)

다음과 같이 세 직선이 한 점에서 만날 때, 크기가 서로 같은 각을 모두 찾아보시기 바랍니다.

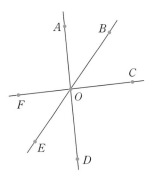

어렵지 않죠? 세 직선이 이루는 교각 중 맞꼭지각을 찾으면 쉽게 해결됩니다. 정답은 다음과 같습니다.

$$\angle AOB = \angle DOE, \quad \angle BOC = \angle EOF, \quad \angle COD = \angle AOF$$

물론 이것 외에도 $\angle AOC$와 $\angle DOF$, $\angle FOB$와 $\angle EOC$ 등 여러 맞꼭지각을 찾을 수 있을 것입니다. 한 문제 더 풀어볼까요? 다음 그림에서 $\angle a$, $\angle b$, $\angle c$의 크기를 구해보시기 바랍니다.

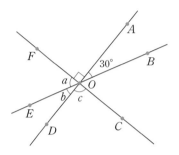

 잠시 질문의 답을 스스로 찾아보는 시간을 가져보세요.

우선 $\angle AOF = 90°$라는 것, 다들 알고 계시죠? 직선 $\overleftrightarrow{EB}$에 평각의 원리를 적용하면, 손쉽게 $\angle a$의 크기를 구할 수 있습니다.

$$\angle AOF = 90°, \ \angle a + \angle AOF + \angle AOB = 180°$$
$$\rightarrow \ \angle a = 180° - \angle AOF - \angle AOB = 180° - 90° - 30° = 60°$$

두 쌍의 교각 $\angle AOB$와 $\angle b$, $\angle AOF$와 $\angle c$는 맞꼭지각이므로 그 크기가 서로 같습니다.

$$\angle AOB = \angle b = 30°, \quad \angle AOF = \angle c = 90°$$

따라서 $\angle a = 60°$, $\angle b = 30°$, $\angle c = 90°$입니다.

두 선분 $\overline{AB}$와 $\overline{CD}$(또는 두 직선 $\overleftrightarrow{AB}$와 $\overleftrightarrow{CD}$)의 교각이 직각일 때, 두 선분(또는 직선)을 서로 직교 한다고 말합니다. 이것을 기호 $\overline{AB} \perp \overline{CD}$(또는 $\overleftrightarrow{AB} \perp \overleftrightarrow{CD}$)로 표현하는데, 이 때 두 선분 $\overline{AB}$와 $\overline{CD}$(또는 두 직선 $\overleftrightarrow{AB}$와 $\overleftrightarrow{CD}$)를 서로 수직이라고도 부릅니다. 더불어 서로 수직인 두 선분(직

선) 중 어느 한 선분(직선)을 가리켜 다른 한 선분(직선)의 수선이라고 일컫습니다.

- 수직(직교) : 두 선분(직선)의 교각이 직각일 때, 두 선분(직선)의 관계
- 수선 : 서로 수직인 두 선분(직선) 중 어느 한 선분(직선)에 대하여 나머지 한 선분 (직선)을 일컫는 말

이해되시죠? 다음 그림을 보고 물음에 답해 보시기 바랍니다.

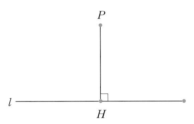

직선 l의 외부에 있는 점 P로부터 l에 수직인 선분을 그어 교점을 H라고 할 때, 점 H를 점 P의 '수선의 ○'이라고 말합니다. 여기서 ○에 들어갈 말은 무엇일까요?

 잠시 질문의 답을 스스로 찾아보는 시간을 가져보세요.

너무 막막하다고요? 힌트를 드리겠습니다. 점 P를 사람의 머리라고 생각해 보십시오. 그럼 점 H는 사람의 '이것'이 됩니다. 우리 몸의 가장 아래쪽에 있는 이것(한 글자)은 과연 무엇일까요? 네, 맞습니다. 바로 발입니다. 즉, 직선 l의 외부에 있는 점 P로부터 l에 수직인 선분을 그어 교점을 H라고 할 때, 점 H를 점 P의 '수선의 발'이라고 부릅니다.

음... 수직과 관련하여 너무 많은 용어가 한꺼번에 등장하니까 좀 당황스럽다고요? 차근차근 그 내용을 정리해 보면 다음과 같습니다.

직교, 수직, 수선, 수선의 발

두 선분 $\overline{AB}$와 $\overline{CD}$(또는 두 직선 $\overleftrightarrow{AB}$와 $\overleftrightarrow{CD}$)의 교각이 직각일 때, 두 선분(또는 직선)을 서로 직교한다고 말합니다. 이것을 기호 $\overline{AB} \perp \overline{CD}$(또는 $\overleftrightarrow{AB} \perp \overleftrightarrow{CD}$)로 표현하는데, 이 때 두 선분 $\overline{AB}$와 $\overline{CD}$(또는 두 직선 $\overleftrightarrow{AB}$와 $\overleftrightarrow{CD}$)를 서로 수직이라고도 부릅니다. 더불어 수직인 두 선분(직선)에 대하여 한 선분(직선)을 가리켜 다른 한 선분(직선)의 수선이라고 일컫습니다. 직선 l의 외부에 있는 점 P로부터 l에 수직인 직선을 그어 교점을 H라고 할 때, 점 H를 점 P의 수선의 발이라고 정의합니다.

직선 외부에 있는 점과 직선을 잇는 선은 무수히 많습니다. 그렇다면 다음 점 P와 직선 l 사이의 거리는 어떻게 정의될까요?

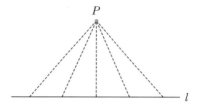

 잠시 질문의 답을 스스로 찾아보는 시간을 가져보세요.

일단 점 P과 직선 l을 잇는 선 중에서 가장 짧은 선이 무엇인지 생각해 봅시다.

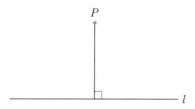

그렇죠. 바로 점 P로부터 직선 l에 내린 수선입니다. 앞서 우리는 직선 외부에 있는 점으로부터 한 직선에 내린 수선과 만나는 점을 수선의 발이라고 정의했습니다. 기억나시죠? 직선 외부에 있는 점과 그 점의 수선의 발 사이의 거리를 점과 직선 사이의 거리로 정의합니다.

점과 직선 사이의 거리

점과 직선 사이의 거리는 직선 외부에 있는 점과 그 점의 수선의 발 사이의 거리로 정의됩니다.

다음 사각형 $ABCD$를 보고 물음에 답해 보도록 하겠습니다.

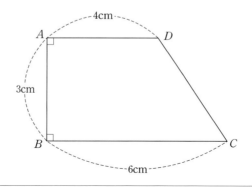

① 서로 직교하는 선분을 모두 찾아 기호로 표현하여라.

② $\overline{AB}$의 수선을 모두 말하여라.

③ 점 D와 C의 수선의 발을 찾아라.

④ 점 A와 $\overline{BC}$의 거리를 a, 점 D와 $\overline{AB}$의 거리를 b, C와 $\overline{AB}$의 거리를 c, 점 B와 $\overline{AD}$의 거리를 d라고 할 때, $(a+b+c+d)$의 값을 구하여라.

 잠시 질문의 답을 스스로 찾아보는 시간을 가져보세요.

와우~ 수직과 관련된 개념을 총체적으로 알아야 풀 수 있는 문제군요. 그렇다면 그 개념들을 다시 한 번 정리해 보도록 하겠습니다.

직교, 수직, 수선, 수선의 발

두 선분 $\overline{AB}$와 $\overline{CD}$(또는 두 직선 $\overleftrightarrow{AB}$와 $\overleftrightarrow{CD}$)의 교각이 직각일 때, 두 선분(또는 직선)을 서로 직교한다고 말합니다. 이것을 기호 $\overline{AB} \perp \overline{CD}$(또는 $\overleftrightarrow{AB} \perp \overleftrightarrow{CD}$)로 표현하는데, 이 때 두 선분 $\overline{AB}$와 $\overline{CD}$(또는 두 직선 $\overleftrightarrow{AB}$와 $\overleftrightarrow{CD}$)를 서로 수직이라고도 부릅니다. 더불어 수직인 두 선분(직선)에 대하여 한 선분(직선)을 가리켜 다른 한 선분(직선)의 수선이라고 일컫습니다. 직선 l의 외부에 있는 점 P로부터 l에 수직인 직선을 그어 교점을 H라고 할 때, 점 H를 점 P의 수선의 발이라고 정의합니다.

개념을 한 번 더 읽어보니 슬슬 답이 보이기 시작하네요. 여기에 점과 직선 사이의 거리는 점과 그 점의 수선의 발 사이의 거리로 정의된다는 사실을 적용하면, 쉽게 물음의 답을 찾을 수 있을 듯합니다.

① $\overline{AB} \perp \overline{AD}$, $\overline{AB} \perp \overline{BC}$

② $\overline{AB}$의 수선 : $\overline{AD}$와 $\overline{BC}$

③ 점 D의 수선의 발 : 점 A, 점 C의 수선의 발 : 점 B

④ $a=3$cm, $b=4$cm, $c=6$cm, $d=3$cm이므로, $a+b+c+d=16$cm이다.

★ 개념을 정확히 이해했는지 확인하고 싶다면, 학교 교과서에 나오는 개념확인 문제를 풀어 보거나 스스로 개념 확인문제를 출제하여 풀어보면 큰 도움이 될 것입니다.

2 점, 선, 면의 위치관계

여러분~ 혹시 on과 over의 차이를 알고 계십니까? 다음 문장을 잘 살펴보시기 바랍니다.

a book **on** the desk (책상 위에 있는 한 권의 책)

a lamp hanging **over** the table (탁자 위에 매달려 있는 등)

 잠시 질문의 답을 스스로 찾아보는 시간을 가져보세요.

아직 잘 모르겠다고요? 다음 그림을 보면 확실히 on과 over의 차이점을 확인할 수 있을 것입니다.

이제 아셨죠? 그렇습니다. on은 무엇의 표면에 닿아 그 위에 얹혀 있음을 뜻하지만, over는 일정 공간을 너머서 위치함을 의미합니다. 물론 이것 외에도 on과 over의 뜻은 여러 가지가 있을 것입니다. 그런데 왜 수학시간에 영어단어를 공부하냐고요? 그것은 바로 '한 점이 직선 위에 있다'라는 말의 의미를 좀 더 명확히 해석하기 위해서입니다.

과연 '한 점이 직선 위에 있다'라는 말은 수학적으로 어떤 의미를 가질까요?

한 점이 직선 위에 있다?

 잠시 질문의 답을 스스로 찾아보는 시간을 가져보세요.

조금 어렵나요? 힌트를 드리겠습니다.

the point **on** the line (선 위에 있는 한 점)

대충 감이 오시죠? 여기에 사용된 영어단어는 바로 on입니다. 앞서 살펴보았듯이 on은 무엇의 표면에 닿아 그 위에 얹혀 있음을 의미합니다. 즉, '한 점이 직선 위에 있다'라는 말은 점과 직선이 서로 맞닿아 있음을 의미합니다. 이를 그림으로 표현하면 다음과 같습니다.

네, 맞아요. '한 점이 직선 위에 있다'는 것은 '직선이 그 점을 지난다'는 것을 의미합니다. 도대체 왜 이렇게 해석해야 하는지, 잘 이해가 되지 않는다고요? 뭐 그럴 수도 있습니다. 여하튼 수학적인 의미(정의)가 그렇다는 사실, 반드시 기억하시기 바랍니다.

다음 그림을 보고 '점과 직선의 위치관계'를 말해보시기 바랍니다.

한 점이 직선 위에 있다? 아래에 있다?

 잠시 질문의 답을 스스로 찾아보는 시간을 가져보세요.

앞서 우리는 '한 점이 직선 위에 있다'라는 말의 수학적인 의미로 '직선이 그 점을 지난다'라고 정의했습니다. 하지만 주어진 그림은 분명 한 점이 직선 위에 있는 경우는 아닐 것입니다. 그렇죠? 과연 이 상황을 뭐라고 불러야 할까요?

점이 직선 위에 있지 않다.

네? 장난 하냐고요? 그럴 리가 있겠습니까? 수학에서는 점과 직선의 위치관계를 이렇게 두 가지로 분류한다는 것을 말씀드리고자 한 것입니다. 참고로 '점이 직선 위에 있지 않다'라는 말을 다른 말로 '점이 직선 밖에 있다'라고 표현하기도 합니다.

다음은 점과 직선의 위치관계를 정리한 내용입니다.

① 점이 직선 위에 있다.

② 점이 직선 위에 있지 않다. (점이 직선 밖에 있다)

다음 그림을 보면 이해하기가 한결 수월할 것입니다.

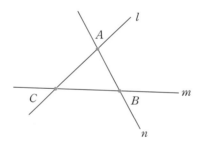

① 점이 직선 위에 있다.   ② 점이 직선 위에 있지 않다.

용어의 개념이 잘 와닿지 않을 수도 있겠지만, 이는 익숙해지면 금방 해결될 문제이니 너무 걱정할 필요는 없습니다. 그럼 **다음 그림을 보고 직선 l, m, n과 세 점 A, B, C의 위치관계를 말해 볼까요?**

 잠시 질문의 답을 스스로 찾아보는 시간을 가져보세요.

일단 점과 직선의 위치관계는 ① 점이 직선 위에 있는 경우와 ② 점이 직선 위에 있지 않은 경우, 두 가지로 분류됩니다. 그렇죠? 먼저 직선 l과 점 A, B, C의 위치관계를 따져보면 다음과 같습니다.

① 직선 l과 점 A, C의 위치관계 : 점 A, C는 직선 l 위에 있다.
직선 l과 점 B의 위치관계 : 점 B는 직선 l 위에 있지 않다.

맞죠? 직선 m, n과 점 A, B, C의 위치관계도 따져 보겠습니다.

② 직선 m과 점 B, C의 위치관계 : 점 B, C는 직선 m 위에 있다.

직선 m과 점 A의 위치관계 : 점 A는 직선 m 위에 있지 않다.

③ 직선 n과 점 A, B의 위치관계 : 점 A, B는 직선 n 위에 있다.

직선 n과 점 C의 위치관계 : 점 C는 직선 n 위에 있지 않다.

어렵지 않죠? 거 봐요~ 용어의 정의만 제대로 파악하면 기본적인 도형 문제는 식은 죽 먹기라고 했잖아요. **이번엔 두 직선의 위치관계에 대해 알아볼까요?** 과연 평면상에서 두 직선의 위치관계는 어떻게 정의(분류)될까요?

 잠시 질문의 답을 스스로 찾아보는 시간을 가져보세요.

일단 두 직선이 '만나는 경우'와 '만나지 않는 경우'를 상상해 볼 수 있습니다. 더 나아가 두 직선이 만나는 경우에는, 한 점에서 만나는 경우와 무수히 많은 점에서 만나는 경우가 있을 것입니다.

한 점에서 만난다.　　　　만나지 않는다.　　　　무수히 많은 점에서 만난다.

또 다른 두 직선의 위치관계가 존재할까요? 음... 없는 것 같죠? 그렇습니다. 평면상에서 두 직선의 위치관계는 ① 한 점에서 만난다, ② 만나지 않는다, ③ 무수히 많은 점에서 만난다, 이 세 가지 뿐입니다. 참고로 ①, ②, ③의 경우를 각각 교차, 평행, 일치라고 부릅니다.

> **두 직선의 위치관계**
>
> 평면상에서 두 직선의 위치관계는 다음과 같이 세 가지로 분류됩니다.
>
> ① 한 점에서 만난다. (교차)　　　② 만나지 않는다. (평행)　　　③ 무수히 많은 점에서 만난다. (일치)

두 직선이 만나는 않는 경우(평행), 즉 평행한 두 직선 l, m을 평행선이라고 말하며 기호 $l /\!/ m$으로 표시합니다. 사실 두 직선의 위치관계 중 수학적으로 가장 큰 의미가 있는 것은, 두 직선이 만나지 않는 경우, 즉 평행한 경우입니다. 그 이유는 바로 직선의 기울기와 밀접한 관계가 있기 때문입니다.

직선의 기울기?

너무 앞서 갔네요. 이 부분은 중학교 2학년 때 배울 일차함수에서 좀 더 자세히 다루도록 하겠습니다. 여기서는 평면상에서 두 직선의 위치관계를 정의함으로써, 2차원 공간을 좀 더 체계적으로 다룰 수 있는 기본 토대가 마련되었다는 사실만 기억하고 넘어가시기 바랍니다. (두 직선의 위치관계의 숨은 의미)

실생활에서 볼 수 있는 평행선의 예시에는 뭐가 있을까요?

평행선의 예시라...?

방금 여러분의 머릿속에 '기찻길'이라는 단어가 스치듯 지나가지 않으셨나요? 그렇습니다. 쭉~ 뻗어 있는 기찻길이 바로 평행선의 대표적인 예시입니다. 거실바닥에 있는 타일의 경계선 또한 평행선의 예시 중 하나라고 볼 수 있겠죠?

다음 평행사변형을 이루는 네 직선 l, m, n, k의 위치관계를 말해보시기 바랍니다.

 잠시 질문의 답을 스스로 찾아보는 시간을 가져보세요.

여러분~ 평면상에서 두 직선의 위치관계는 ① 한 점에서 만난다(교차), ② 만나지 않는다(평행), ③ 무수히 많은 점에서 만난다(일치), 이 세 가지뿐이라는 것 잊지 않으셨죠? 그럼 직선 l 과 '한 점에서 만나는 직선', '만나지 않는 직선', '무수히 많은 점에서 만나는 직선'을 각각 찾아보도록 하겠습니다.

① 직선 l과 한 점에서 만나는 직선 : 직선 n, k
　직선 l과 만나지 않는 직선 : 직선 m
　직선 l과 무수히 많은 점에서 만나는 직선 : 없다.

마찬가지로 직선 m, n, k와 '한 점에서 만나는 직선', '만나지 않는 직선', '무수히 많은 점에서 만나는 직선'을 각각 찾아보면 다음과 같습니다.

② 직선 m과 한 점에서 만나는 직선 : 직선 n, k
　직선 m과 만나지 않는 직선 : 직선 l
　직선 m과 무수히 많은 점에서 만나는 직선 : 없다.

③ 직선 n과 한 점에서 만나는 직선 : 직선 l, m
　직선 n과 만나지 않는 직선 : 직선 k
　직선 n과 무수히 많은 점에서 만나는 직선 : 없다.

④ 직선 k와 한 점에서 만나는 직선 : 직선 l, m
　직선 k와 만나지 않는 직선 : 직선 n
　직선 k와 무수히 많은 점에서 만나는 직선 : 없다.

3차원 공간에서 두 직선의 위치관계는 어떻게 정의(분류)될까요? 음... 너무 막막한가요? 일단 3차원 공간은 평면(2차원) 공간을 모두 포함합니다. 즉, 3차원 공간에서의 두 직선의 위치관계는 평면(2차원)에서의 두 직선의 위치관계(교차, 평행, 일치)가 모두 적용될 수 있다는 말입니다.

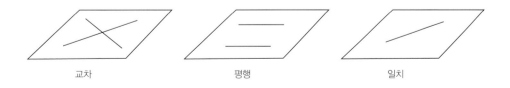

교차　　　　　　　　평행　　　　　　　　일치

여기에 더하여 두 직선이 평행하지도 만나지도 않는 경우가 있는데, 도대체 어떤 상황인지 머릿속으로 한번 상상해 보시기 바랍니다.

 잠시 질문의 답을 스스로 찾아보는 시간을 가져보세요.

지금 여러분들의 머릿속에 다음과 같은 두 직선의 위치관계가 그려지고 있나요?

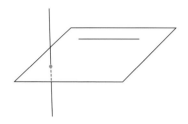

어라...? 정말 두 직선이 평행하지도 만나지도 않는군요. 평면(2차원)의 경우, 임의의 두 직선이 평행하지 않는다면, 반드시 만나게 되어 있습니다. 하지만 3차원 공간에서는 이렇게 평행하지도 만나지도 않는 경우가 존재합니다. 여기서 퀴즈! 이러한 두 직선의 위치관계를 수학적으로 '○○ 위치에 있다'라고 말합니다. 과연 '○○'에 들어갈 말은 무엇일까요? 다음 내용을 참고하여 평행하지도 만나지도 않는 두 직선의 위치관계에 대한 명칭을 유추해 보시기 바랍니다.

오른쪽 그림은 두 끈이 일정한 간격을 두고
서로 꼬여있는 상태를 표현한 것입니다.
두 끈은 서로 평행하지도 만나지도 않습니다.

 잠시 질문의 답을 스스로 찾아보는 시간을 가져보세요.

감이 오시나요? 그렇습니다. 3차원 공간에서 평행하지도 만나지도 않는 두 직선의 관계를 '꼬인' 위치에 있다고 말합니다.

> **꼬인 위치**
>
> 3차원 공간에서 평행하지도 만나지도 않는 두 직선의 관계를 꼬인 위치에 있다고 정의합니다.

잘 이해가 가지 않는 학생은 다음 그림을 참고하시기 바랍니다.

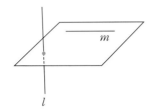

직선 l과 m은 꼬인 위치에 있다.

꼬인 위치를 정의함으로써, 드디어 3차원 공간에서의 두 직선의 위치관계를 명확히 정의할 수 있게 되었습니다. (꼬인 위치의 숨은 의미)

다음 직육면체에서 직선 m과 나머지 세 직선 l, n, k의 위치관계를 말해보시기 바랍니다.

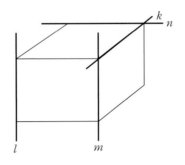

 잠시 질문의 답을 스스로 찾아보는 시간을 가져보세요.

어렵지 않죠? 직선 m과 교차하는 직선, 평행한 직선, 일치하는 직선 그리고 평행하지도 만나지도 않는 직선(꼬인 위치에 있는 직선)이 무엇인지 찾아보면 쉽게 질문의 답을 도출할 수 있을 것입니다. 참고로 직선 m과 일치하는 직선은 없습니다.

- 직선 m과 교차하는 직선 : 직선 k
- 직선 m과 평행한 직선 : 직선 l
- 직선 m과 꼬인 위치에 있는 직선 : 직선 n

일상생활 속에서 볼 수 있는 꼬인 위치의 예시에는 뭐가 있을까요?

 잠시 질문의 답을 스스로 찾아보는 시간을 가져보세요.

여러분~ 차를 타고 가면서 '입체교차로'를 통과해 본 경험이 있으신가요?

입체교차로?

혹시 처음 듣는 용어인가요? 걱정하지 마십시오. 인터넷 검색창에 '입체교차로'를 쳐 보시기 바랍니다. 순식간에 용어의 뜻을 찾아볼 수 있을 것입니다.

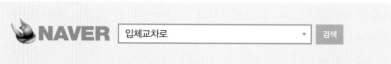

입체교차로란 입체적 교차형식으로 교차하는 도로와 도로, 도로와 철도를 말하는데, 동일한 평면도로에서 교차하는 것이 아니라 높이를 달리해서 교차하는 도로 등을 말한다. 입체교차로는 육교, 지하도에서부터 고속도로의 인터체인지 등 여러 가지가 있으며 도로와 철도가 교차하는 육교나 가드(guard)처럼 서로의 교통이 접속하지 않는 것과 인터체인지와 같이 연결로에 의해 서로 접속되어 있는 것으로 구별된다.

출처 : [네이버 지식백과 (두산백과)]

아직도 입체교차로가 무엇인지 잘 모르겠다고요? 다음 그림을 보면, '아~ 이거였구나'라고 말할 것입니다.

여러분~ 사진 속에서 꼬인 위치를 찾으셨나요? 그렇습니다. 도로와 도로, 육교와 도로 모두 3차원 공간에서 볼 수 있는 꼬인 위치에 해당합니다.

3차원 공간에서 평면과 점의 위치관계는 어떻게 정의(분류)될까요?

 잠시 질문의 답을 스스로 찾아보는 시간을 가져보세요.

힌트를 드리자면, 평면과 점의 위치관계는 점과 직선의 위치관계와 유사합니다.

점과 직선의 위치관계 : ① 점이 직선 위에 있다. ② 점이 직선 밖에 있다.

네, 그렇습니다. 평면과 점의 위치관계는 ① 점이 평면 위에 있는 경우, 즉 점이 평면에 포함되는 경우와 ② 점이 평면 밖에 있는 경우, 즉 점이 평면에 포함되지 않는 경우, 이 두 가지뿐입니다. 정리하면 다음과 같습니다.

평면과 점의 위치관계

평면과 점의 위치관계는 다음과 같이 분류됩니다.
  ① 점이 평면 위에 있다. (점이 평면에 포함된 경우)
  ② 점이 평면 밖에 있다. (점이 평면에 포함되지 않는 경우)

다음 그림을 보면 이해하기가 한결 수월할 것입니다.

① 점이 평면에 포함된 경우   ② 점이 평면에 포함되지 않는 경우

그렇다면 3차원 공간에서 평면과 직선의 위치관계는 어떻게 정의(분류)될까요?

 잠시 질문의 답을 스스로 찾아보는 시간을 가져보세요.

일단 평면과 직선이 만나는 경우에 대해 상상해 볼 수 있겠죠? 다음과 같이 한 점에서 만나는 경우 말이에요. (교차)

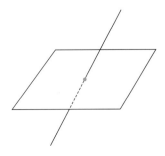

그리고 평면과 직선이 만나지 않는 경우도 상상해 볼 수 있습니다. (평행)

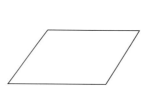

그렇다면 평면과 직선이 무수히 많은 점에서 만나는 경우도 있지 않을까요? 네, 그렇습니다. 바로 평면 위에 있는 직선, 즉 다음과 같이 평면이 직선을 포함하고 있는 경우입니다. (포함)

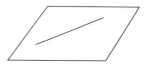

특히 직선 l이 평면 P와 만나지 않는 경우, 직선 l과 평면 P를 '평행하다'라고 말하며, 기호 $l /\!/ P$로 표시합니다. 참고로 평면은 보통 대문자 P, Q, R, ...로 직선은 소문자 l, m, n, ...으로 나타냅니다. 평면과 직선의 위치관계를 정리하면 다음과 같습니다.

평면과 직선의 위치관계

평면과 직선의 위치관계는 다음과 같습니다.

　① 평면과 직선이 한 점에서 만난다. (교차)
　② 평면과 직선이 만나지 않는다. (평행)
　③ 평면과 직선이 무수히 많은 점에서 만난다. (포함)

잘 이해가 가지 않는 학생은 다음 그림을 참고하시기 바랍니다.

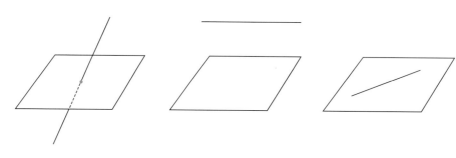

한 점에서 만난다. (교차)　　　만나지 않는다. (평행)　　　직선이 평면에 포함된다. (포함)

다음 직육면체를 보고 물음에 답해보시기 바랍니다.

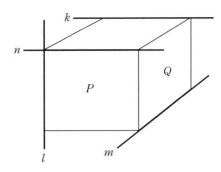

① 평면 P와 직선 l, m, n, k의 관계를 말하여라.
② 평면 Q와 직선 l, m, n, k의 관계를 말하여라.

 잠시 질문의 답을 스스로 찾아보는 시간을 가져보세요.

어렵지 않죠? 평면 P와 Q를 기준으로 직선 l, m, n, k에 대하여 ① 평면과 직선이 한 점에서 만나는 경우(교차), ② 평면과 직선이 만나지 않는 경우(평행), ③ 평면과 직선이 무수히 많은 점에서 만나는 경우(포함)를 따져 보면 쉽게 질문의 답을 찾을 수 있을 것입니다.

① 평면 P와 한 점에서 만나는 직선 : 직선 m
　평면 P와 만나지 않는(평행한) 직선 : 직선 k
　평면 P에 포함된 직선 : 직선 l, n

② 평면 Q와 한 점에서 만나는 직선 : 직선 n, k
　평면 Q와 만나지 않는(평행한) 직선 : 직선 l
　평면 Q에 포함된 직선 : 직선 m

쉽죠? 참고로 직선 l이 평면 P와 한 점 O에서 만나고, 평면 P 위에서 점 O를 지나는 모든 직선과 수직일 때, 직선 l과 평면 P를 '직교한다' 또는 '서로 수직이다'라고 말하며, 기호 $l \perp P$로 표시합니다.

잠깐! 직선 l이 평면 P와 한 점 O에서 만나고 $l \perp P$일 때, 평면 P 위에 있으면서 점 O를 지나는 모든 직선이 l과 수직이라고요? 음... 언뜻 이해가 잘 가지 않을 수도 있습니다. 하지만 다음 그림을 보면 이해하기가 조금은 수월할 것입니다.

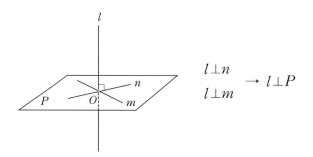

다음 삼각기둥의 모서리를 지나는 직선 l, m, n 중 평면 P, Q와 수직인 직선을 찾아보시기 바랍니다.

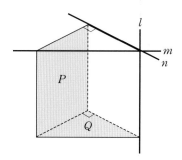

 잠시 질문의 답을 스스로 찾아보는 시간을 가져보세요.

평면 P와 수직인 직선은 n이고 평면 Q와 수직인 직선은 l입니다. 그렇죠? 거 봐요~ 용어의 정의만 정확히 알고 있으면 쉽게 풀 수 있다고 했잖아요.

평면과 평면의 위치관계는 어떻게 정의(분류)될까요?

 잠시 질문의 답을 스스로 찾아보는 시간을 가져보세요.

힌트를 드리자면, 평면과 평면의 위치관계는 두 직선의 위치관계와 유사합니다.

한 점에서 만난다. (교차)　　만나지 않는다. (평행)　　무수히 많은 점에서 만난다. (일치)

네, 맞아요. 두 평면이 ① 하나의 직선(교선)에서 만나는 경우, ② 만나지 않는 경우, ③ 무수히 많은 직선(교선)에서 만나는 경우, 이 세 가지뿐입니다. 상상이 되시는지요? 잘 이해가 가지 않는 학생은 다음 그림을 참고하시기 바랍니다.

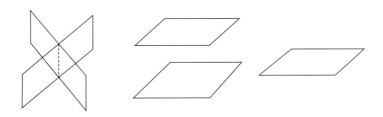

평면과 평면의 위치관계

평면과 평면의 위치관계는 다음과 같습니다.

① 두 평면이 하나의 직선(교선)에서 만난다. (교차)

② 두 평면이 만나지 않는다. (평행)

③ 두 평면이 무수히 많은 직선(교선)에서 만난다. (일치)

휴~ 드디어 점, 선, 면의 위치관계를 모두 다루어 보았습니다. 한꺼번에 정리한 후, 마무리하도록 하겠습니다. 잠깐만! 정리된 내용을 볼 때, 반드시 머릿속으로 도형을 상상하면서 한 줄 한 줄 읽어 내려가시기 바랍니다.

[점, 선, 면의 위치관계]

1) 점과 직선 : ① 점이 직선 위에 있다.   ② 점이 직선 위에 있지 않다.

2) 점과 평면 : ① 점이 평면 위에 있다.   ② 점이 평면 위에 있지 않다.

3) 직선과 직선 : ① 교차   ② 평행   ③ 일치   ④ 꼬인 위치

4) 직선과 평면 : ① 교차   ② 평행   ③ 포함

5) 평면과 평면 : ① 교차   ② 평행   ③ 일치

뭐 이렇게 외워야 할 게 많냐고요? 절대 외우려 하지 마십시오. 필요할 때마다 머릿속으로 점·선·면의 위치관계를 상상해 보면 쉽게 떠올릴 수 있을 것입니다. 자주 떠올리다보면 자연스럽게 기억할 수 있다는 사실, 반드시 명심하시기 바랍니다. 이렇게 점, 선, 면의 위치관계를 명확히 정의함으로써, 우리는 3차원 공간을 좀 더 체계적으로 다룰 수 있는 기본 토대를 마련할 수 있습니다. (점, 선, 면의 위치관계의 숨은 의미)

하나의 평면을 결정하는 조건은 무엇일까요? 음... 도무지 어떤 답을 원하는지 모르겠다고요? 힌트를 드리겠습니다. 다음 직선의 결정 조건을 참고하여 평면의 결정 조건을 유추해 보시기 바랍니다.

직선의 결정 조건 : 두 개의 점
→ 두 점이 주어지면 그 점들을 지나는 직선은 오직 하나뿐이다.

즉, '몇 개의 점이 주어져야, 그 점들을 포함하는 하나의 평면이 결정되는지' 생각해 보라는 말입니다.

잠시 질문의 답을 스스로 찾아보는 시간을 가져보세요.

일단 한 개의 점을 포함하는 평면이 몇 개인지 그리고 두 개의 점을 포함하는 평면이 몇 개인지 상상해 보십시오. 아마 무수히 많다는 것을 확인할 수 있을 것입니다. 그렇다면 세 개의 점은 어떨까요? 과연 세 개의 점을 모두 포함하는 평면도 무수히 많을까요? 아닙니다. 세 개의 점을 포함하는 평면은 오직 하나뿐입니다.

이번엔 점과 직선의 위치관계가 어떠해야, 그 점과 직선을 포함하는 평면이 하나로 결정되는지 생각해 봅시다. 일단 점과 직선의 위치관계는 다음 두 가지뿐입니다.

① 점이 직선 위에 있다.　　② 점이 직선 밖에 있다.

점이 직선 위에 있는 경우는 단순히 하나의 직선이 있는 것과 같습니다. 그렇죠? 더불어 하나의 직선을 포함하는 평면은 무수히 많으므로, ①의 경우는 평면을 결정하는 요건이 될 수 없습니다. 이해가 되시나요? 그렇다면 ②의 경우는 어떨까요? 한 직선과 그 위에 있지 않은 한 점이 주어진다면, 과연 그 점과 직선을 포함하는 평면은 오직 하나뿐일까요?

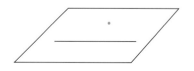

네, 그렇습니다. 한 직선과 그 위에 있지 않은 한 점이 주어지면, 그 점과 직선을 포함하는 평면은 하나로 결정됩니다. 마지막으로 두 직선의 위치관계가 어떠해야, 두 직선을 포함하는 평면이 하나로 결정되는지 생각해 보겠습니다. 우선 3차원 공간에서 두 직선의 위치관계는 다음과 같습니다.

① 교차　② 평행　③ 일치　④ 꼬인 위치

③의 경우는 단순히 하나의 직선을 의미하므로, 평면을 결정할 수 있는 요건이 될 수 없습니다. 그렇죠? 그리고 ④의 경우도 마찬가지로 두 직선이 꼬인 위치에 있을 경우 두 직선을 모두 포함하는 평면은 존재하지 않습니다.

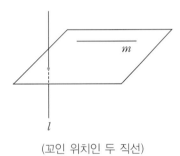

(꼬인 위치인 두 직선)

두 직선이 교차할 경우(①)와 평행할 경우(②)는 어떨까요? 그렇습니다. 이 경우, 두 직선을 포함하는 평면은 오직 하나뿐입니다.

평면의 결정조건을 정리하면 다음과 같습니다.

평면의 결정조건

① 세 점이 주어지면, 세 점을 포함하는 평면은 오직 하나뿐입니다.
② 한 직선과 그 위에 있지 않은 한 점이 주어지면, 그 점과 직선을 포함하는 평면은 오직 하나뿐입니다.
③ 교차하는 두 직선이 주어지면, 두 직선을 포함하는 평면은 오직 하나뿐입니다.
④ 평행하는 두 직선이 주어지면, 두 직선을 포함하는 평면은 오직 하나뿐입니다.

잘 이해가 가지 않는 학생은 다음 그림을 참고하시기 바랍니다.

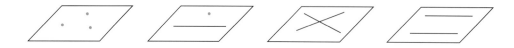

★ 개념을 정확히 이해했는지 확인하고 싶다면, 학교 교과서에 나오는 개념확인 문제를 풀어 보거나 스스로 개념 확인문제를 출제하여 풀어보면 큰 도움이 될 것입니다.

3 평행선과 그 성질

여러분~ 앞서 2차원 공간(평면)에서 두 직선의 위치관계(교차, 평행, 일치) 중 수학적으로 가장 의미 있는 것이 뭐라고 했죠? 네, 맞습니다. 바로 평행입니다. 지금부터 우리는 평행선에 대한 성질을 살펴보려 합니다. 그 전에 평행선과 관련된 각의 개념부터 정의를 내려볼까 하는데, 준비 되셨나요? 그럼 천천히 생각하면서 본문을 읽어보시기 바랍니다.

다음 그림에서 $\angle a$와 $\angle c$, $\angle b$와 $\angle d$를 '○○각'이라고 말합니다. 과연 ○○에 들어갈 말은 무엇일까요?

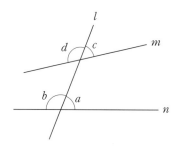

 잠시 질문의 답을 스스로 찾아보는 시간을 가져보세요.

조금 어렵다고요? 힌트를 드리도록 하겠습니다.

$\angle a$와 $\angle c$는 직선 l과 직선 m, n이 만나서 생긴 교각 중 우측에 위치한 각이며,
$\angle b$와 $\angle d$는 직선 l과 직선 m, n이 만나서 생긴 교각 중 좌측에 위치한 각이다.

다시 말해서 $\angle a$와 $\angle c$, $\angle b$와 $\angle d$는 서로 같은 자리에 위치한 각이라고 볼 수 있습니다.

같은 자리…?

이것을 한자어로 바꾸어 보시기 바랍니다. 그렇죠. 정답은 동위(같을 동同, 자리 위位)입니다. 즉, 다음 그림과 같이 두 직선이 다른 한 직선과 만나서 생긴 교각 중 같은 쪽에 위치한 두 각을 동위각이라고 부릅니다.

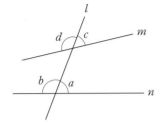

동위각 : ∠a와 ∠c, ∠b와 ∠d

어렵지 않죠? 한 문제 더 풀어볼까요? 다음 그림에서 ∠a와 ∠c, ∠b와 ∠d를 'O각'이라고 말합니다. ○에 들어갈 글자는 무엇일까요?

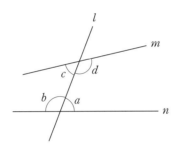

 잠시 질문의 답을 스스로 찾아보는 시간을 가져보세요.

조금 어렵나요? 힌트를 드리도록 하겠습니다.

∠a와 ∠c는 직선 l을 기준으로 서로 '엇갈린 방향'에 위치한 각이다.

'엇갈린 방향'이라는 문구에서 한 글자를 선택해 보십시오. 네, 맞아요. 바로 '엇'입니다. 즉, ∠a와 ∠c, ∠b와 ∠d를 엇각이라고 부릅니다. 다시 말해서, 엇각이란 다음 그림과 같이 두 직선이 다른 한 직선과 만나서 생긴 교각 중 반대쪽에 엇갈려 위치한 두 각을 말합니다.

엇각 : 엇갈린 위치에 있는 각

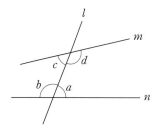

엇각 : $\angle a$와 $\angle c$, $\angle b$와 $\angle d$

동위각과 엇각의 개념을 정리하면 다음과 같습니다.

·동위각과 엇각

- 동위각 : 두 직선이 다른 한 직선과 만나서 생긴 교각 중 같은 쪽에 위치한 두 각
- 엇각 : 두 직선이 다른 한 직선과 만나서 생긴 교각 중 반대쪽에 엇갈려 위치한 두 각

다음 그림에서 $\angle POR$의 동위각과 엇각을 각각 찾아보시기 바랍니다.

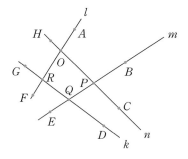

 잠시 질문의 답을 스스로 찾아보는 시간을 가져보세요.

우선 직선 l과 두 직선 n, k에 의해 만들어진 교각 중에서 $\angle POR$의 동위각이 어느 것인지, 그리고 직선 n과 직선 l, m에 의해 만들어진 교각 중에서 $\angle POR$의 동위각이 어느 것인지 찾아보면 다음과 같습니다.

$\angle POR$의 동위각 : $\angle QRF$, $\angle CPQ$

마찬가지로 직선 l과 두 직선 n, k에 의해 만들어진 교각 중에서 $\angle POR$의 엇각이 어느 것인지, 그리고 직선 n과 직선 l, m에 의해 만들어진 교각 중에서 $\angle POR$의 엇각이 어느 것인지 찾아보면 다음과 같습니다.

$\angle POR$의 엇각 : $\angle GRO$, $\angle BPO$

어렵지 않죠? 거 봐요. 용어의 정의만 제대로 파악하면 쉽게 해결할 수 있다고 했잖아요. 식은 죽 먹기에 불과하죠?

다음 그림을 보고 두 직선 n, k에 의해 만들어진 동위각과 엇각의 특징을 찾아보시기 바랍니다. 단, 두 직선 n과 k는 평행하다고 합니다.

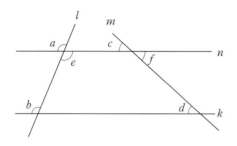

 잠시 질문의 답을 스스로 찾아보는 시간을 가져보세요.

일단 직선 l과 두 평행선 n, k에 의해 만들어진 동위각 $\angle a$, $\angle b$의 크기와 직선 m과 두 평행선 n, k에 의해 만들어진 동위각 $\angle c$, $\angle d$의 크기를 육안으로 비교해 보시기 바랍니다. 어떠세요? 각의 크기가 똑같아 보이나요? 그렇습니다. 평행선에 의해 만들어진 동위각의 크기는 서로 같습니다. 마찬가지로 직선 l과 두 평행선 n, k에 의해 만들어진 엇각 $\angle b$, $\angle e$의 크기와, 직선 m과 두 평행선 n, k에 의해 만들어진 엇각 $\angle f$, $\angle d$의 크기를 육안으로 비교해 보면, 그 크기는 서로 같음을 쉽게 확인할 수 있습니다.

평행선에서 동위각과 엇각의 크기는 같다?

동위각의 크기가 서로 같은 이유는 각의 정의로부터 설명이 가능합니다. 각의 정의? 기억이 가물가물 하다고요? 다시 한 번 각의 정의를 살펴보도록 하겠습니다.

각

한 점 O에서 시작하는 두 반직선 $\overrightarrow{OA}$와 $\overrightarrow{OB}$로 이루어진 도형을 각 AOB라고 말하고, $\angle AOB$로 표시합니다. $\angle AOB$에서 점 O를 각의 꼭짓점, 두 반직선 $\overrightarrow{OA}$와 $\overrightarrow{OB}$를 각의 변이라고 부릅니다. 그리고 꼭짓점 O를 기준으로(회전축으로 하여) $\overrightarrow{OB}$가 $\overrightarrow{OA}$까지 회전한 양을 $\angle AOB$의 크기로 정의합니다.

잘 이해가 가지 않는 학생은 아래 그림을 참고하시기 바랍니다.

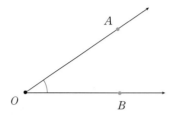

다음 그림 ∠AOB와 ∠CPD에서 점 O와 P를 각각 두 각의 꼭짓점, 두 반직선 $\overrightarrow{OA}$, $\overrightarrow{OB}$와 $\overrightarrow{PC}$, $\overrightarrow{PD}$를 각각 ∠AOB와 ∠CPD의 변이라고 할 때, 꼭짓점 O를 기준으로(회전축으로 하여) $\overrightarrow{OB}$가 $\overrightarrow{OA}$까지 회전한 양(∠AOB의 크기)은 꼭짓점 P를 기준으로 $\overrightarrow{PD}$가 $\overrightarrow{PC}$까지 회전한 양(∠CPD의 크기)과 같습니다. 그렇죠? 즉, 평행선에 의해 만들어진 두 동위각의 크기는 서로 같다는 뜻이지요.

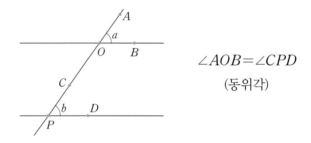

$$∠AOB = ∠CPD$$
(동위각)

이번엔 평행선에서 엇각의 크기가 같은 이유에 대해 알아보도록 하겠습니다. 다음 그림에서 직선 l과 두 평행선 n, k에 의해 만들어진 엇각 ∠b와 ∠c의 크기가 같음을 설명해 보시기 바랍니다. 여기서 우리는 동위각 ∠a와 ∠b의 크기 같다는 사실을 활용할 수 있습니다.

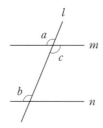

 잠시 질문의 답을 스스로 찾아보는 시간을 가져보세요.

어라...? 자세히 보니, 두 각 ∠a와 ∠c는 맞꼭지각으로 그 크기가 서로 같군요. 그렇죠?

두 각 $\angle a$와 $\angle c$는 맞꼭지각이다. $\rightarrow$ $\angle a = \angle c$

평행선에 의해 만들어진 동위각 $\angle a$와 $\angle b$의 크기가 서로 같고($\angle a = \angle b$), $\angle a$와 $\angle c$가 맞꼭지각으로 같으므로($\angle a = \angle c$), 엇각 $\angle b$와 $\angle c$의 크기 또한 서로 같게 됩니다.

$$\angle a = \angle b(동위각),\ \angle a = \angle c(맞꼭지각)\ \rightarrow\ \angle b = \angle c(엇각)$$

이해되시죠? 정리하면 평행선에 의해 만들어진 동위각과 엇각의 크기는 각각(동위각끼리, 엇각끼리) 같다는 말입니다. 참고로 아직 증명할 단계는 아니지만, 서로 다른 두 직선이 한 직선과 만날 때, 두 직선에 의해 만들어진 동위각 또는 엇각 크기가 같으면 두 직선은 평행하다는 사실도 함께 기억하시기 바랍니다.

평행선에서 동위각과 엇각

① 서로 다른 평행한 두 직선이 한 직선과 만날 때, 평행선에 의해 만들어진 동위각과 엇각의 크기는 각각(동위각끼리, 엇각끼리) 같습니다.
② 서로 다른 두 직선이 한 직선과 만날 때, 두 직선에 의해 만들어진 동위각 또는 엇각 크기가 같으면, 두 직선은 평행합니다.

다음 그림을 보면 이해하기가 좀 더 쉬울 것입니다.

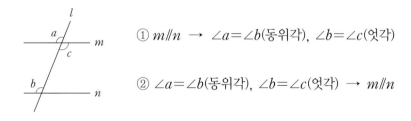

① $m /\!/ n\ \rightarrow\ \angle a = \angle b(동위각),\ \angle b = \angle c(엇각)$

② $\angle a = \angle b(동위각),\ \angle b = \angle c(엇각)\ \rightarrow\ m /\!/ n$

다음 도형을 보고 $\angle a$, $\angle b$, $\angle c$의 크기를 구해보시기 바랍니다. 단, 직선 m과 n은 평행합니다.

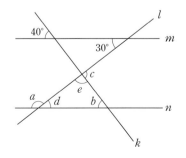

우선 직선 l과 평행선 m, n에 의해 만들어진 두 엇각을 확인해 보면, 쉽게 $\angle d = 30°$임을 알 수 있습니다. 평행선에 의해 만들어진 엇각의 크기는 서로 같거든요. 여기에 ($\angle a + \angle d$)가 평각이라는 사실을 적용하면, 어렵지 않게 $\angle a = 150°$임을 계산해 낼 수 있습니다.

$$\angle d = 30°\text{(엇각)} \quad \rightarrow \quad \angle a + \angle d = 180°\text{(평각)} \quad \rightarrow \quad \angle a = 150°$$

이제 직선 k와 평행선 m, n에 의해 만들어진 두 동위각을 찾아보시기 바랍니다. 어떠세요? 쉽게 $\angle b = 40°$임을 알 수 있죠? 평행선에 의해 만들어진 동위각의 크기 또한 서로 같거든요. 여기에 삼각형의 내각의 합($\angle b + \angle d + \angle e$)이 $180°$가 된다는 원리를 적용하면, 어렵지 않게 $\angle e = 110°$임을 계산해 낼 수 있습니다. ($\angle b = 40°$, $\angle d = 30°$)

$$\angle b + \angle d + \angle e = 180°\text{(삼각형의 내각의 합)} \quad \rightarrow \quad \angle e = 110°$$

마지막으로 ($\angle c + \angle e$)는 평각($180°$)이므로 $\angle c = 70°$가 됩니다. 따라서 $\angle a$, $\angle b$, $\angle c$의 크기는 다음과 같습니다.

$$\angle a = 150°, \quad \angle b = 40°, \quad \angle c = 70°$$

어렵지 않죠? 이번엔 다음 그림으로부터 평행선을 찾아보는 시간을 가져보겠습니다.

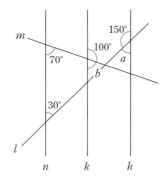

 잠시 질문의 답을 스스로 찾아보는 시간을 가져보세요.

잠깐! 세 직선 n, k, h 모두 평행하지 않느냐고요? 음... 육안으로 봤을 땐 그렇게 보이네요. 하지만 동위각 또는 엇각의 크기를 비교해 보면, 어느 것이 평행선인지 정확히 찾아낼 수 있을 것입니다. 왜냐하면 어떤 두 직선에 의해 만들어진 동위각 또는 엇각의 크기가 같으면, 그 두 직선은 서로 평행하거든요. 더불어 동위각 또는 엇각의 크기가 같지 않을 경우, 두 직선이 평행하지 않다는 사실도 잊으면 안 됩니다.

우선 직선 h에 평각(180°)의 원리를 적용하면, 쉽게 $\angle a = 30°$임을 알 수 있습니다. 그렇죠?

$$\angle a = 30°$$

이제 $\angle a$와 크기가 같은 엇각을 찾아볼까요? 보는 바와 같이 직선 l과 두 직선 n, h가 만드는 두 엇각의 크기는 30°로 같습니다. 따라서 두 직선 n, h는 서로 평행합니다.

$$n \parallel h$$

마찬가지로 직선 k에 평각(180°)의 원리를 적용하면, 쉽게 $\angle b = 80°$임을 알 수 있습니다. 이제 $\angle b$와 크기가 같은 동위각을 찾아볼까요? 어라...? 직선 l과 두 직선 n, k가 만드는 두 동위각의 크기가 각각 70°, 80°($=\angle b$)로 서로 다르네요. 즉, 두 직선 n, k는 평행하지 않습니다. 그렇죠? 따라서 서로 평행한 두 직선은 n과 h뿐입니다. 어렵지 않죠? 잘 이해가 되지 않는 학생은 그림을 보면서 한 줄 한 줄 다시 한 번 읽어보시기 바랍니다.

★ 개념을 정확히 이해했는지 확인하고 싶다면, 학교 교과서에 나오는 개념확인 문제를 풀어 보거나 스스로 개념 확인문제를 출제하여 풀어보면 큰 도움이 될 것입니다.

2 작도와 합동

■ 학습 방식

본문의 내용을 '천천히', '생각하면서' 끝까지 읽어봅니다. (2~3회 읽기)

① 1차 목표 : 개념의 내용을 정확히 파악합니다. (도형의 작도법, 삼각형의 합동)

② 2차 목표 : 개념의 숨은 의미를 스스로 찾아가면서 읽습니다.

1 작도

구슬치기 놀이 중에 벽치기라는 놀이가 있습니다. 벽을 이용한다고 하여 그렇게 이름이 붙여졌는데요. 벽치기에는 여러 종류가 있지만, 그 중 '오보십보'라는 게임은 벽에 구슬을 대고 멀리 굴려 보낸 사람 순서대로, 다른 사람의 구슬을 맞추는 게임입니다. 만약 상대방의 구슬을 맞출 경우, 자신의 구슬과 상대방의 구슬 사이의 거리만큼 구슬을 딸 수 있습니다. 조금 더 자세히 설명하자면, 먼저 벽에서부터 가장 멀리 보낸 구슬이 1등이 됩니다. 여기서 구슬과 구슬 사이의 간격이 손으로 한 뼘 이내가 되면 임의의 동작으로 상대방의 구슬을 칠 수 있는 기회가 주어지며, 구슬과 구슬 사이의 간격이 한 뼘을 초과할 경우 자기 구슬의 위치에서 다른 사람의 구슬을 맞추어야 합니다. 만약 다른 사람의 구슬을 맞추지 못하면 허탕이 되지만 맞추었을 경우, 두 구슬 사이의 거리에 따라 5보에 1개씩 상대방의 구슬을 딸 수 있습니다. 예를 들어, 상대방의 구슬을 맞춰 두 구슬 사이의 거리가 20보가 될 경우 4개의 구슬을 딸 수 있게 되는 셈이죠. (여기서 1보는 발 한 뼘의 거리를 의미합니다)

오보십보 게임에서는 다음과 같이 두 가지 방식으로 구슬 사이의 거리를 측정합니다.

① 굴려진 구슬 사이의 거리가 손으로 한 뼘 이내인지 확인한다.

② 상대방의 구슬을 맞추었을 경우,

　상대방과 자신의 구슬 사이의 거리를 발로 1보, 2보, ... 잰다.

　여기서 퀴즈입니다. 오보십보 게임에서 구슬 사이의 거리를 재는 두 가지 방식(①과 ②)의 공통점은 무엇일까요?

 잠시 질문의 답을 스스로 찾아보는 시간을 가져보세요.

　너무 막막하다고요? 힌트를 드리도록 하겠습니다. 일반적으로 우리는 어떤 거리를 잴 때, 눈금이 있는 도구를 사용합니다. 그런데 여기서 아이들은 눈금이 있는 도구를 사용하지 않았습니다. 어라~ 벌써 첫 번째 공통점이 나왔네요.

　　　　①과 ②의 공통점(1) : 거리를 잴 때, 눈금을 사용하지 않는다.

　과연 학생들은 눈금 없이 어떻게 거리를 잴까요? 그렇습니다. 한 뼘, 두 뼘, ..., 1보, 2보, ... 이렇게 일정한 거리를 계속 더하면서 거리를 잽니다. 여기서 두 번째 공통점을 발견할 수 있습니다.

　　　　①과 ②의 공통점(2) : 일정한 거리(한 뼘, 1보)를 계속 더하여 거리를 잰다.

수학교구 중 눈금 없이 거리를 잴 수 있는 도구가 있는데, 과연 그것이 무엇일까요?

 잠시 질문의 답을 스스로 찾아보는 시간을 가져보세요.

　눈금 없이 어떻게 거리를 잴 수 있냐고요? 왜 그러세요~ 방금 구슬치기에서 한 뼘, 두 뼘, ..., 1보, 2보, ... 이러한 방식으로 두 구슬 사이의 거리를 재어 보았잖아요. 힌트를 드리겠습니다.

　　　　　　　동일한 길이를 측정할 수 있는 도구를 찾아라~

　동일한 길이를 측정할 수 있는 도구라...? 아직도 잘 모르겠다고요? 음... 네, 좋아요. 힌트를 하나 더 드리죠. 한 점으로부터 일정한 거리만큼 떨어진 점을 찾는 도구가 무엇인지 생각해 보십시오.

한 점으로부터 일정한 거리만큼 떨어진 점을 찾는 도구?

더 어렵다고요? 와우~ 정말 난이도가 높은 퀴즈인가 보네요. 마지막으로 결정적인 힌트를 드리도록 하겠습니다. 한 점으로부터 일정한 거리만큼 떨어진 모든 점을 연결한 도형을 '원'이라고 말합니다. 즉, 원을 그리는 도구가 무엇인지 생각해 보십시오.

원을 그리는 도구 → 컴퍼스

네, 그렇습니다. 눈금 없이 거리를 잴 수 있는 도구 중 하나가 바로 컴퍼스입니다.

컴퍼스가 눈금 없이 거리를 잴 수 있는 도구라고...?

답을 찾아놓고도 이게 왜 질문의 답이 되는지 도통 이해가 되지 않는다고요? 흔히 우리는 컴퍼스를 가리켜 '원을 그리는 도구'라고 칭합니다. 하지만 원의 정의를 정확히 알고 있다면, 컴퍼스가 원을 그리는 도구 이전에 동일한 거리를 잴 수 있는 도구라는 사실을 쉽게 알아챌 수 있을 것입니다. 그렇다면 원의 정의가 무엇인지 살펴봐야겠네요.

원 : 한 점으로부터 일정한 거리만큼 떨어진 모든 점을 연결한 도형

즉, 원을 그린다는 말은 한 점으로부터 일정한 거리만큼 떨어진 모든 점을 찾는다는 말과 같습니다. 다시 말해서, 컴퍼스는 어떤 한 점으로부터 일정한 거리만큼 떨어진 모든 점을 찾을 때 사용하는 도구이며, 그렇게 찾은 모든 점을 연결하면 원이 된다는 뜻입니다.

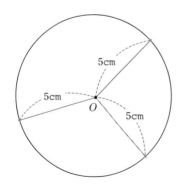

점 O으로부터 일정한 거리(5cm)만큼 떨어진 점들을 연결한 도형

이제 좀 이해가 되시나요? 다시 한 번 말하지만, 컴퍼스를 단순히 원을 그리는 도구로만 생각하지 마십시오. 즉, 컴퍼스란 어떤 한 점으로부터 일정한 거리만큼 떨어진 점을 찾는 도구라

는 사실, 반드시 명심하시기 바랍니다.

가끔 학생들이 원을 이야기할 때, 단순히 동그란 모양의 평면도형이라고 말하는 경우가 있습니다. 정말이지 수학을 공부하려는 학생인지 의심스럽더군요. 앞으로 어떤 개념(용어)이 나오든 간에 정확한 수학적 정의를 확인하는 습관을 꼭 들이시길 바랍니다. 처음에는 조금 귀찮을 수도 있겠지만, 이렇게 용어의 정의를 정확히 파악하면서 수학을 공부하게 되면, 점점 수학이 쉽고 재미있어질 것입니다. 이 점 반드시 명심하시기 바랍니다. 더불어 원의 정의는 앞으로도 쭉~ 중요하게 활용되니 정확히 짚고 넘어가시기 바랍니다.

원 : 한 점으로부터 일정한 거리만큼 떨어진 모든 점을 연결한 도형

눈금 없는 자와 컴퍼스만 가지고, 다음 선분 $\overline{AB}$의 길이와 동일한 선분 $\overline{CD}$를, $\overline{AB}$의 연장선 위에 그려보시기 바랍니다. 더불어 그리는 순서까지도 말해보시기 바랍니다.

A $\qquad\qquad\qquad\qquad$ B

 잠시 질문의 답을 스스로 찾아보는 시간을 가져보세요.

일단 눈금 없는 자를 가지고 $\overline{AB}$의 연장선을 그어 볼 수 있겠죠? 물론 연장선의 방향이 A쪽이든 B쪽이든 상관없습니다. 이제 컴퍼스의 바늘과 연필의 끝을 두 점 A, B에 각각 맞춘 후, $\overline{AB}$의 길이를 재어봅니다. 어떠세요? 슬슬 감이 오시죠? 다음으로 $\overline{AB}$의 연장선 위에 어느 한 점을 C로 놓고, 점 C에 컴퍼스의 바늘을 찍어 연장선과 만나는 원(또는 원의 일부)을 그려 봅니다.

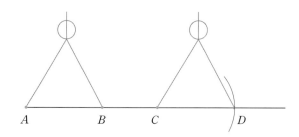

이제 원(또는 원의 일부)과 $\overline{AB}$의 연장선이 만나는 교점을 점 D로 놓으면, $\overline{AB}$의 길이와 동일한 선분 $\overline{CD}$가 완성됩니다. 어렵지 않죠? 이렇게 눈금 없는 자와 컴퍼스만 사용하여 도형을 그리는 것을 수학에서는 '작도'라고 부릅니다. $\overline{AB}$의 길이와 동일한 $\overline{CD}$를 작도하는 방법을 순서대로 정리하면 다음과 같습니다.

선분의 작도법

$\overline{AB}$의 길이와 동일한 $\overline{CD}$를 작도하는 방법은 다음과 같습니다.

① 눈금 없는 자로 $\overline{AB}$의 연장선을 긋는다.

② 컴퍼스의 바늘과 연필의 끝을 두 점 A, B에 각각 맞춘다.

③ $\overline{AB}$의 연장선 위에 어느 한 점을 C로 놓고, 점 C에 컴퍼스의 바늘을 찍어 연장선과 만나도록 원(또는 원의 일부)을 그린다.

④ 원(또는 원의 일부)과 $\overline{AB}$의 연장선이 만나는 교점을 점 D로 놓는다.

참고로 눈금 없는 자와 컴퍼스의 용도에 대해 정리하면 다음과 같습니다.

- 눈금 없는 자 : 두 점을 잇는 선분이나 직선을 그릴 때 사용된다.
- 컴퍼스 : 주어진 선분의 길이를 다른 곳으로 옮기거나 또는 원을 그릴 때 사용된다.

여기서 원을 그린다는 말은 어떤 한 점으로부터 일정한 거리만큼 떨어진 모든 점을 찾는다는 것과 같다는 사실, 다들 알고 계시죠?

컴퍼스를 사용하여 다음 수직선상에서 −1과 3에 대응하는 점을 찾아보시기 바랍니다.

 잠시 질문의 답을 스스로 찾아보는 시간을 가져보세요.

먼저 수직선상에서 −1에 대응하는 점을 찾아보겠습니다. 잠깐! 점 −1은 원점으로부터 왼쪽방향으로 한 칸 떨어진 점이라는 사실, 다들 알고 계시죠? 즉, 우리는 수직선에서 한 칸에 해당하는 길이를 재어야 한다는 뜻입니다. 어떻게 하면 한 칸에 해당하는 길이를 잴 수 있을까요? 네, 그렇습니다. 컴퍼스의 바늘과 연필의 끝을 두 점 0, 1에 각각 맞추기만 하면 됩니다. 그리고 나서 점 0을 중심으로 하는 원(점 0의 왼쪽 방향 수직선과 만나도록)을 그린 후, 수직선과 만나는 교점을 찾습니다. 이 교점이 바로 수직선상에서 −1에 대응하는 점입니다. 그렇죠? 즉, 교점의 좌표가 바로 −1이라는 말입니다. 벌써 하나를 해결했네요.

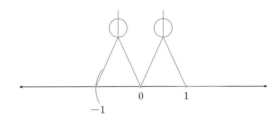

이제 수직선상에서 3에 대응하는 점을 찾아보겠습니다. 잠깐! 점 3의 경우, 점 1로부터 오른쪽으로 두 칸 떨어진 점이라는 사실, 다들 아시죠? 즉, 우리는 수직선에서 두 칸에 해당하는 길이를 재어야 합니다. 어떻게 하면 두 칸에 해당하는 길이를 잴 수 있을까요? 네, 그렇습니다. 컴퍼스의 바늘과 연필의 끝을 두 점 −1, 1에 각각 맞추기만 하면 됩니다. 그리고 나서 점 1을 중심으로 하는 원(점 1의 오른쪽 방향 수직선과 만나도록)을 그린 후, 수직선과 만나는 교점을 찾습니다. 이 교점이 바로 수직선상에서 3에 대응하는 점이 됩니다. 맞죠? 이렇게 컴퍼스를 활용하면 주어진 선분의 길이를 다른 곳으로 옮길 수 있습니다.

다음 $\overline{AB}$를 밑변으로 하는 정삼각형 ABC를 작도해 보시기 바랍니다.

 잠시 질문의 답을 스스로 찾아보는 시간을 가져보세요.

여러분~ 앞서 눈금 없는 자와 컴퍼스만을 사용하여 도형을 그리는 것을 작도라고 불렀던 거, 다들 기억하시죠? 더불어 컴퍼스를 이용하면 어떤 선분의 길이를 다른 곳으로 옮길 수 있다는 것도, 이미 알고 있는 사실입니다. 다시 한 번 말하지만, 컴퍼스는 어떤 한 점으로부터 일정한 거리만큼 떨어진 점을 찾는 도구입니다. 물론 이 점을 모두 연결하면 원이 그려지겠죠? 문제에서 주어진 $\overline{AB}$를 밑변으로 하는 정삼각형 ABC를 그리라고 했으므로, 우리는 점 A, B로부터 $\overline{AB}$의 길이만큼 떨어진 제 3의 점 C를 찾아야 합니다.

점 A, B로부터 $\overline{AB}$의 길이만큼 떨어진 제 3의 점 C를 찾는다?

먼저 다음 그림과 같이 컴퍼스로 $\overline{AB}$의 길이를 측정합니다. 그리고 선분 $\overline{AB}$의 양끝점 A, B를 중심으로 하는 원(또는 원의 일부)을 그려, 두 원의 교점을 찾습니다. 이 점을 C로 놓는 것이지요. 그럼 점 C가 바로 두 점 A, B로부터 $\overline{AB}$의 길이만큼 떨어진 제 3의 점이 될 것입니다. 이해되시죠?

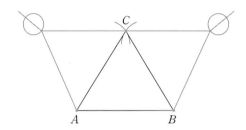

이제 세 점 A, B, C를 연결하면 정삼각형 ABC가 완성됩니다. 일련의 과정을 정리하면 다음과 같습니다.

정삼각형의 작도법

$\overline{AB}$를 밑변으로 하는 정삼각형 ABC를 작도하는 방법은 다음과 같습니다.
① $\overline{AB}$의 길이를 컴퍼스로 측정한다.
② 컴퍼스를 가지고 반지름이 $\overline{AB}$의 길이와 같고 중심이 선분 $\overline{AB}$의 양끝점 A, B인 원을 각각 그린 후, 두 원의 교점을 C로 놓는다.
③ 세 점 A, B, C를 연결하여 $\triangle ABC$를 만든다.

다음에 주어진 세 선분을 변의 길이로 하는 $\triangle EFG$를 작도해 보시기 바랍니다. 단, $\triangle EFG$의 밑변은 $\overline{EF}$입니다.

 잠시 질문의 답을 스스로 찾아보는 시간을 가져보세요.

컴퍼스를 이용하면 어떤 한 점으로부터 일정한 거리만큼 떨어진 모든 점을 찾을 수 있습니다. 먼저 $\overline{AB}$의 길이를 컴퍼스로 측정하여, 점 E로부터 $\overline{AB}$의 길이와 같은 거리에 있는 점들을 찾아봅니다. 잠깐! 점 E로부터 $\overline{AB}$의 길이와 같은 거리에 있는 점을 찾는다는 말이, 반지름이 $\overline{AB}$의 길이와 같고 중심이 E인 원을 그리라는 말과 같다는 사실, 다들 알고 계시죠? 다음으로 $\overline{CD}$의 길이를 컴퍼스로 측정하여, 점 F로부터 $\overline{CD}$의 길이와 같은 거리에 있는 점들을 찾아봅니다. 이 또한 반지름이 $\overline{CD}$의 길이와 같고 중심이 F인 원을 그리라는 말과 같습니다. 만약 머릿속에 그림이 잘 형상화되지 않는다면, 다음 그림을 참고하시기 바랍니다.

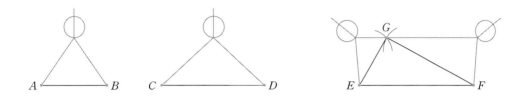

두 원의 교점을 G라고 놓으면, 점 G는 두 점 E, F로부터 각각 $\overline{AB}$의 길이와 $\overline{CD}$의 길이만큼 떨어진 점이 됩니다. 이제 세 점 E, F, G를 연결하여 $\triangle EFG$를 만들면~ 끝. 어렵지 않죠? 일련의 과정을 정리하면 다음과 같습니다.

삼각형의 작도법

> 주어진 세 선분($\overline{AB}$, $\overline{CD}$, $\overline{EF}$)을 변의 길이로 하는 $\triangle EFG$를 작도하는 방법은 다음과 같습니다.
> ① $\overline{AB}$의 길이와 $\overline{CD}$의 길이를 컴퍼스로 측정한다.
> ② 컴퍼스로 반지름이 $\overline{AB}$의 길이와 같고 중심이 E인 원과, 반지름이 $\overline{CD}$의 길이와 같고 중심이 F인 원(또는 원의 일부)을 그린 후, 두 원의 교점을 G로 놓는다.
> ③ 세 점 E, F, G를 연결하여 $\triangle EFG$를 만든다.

다음 그림에서 $\angle XOY$와 크기가 같은 각 $\angle X'O'Y'$를 작도하는 방법에 대해 설명해 보시기 바랍니다.

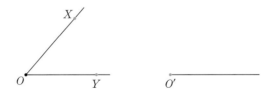

 잠시 질문의 답을 스스로 찾아보는 시간을 가져보세요.

조금 어렵나요? 힌트를 드리겠습니다. 삼각형과 연관지어 생각해 보십시오. 즉, $\angle XOY$를 $\triangle XOY$로 간주해 보라는 말입니다.

만약 $\triangle XOY$와 똑같이 생긴 삼각형을 작도할 수만 있다면, $\angle XOY$와 크기가 같은 각을 작도한 것과 다름 없습니다. 그렇죠? 앞서 다루었던 삼각형의 작도법을 토대로 $\angle XOY$와 크기가 같은 각 $\angle X'O'Y'$를 작도해 보도록 하겠습니다. 먼저 $\overline{OY}$의 길이를 컴퍼스로 측정하여, 점 O'로부터 $\overline{OY}$의 길이만큼 떨어진 점들을 찾아봅니다. 즉, 중심이 점 O'이고 반지름이 $\overline{OY}$의 길이와 같도록 원을 그려보자는 말입니다. 여기서 점 O'를 지나는 반직선과 원의 교점을 찾아 점 Y'로 표시합니다. 그리고 $\overline{OX}$의 길이를 컴퍼스로 측정하여, 점 O'로부터 $\overline{OX}$의 길이만큼 떨어진 점들을 찾아봅니다. 즉, 중심이 점 O'이고 반지름이 $\overline{OX}$의 길이와 같도록 원을 그려보자는 말입니다. 만약 머릿속에 그림이 잘 형상화되지 않는다면, 다음 그림을 참고하시기 바랍니다.

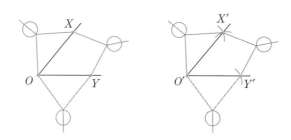

이제 $\overline{XY}$의 길이를 컴퍼스로 측정하여, 점 Y'로부터 $\overline{XY}$의 길이만큼 떨어진 점들을 찾아보겠습니다. 즉, 중심이 점 Y'이고 반지름이 $\overline{XY}$의 길이와 같도록 원을 그려보자는 말이지요. 그림과 같이 두 원(중심이 O'와 Y'인 두 원)의 교점을 점 X'로 찍으면, 점 X'는 점 O'로부터 $\overline{OX}$의 길이만큼, 점 Y'로부터 $\overline{XY}$의 길이만큼 떨어진 점이 됩니다. 맞죠? 이제 두 반직선 $\overrightarrow{O'X'}$와 $\overrightarrow{O'Y'}$가 이루는 각 $\angle X'O'Y'$를 만들면 $\angle XOY$와 크기가 같은 각 $\angle X'O'Y'$가 완성됩니다. 어렵지 않죠? 일련의 과정을 정리하면 다음과 같습니다.

각의 작도법(1)

$\angle XOY$와 크기가 같은 각 $\angle X'O'Y'$를 작도하는 방법은 다음과 같습니다.

① $\overline{OY}$의 연장선을 그어 점 O'를 표시한다.

② $\overline{OY}$의 길이를 컴퍼스로 측정하여, 중심이 점 O'이고 반지름이 $\overline{OY}$의 길이와 같도록 원을 그리고, 반직선과 원의 교점을 Y'로 표시한다.

③ $\overline{OX}$와 $\overline{XY}$의 길이를 컴퍼스로 측정한다.

④ 컴퍼스로 반지름이 $\overline{OX}$의 길이와 같고 중심이 O'인 원과, 반지름이 $\overline{XY}$의 길이와 같고 중심이 Y'인 원을 그린 후, 교점을 X'로 놓는다.

⑤ 두 반직선 $\overrightarrow{O'X'}$와 $\overrightarrow{O'Y'}$가 이루는 각 $\angle X'O'Y'$를 만든다.

여러분~ 작도가 어렵나요? 처음 해 보는 작업이라 익숙치가 않다고요? 뭐든 처음이 어렵지, 몇 번 해보면 금방 익힐 수 있습니다. 그러니 너무 걱정하지는 마십시오.

각 $\angle XOY$의 크기의 2배가 되는 각 $\angle X'O'Y'$를 작도해 보시기 바랍니다.

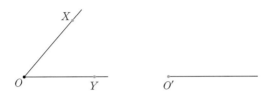

 잠시 질문의 답을 스스로 찾아보는 시간을 가져보세요.

각 $\angle XOY$와 크기가 같은 각을 먼저 그린 후, 위쪽 반직선을 기준으로 각 $\angle XOY$와 크기가 같은 각을 한 번 더 그리면, 어렵지 않게 각 $\angle XOY$의 크기의 2배가 되는 각 $\angle X'O'Y'$를 작도할 수 있을 것입니다. 각자 그려보시기 바랍니다.

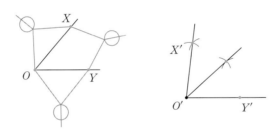

각의 작도법(2)

각 $\angle XOY$의 크기의 2배가 되는 각 $\angle X'O'Y'$를 작도하는 방법은 다음과 같습니다.

① $\overline{OY}$의 연장선을 그어 점 O'를 표시한다.

② $\overline{OY}$의 길이를 컴퍼스로 측정하여, 중심이 점 O'이고 반지름이 $\overline{OY}$의 길이와 같도록 원을 그리고, 반직선과 원의 교점을 Y'로 표시한다.

③ $\overline{OX}$와 $\overline{XY}$의 길이를 컴퍼스로 측정한다.

④ 컴퍼스로 반지름이 $\overline{OX}$의 길이와 같고 중심이 O'인 원과, 반지름이 $\overline{XY}$의 길이와 같고 중심이 Y'인 원을 그린 후, 교점을 Z'로 놓는다.

⑤ 컴퍼스로 반지름이 $\overline{OX}$의 길이와 같고 중심이 O'인 원과, 반지름이 $\overline{XY}$의 길이와 같고 중심이 Z'인 원을 그린 후, 교점을 X'로 놓는다.

⑥ 두 반직선 $\overrightarrow{O'X'}$와 $\overrightarrow{O'Y'}$가 이루는 각 $\angle X'O'Y'$를 만든다.

이제 작도에 조금 익숙해지셨나요? 가끔 교과서에 나오는 작도법을 무조건 외우는 학생들이 있는데, 여러분~ 수학이 암기과목이 아니라는 사실, 다들 알고 계시죠? 필요할 때마다 책을 보면서 천천히 따라하다보면 자연스럽게 익힐 수 있으니, 무턱대고 암기하려고 하지 마십시오. 참고로 도형의 작도법에는 한 가지 방법만 존재하는 것이 아닙니다. 즉, 어떤 도형, 길이, 각 등을 작도하는 방법에는 여러 가지가 있을 수 있다는 말입니다. 이 점 유의하시기 바랍니다.

여러분 혹시 착시현상에 대해서 알고 계신가요? 착시현상이란 사물의 객관적인 성질과 눈으로 본 성질 사이에 나타나는 차이를 말합니다. 다음에 그려진 대각선들은 모두 평행선임에도 불구하고 착시현상 때문에 평행선이 아닌 것처럼 보입니다. 도대체 왜 이러한 현상이 나타나는 것일까요?

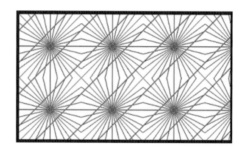

우리의 몸은 얼음물을 먹는다고 해서 체온이 급격하게 떨어지는 것도 아니며, 뜨거운 물을 먹는다고 해서 체온이 급격하게 올라가는 것도 아닙니다. 무슨 말이냐고요? 생체기능 중 항상성이란 것이 있는데, 항상성은 외부 환경과 생물체 내의 변화에 대응하여 순간순간 생물체 내의 환경을 일정하게 유지하려는 현상(성질)을 말합니다. 이러한 항상성을 시력에 적용해 보면, 착시현상의 원인을 어렵지 않게 찾아낼 수 있을 것입니다.

 잠시 질문의 답을 스스로 찾아보는 시간을 가져보세요.

네, 그렇습니다. 우리 눈이 그림의 배경을 먼저 인지하여 그 정보를 계속 유지하려는 성질, 즉 눈의 항상성으로 인해 평행한 대각선이 평행하지 않게 보이는 것입니다. 이것이 바로 착시현상이죠. 참 신기하죠?

★ 개념을 정확히 이해했는지 확인하고 싶다면, 학교 교과서에 나오는 개념확인 문제를 풀어 보거나 스스로 개념 확인문제를 출제하여 풀어보면 큰 도움이 될 것입니다.

2 삼각형의 합동

삼각측량법이란 삼각형의 한 변의 길이와 그 양끝각을 알고 있을 때, 제3의 지점의 위치 등을 확인하는 측량법을 말합니다. 예를 들어, 다음 그림과 같이 아군이 포탄으로 적군을 명중시키는 상황을 가정해 봅시다.

포탄으로 적군을 명중시키기 위해서는, 아군과 적군 사이의 거리가 얼마인지 정확히 알아야 합니다. 즉, 적군의 위치를 제대로 파악해야 한다는 뜻입니다. 그런데 현재로선 적군의 위치를 정확히 알아내기가 상당히 어렵다고 하네요. 여기서 우리는 삼각측량법을 이용할 수 있습니다. 다음 그림과 같이 아군의 위치로부터 일정한 거리만큼 떨어진 지점에서 적군의 위치를 망원경으로 확인한 후, $\overline{AB}$의 거리와 $\angle A$, $\angle B$의 크기를 측정합니다. 이는 점 A, B 그리고 적군의 위치 C를 꼭짓점으로 하는 $\triangle ABC$를 지도에 그리기 위해서입니다. 이렇게 하면 지도의 축척에 따라 아군과 적군 사이의 거리 $\overline{AC}$를 정확히 계산해 낼 수 있거든요.

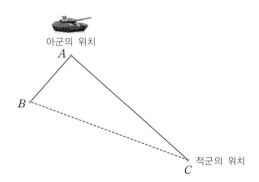

이렇게 아군과 적군 사이의 거리를 정확히 계산하여 포탄을 발사한다면, 적군을 한 번에 명중시킬 수 있을 것입니다. 이와 같은 거리계산 이외에도, 건축·토목공사 등 실생활 속에서 삼각형은 아주 많이 활용됩니다. 이것이 바로 우리가 도형을 배우는 가장 큰 이유이기도 합니다. (도형을 배우는 이유)

삼각형이란 어떤 도형을 말할까요? 우리 함께 삼각형의 정의에 대해 말해보는 시간을 갖도록 하겠습니다.

 잠시 질문의 답을 스스로 찾아보는 시간을 가져보세요.

삼각형의 정의? 그냥 세 변으로 이루어진 도형... 아닌가? 대부분의 학생들이 이렇게 말할지도 모르겠네요. 틀린 말은 아닙니다. 하지만 삼각형을 세 변으로 이루어진 도형이라고 정의했다면, 먼저 삼각형의 '변'의 개념을 규정해야 할 것입니다.

- 규민 : 삼각형이란 세 변으로 이루어진 도형이야.
- 은설 : 세 변으로 이루어진 도형이라...?
   그렇다면 '변'이란 정확히 무엇을 말하는 걸까?
- 규민 : '변'이 뭐냐고?... 음... 선분이긴 한데...

삼각형은 일직선상에 있지 않은 3개의 점 A, B, C를 2개씩 짝지어 선분으로($\overline{AB}$, $\overline{BC}$, $\overline{CA}$) 연결해 만든 평면도형을 말합니다.

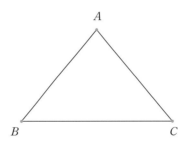

여기서 3개의 선분($\overline{AB}$, $\overline{BC}$, $\overline{CA}$)을 삼각형의 변이라고 정의하며, 점 A, B, C를 삼각형의 꼭짓점 그리고 삼각형 내부의 3개의 각을 삼각형의 내각이라고 부릅니다. 또한 세 변과 세 내각을 합쳐서 삼각형의 6요소라고 칭합니다. 더불어 삼각형에서 한 변과 마주하고 있는 각을 대각, 한 각(또는 꼭짓점)과 마주하고 있는 변을 대변이라고 정의합니다.

삼각형의 변, 꼭짓점, 6요소, 내각, 대각, 대변, ...

갑자기 여러 용어가 등장하니까 좀 어리둥절하다고요? 용어는 단지 용어일 뿐입니다. 언제든 쉽게 찾아볼 수 있는 단어란 뜻이죠. 그러니 용어에 대해 너무 어렵게 생각하지 마시기 바랍니다. 참~ 삼각형 ABC를 기호 $\triangle ABC$로 표현하는 거, 다들 아시죠? 이렇게 삼각형 하나를 정의하는 데에도 여러 개념을 필요하다는 것, 잊지 마시기 바랍니다.

삼각형이란 일직선상에 있지 않은 3개의 점 A, B, C를 2개씩 짝지어 선분으로($\overline{AB}$, $\overline{BC}$, $\overline{CA}$) 연결해 만든 평면도형을 말합니다.

다음 두 삼각형에 대하여 $\angle A$, $\angle E$의 대변과 변 $\overline{AB}$, $\overline{EF}$의 대각을 각각 말해보시기 바랍니다.

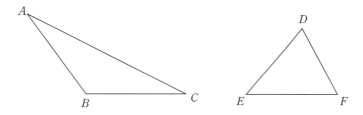

 잠시 질문의 답을 스스로 찾아보는 시간을 가져보세요.

어렵지 않죠? 바로 $\angle A$, $\angle E$의 대변은 각각 $\overline{BC}$, $\overline{DF}$이며, 변 $\overline{AB}$, $\overline{EF}$의 대각은 각각 $\angle C$, $\angle D$입니다. 거 봐요~ 용어의 정의만 제대로 파악하고 있으면, 기본적인 도형 문제는 식은 죽 먹기라고 했잖아요.

일반적으로 다각형의 꼭짓점을 영문대문자 A, B, C, ...로, 변을 영문소문자 a, b, c, ...로 표시합니다. 더불어 삼각형과 같은 도형(다각형)을 그릴 때에는, 어느 한 점을 기준으로 시계방향 또는 반시계방향의 순서대로 꼭짓점을 표시합니다.

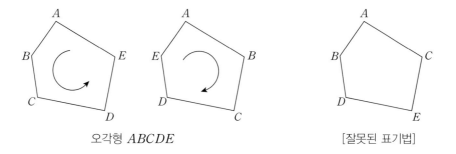

오각형 $ABCDE$ [잘못된 표기법]

물론 삼각형의 경우, 아무렇게나 꼭짓점을 표기해도 상관없습니다. 왜냐하면 꼭짓점이 3개 밖에 없으니까요. 하지만 삼각형의 각 꼭짓점의 대변은 꼭짓점에 표기된 문자(대문자)에 해당하는 소문자로 표시하는 것이 좋습니다.

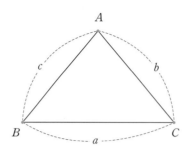

많은 학생들이 다각형의 꼭짓점 또는 삼각형의 변을 표기할 때, 아무렇게나 쓰는 경향이 있는데 표기방법에도 일정한 규칙이 있다는 사실, 절대 잊지 마시기 바랍니다.

- 다각형의 꼭짓점 표기
  → 어느 한 점을 기준으로 시계방향 또는 반시계방향의 순서대로 꼭짓점을 표기한다.
- 삼각형의 변 표기
  → 삼각형의 각 꼭짓점의 대변은 꼭짓점에 사용된 문자(대문자)의 소문자로 표기한다.

눈금자와 컴퍼스를 이용하여 다음 주어진 세 변을 가지고 삼각형을 만들어 보시기 바랍니다. 그리고 〈보기〉 중 삼각형을 만들 수 있는 세 변이 어느 것인지도 확인해 보시기 바랍니다.

① 3cm, 4cm, 5cm ② 7cm, 8cm, 15cm ③ 10cm, 5cm, 4cm

 잠시 질문의 답을 스스로 찾아보는 시간을 가져보세요.

우선 세 변 중 길이가 가장 긴 변을 눈금자로 확인한 후, 그 길이에 해당하는 선분 $\overline{AB}$(밑변)를 작도해야겠죠? 또한 나머지 두 변의 길이를 컴퍼스로 측정한 후, 중심이 점 A와 B이고 반지름이 나머지 두 변의 길이와 같도록 두 개의 원을 그립니다. 여기서 두 원이 만나는 점을 C라고 놓으면, 점 C는 점 A와 B로부터 해당 길이만큼 떨어진 점이 될 것입니다. 이해가 되시나요? 이제 세 점 A, B, C를 연결하면 △ABC가 완성됩니다.

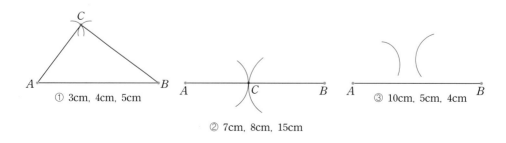

① 3cm, 4cm, 5cm

② 7cm, 8cm, 15cm

③ 10cm, 5cm, 4cm

어라...? ①번을 제외하고 ②와 ③의 경우에는 삼각형이 만들어지지 않는군요. 그렇습니다. 임의의 세 변을 가지고 무조건 삼각형을 만들 수 있는 것은 아닙니다. 그렇다면 어떠한 세 변이 주어져야 삼각형을 만들 수 있을까요?

삼각형을 이루는 세 변의 길이에 대한 관계(삼각형의 길이조건)를 찾아보시기 바랍니다.

 잠시 질문의 답을 스스로 찾아보는 시간을 가져보세요.

앞서 그림에서 살펴본 바와 같이 일단 세 변 7cm, 8cm, 15cm의 경우(②), 짧은 두 변의 길이의 합이 긴 한 변의 길이와 같으므로, 삼각형이 만들어지지 않습니다. 맞죠? 그리고 세 변 10cm, 5cm, 4cm의 경우(③)도 짧은 두 변의 길이의 합이 긴 한 변의 길이보다 짧으므로, 삼각형이 만들어지지 않습니다.

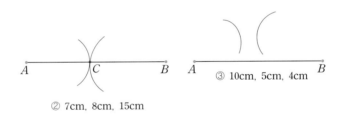

② 7cm, 8cm, 15cm

슬슬 질문의 답이 보이죠? 네, 맞아요. 삼각형의 한 변의 길이는 다른 두 변의 길이의 합보다 작아야 합니다. 그럼 삼각형의 길이조건을 정리해 볼까요? 다들 아는 내용이겠지만, 삼각형이 만들어지기 위한 각의 조건도 함께 첨부하니 참고하시기 바랍니다.

삼각형의 길이와 각의 조건

① 삼각형의 길이조건
삼각형의 한 변의 길이는 다른 두 변의 길이의 합보다 작아야 합니다. 즉, a, b, c가 삼각형의 세 변일 때, $a<b+c$, $b<a+c$, $c<a+b$가 되어야 합니다.

② 삼각형의 각의 조건
삼각형의 한 내각은 $0°$보다 크고 $180°$보다 작아야 하며, 삼각형의 내각의 합은 $180°$가 되어야 합니다.

다음 〈보기〉 중 주어진 세 변을 가지고 삼각형을 만들 수 있는 것은 어느 것일까요?

① 15cm, 21cm, 36cm   ② 4cm, 50cm, 55cm   ③ 3cm, 87cm, 89cm

삼각형의 한 변의 길이(가장 긴 변)가 다른 두 변의 길이의 합보다 작은 것만 고르면 쉽게 질문의 답을 찾을 수 있습니다. 즉, 주어진 세 변을 가지고 삼각형을 만들 수 있는 것은 바로 ③ 3cm, 87cm, 89cm뿐입니다.

$$① \ 36 = 15 + 21 \quad ② \ 55 > 4 + 50 \quad ③ \ 89 < 87 + 3$$

다음은 세 변(a, b, c)이 주어졌을 때, 삼각형을 작도하는 방법입니다. 천천히 읽어보면서 머릿속으로 삼각형을 그려보시기 바랍니다.

삼각형의 작도법

세 변(a, b, c)이 주어졌을 때, 삼각형을 작도하는 방법은 다음과 같습니다.

① 직선 l을 그린 후, 그 위에 길이가 a인 선분 $\overline{BC}$를 잡는다.

② 점 B를 중심으로 반지름의 길이가 c인 원과, 점 C를 중심으로 반지름의 길이가 b인 원을 각각 그린 후, 두 원의 교점을 A라고 놓는다.

③ 두 점 A, B 그리고 두 점 A, C를 각각 연결하면 $\triangle ABC$가 완성된다.

지금 여러분들의 머릿속에 $\triangle ABC$가 그려지고 있나요? 혹여 잘 이해가 되지 않는다면 다음 그림을 참고하시기 바랍니다.

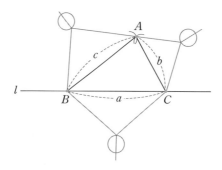

다음에 주어진 세 변을 가지고 각자 삼각형을 작도해 보시기 바랍니다.

어렵지 않죠? 정답은 생략하도록 하겠습니다. 여러분~ 삼각형을 결정하는 조건이 무엇일까요?

삼각형을 결정하는 조건이라...?

음... 그냥 삼각형의 길이조건에 맞는 세 변이 주어지면 삼각형이 결정되는 거 아니냐고요? 틀린 말은 아닙니다. 하지만 세 변의 길이가 아닌 다른 조건이 주어졌을 때에도, 삼각형을 결정할 수 있다는 말을 하고 싶은 것입니다. 과연 그것은 무엇일까요?

 잠시 질문의 답을 스스로 찾아보는 시간을 가져보세요.

잘 모르겠다고요? 힌트를 드리도록 하겠습니다.

삼각형의 6요소 중 어떤 3요소가 주어지면, 하나의 삼각형이 결정됩니다.

여러분~ 삼각형의 6요소가 뭔지 아시죠? 네, 그렇습니다. 바로 세 변과 세 내각입니다. 즉, 세 변과 세 내각 중 어느 3개의 요소만 주어지면, 하나의 삼각형을 결정할 수 있다는 말입니다.

세 변?   두 변과 한 내각?   한 변과 두 내각?   세 내각?

대충 감이 오시죠? 그럼 삼각형의 결정조건을 하나씩 찾아 보도록 하겠습니다. 일단 삼각형의 길이조건에 맞는 세 변이 주어졌을 때, 하나의 삼각형을 결정할 수 있다는 것은 이미 알고 있는 사실입니다. 그럼 삼각형의 두 변과 한 내각이 주어질 경우에는 어떨까요?

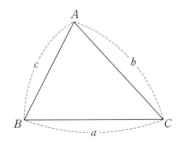

두 변 $\overline{AB}$와 $\overline{BC}$가 주어졌을 때,
어느 내각의 크기를 알아야
삼각형을 결정할 수 있을까?

∠A? ∠B? ∠C?

네, 맞습니다. △ABC에서 두 변 $\overline{AB}$와 $\overline{BC}$가 주어졌을 때, ∠B의 크기를 알아야 하나의 삼각형이 결정됩니다. 즉, △ABC를 작도할 수 있다는 말입니다. 여기서 ∠B를 두 변 $\overline{AB}$와 $\overline{BC}$의 끼인각이라고 부릅니다. 끼인각? 말 그대로 '끼어있는 각'이라는 뜻이죠. 이번엔 삼각

형의 한 변과 두 내각이 주어지는 경우를 상상해 보겠습니다. 과연 삼각형의 한 변이 주어졌을 때, 어떤 두 내각의 크기를 알아야 삼각형을 작도할 수 있을까요?

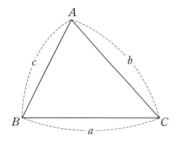

한 변 $\overline{BC}$가 주어졌을 때,
어느 두 내각의 크기를 알아야
삼각형을 결정할 수 있을까?

 잠시 질문의 답을 스스로 찾아보는 시간을 가져보세요.

이건 조금 어렵나요? 힌트를 드리겠습니다. 일단 변 $\overline{BC}$를 그려 보십시오. 그리고 변의 양끝점 B와 C에서 새로운 두 변이 생겨난다고 상상해 보십시오.

이제 감이 오시나요? 그렇습니다. 삼각형의 한 변 $\overline{BC}$가 주어졌을 때, 두 내각 $\angle B$와 $\angle C$의 크기를 알아야 하나의 삼각형이 결정됩니다. 여기서 두 내각 $\angle B$와 $\angle C$를 변 $\overline{BC}$의 양끝각이라고 부릅니다.

삼각형의 세 내각이 주어질 경우는 어떨까요? 삼각형의 세 내각으로부터 하나의 삼각형을 결정할 수 있을까요?

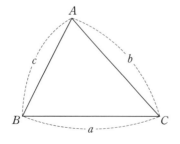

$\angle A$, $\angle B$, $\angle C$가 주어지면,
하나의 삼각형이 결정될까?

 잠시 질문의 답을 스스로 찾아보는 시간을 가져보세요.

당연히 세 내각이 주어지면, 하나의 삼각형을 결정할 수 있는 거, 아니냐고요? 음... 다음 그림을 잘 살펴보시기 바랍니다.

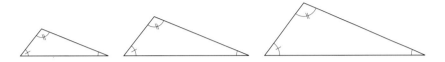

이제 아셨죠? 삼각형의 세 내각이 주어지더라도, 하나의 삼각형이 결정되는 것은 아닙니다. 이 점 반드시 명심하시기 바랍니다.

그럼 삼각형의 결정조건을 정리해 볼까요?

삼각형의 결정조건

① 삼각형의 세 변이 주어졌을 때
　(단, 한 변의 길이는 다른 두 변의 길이의 합보다 작아야 한다)
② 삼각형의 두 변과 그 끼인각이 주어졌을 때
③ 삼각형의 한 변과 그 변의 양끝각이 주어졌을 때 (단, 양끝각의 합은 180° 보다 작아야 한다)

상상이 되시나요? 혹여 이해가 잘 가지 않는다면, 다음 그림을 참고하시기 바랍니다.

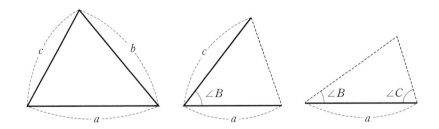

가끔 어떤 학생들은 삼각형의 두 변과 그 끼인각이 아닌 다른 각이 주어졌을 때에도 하나의 삼각형을 결정할 수 있지 않느냐고 묻는 경우가 있습니다. 과연 그럴까요?

 잠시 질문의 답을 스스로 찾아보는 시간을 가져보세요.

다음 그림을 차분히 살펴보면서 두 변의 끼인각이 아닌 다른 각이 주어졌을 때에도 삼각형을 작도할 수 있는지, 직접 확인해 보시기 바랍니다.

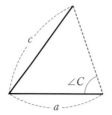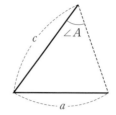

잘 안 그려지죠? 거 봐요~ 두 변과 그 끼인각이 주어져야 하나의 삼각형을 만들 수 있다고 했잖아요. 삼각형의 한 변과 그 변의 양끝각이 주어졌을 때에도 마찬가지입니다. 양끝각이 아닌 다른 각이 주어지면 삼각형을 작도할 수 없습니다.

양끝각이 아닌 다른 두 내각의 크기를 알면...

주어진 두 내각의 크기로부터 나머지 한 내각의 크기를 알아낼 수 있으니, 다시 말해 여기서 삼각형의 내각의 합이 180°라는 원리를 적용하여 두 내각의 크기로부터 나머지 한 내각의 크기를 계산할 수 있으니, 한 변의 길이와 임의의 두 내각만 알면 삼각형을 결정할 수 있지 않느냐고 묻는 학생도 있을 것입니다. 음... 틀린 말은 아닙니다. 하지만 삼각형의 결정조건에 내포된 의미는, 주어진 조건만으로(즉, 다른 개념을 적용하지 않고) 삼각형을 작도할 수 있느냐하는 것입니다. 무슨 말인지 이해 되시죠? 다시 말해, 삼각형의 결정조건은 ① 삼각형의 세 변이 주어졌을 때, ② 삼각형의 두 변과 그 끼인각이 주어졌을 때, ③ 삼각형의 한 변과 그 변의 양끝각이 주어졌을 때, 이 세 가지뿐이라는 사실, 반드시 명심하시기 바랍니다.

삼각형의 결정조건(①,②,③)으로부터, 삼각형을 직접 작도해 보는 시간을 갖도록 하겠습니다. 잠깐! 앞서 우리는 세 변을 가지고 삼각형을 작도한 적이 있었습니다. 기억나시죠?

삼각형의 작도법(1)

> 세 변(a, b, c)이 주어졌을 때, 삼각형을 작도하는 방법은 다음과 같습니다.
> ① 직선 l을 그린 후, 그 위에 길이가 a인 선분 $\overline{BC}$를 잡는다.
> ② 점 B를 중심으로 반지름의 길이가 c인 원과, 점 C를 중심으로 반지름의 길이가 b인 원을 각각 그린 후, 두 원의 교점을 A로 놓는다.
> ③ 두 점 A, B 그리고 두 점 A, C를 각각 연결하면 △ABC가 완성된다.

잘 기억나지 않는다면, 다음 그림을 참고하시기 바랍니다.

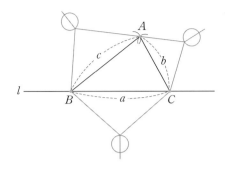

다음으로 삼각형의 두 변과 그 끼인각이 주어졌을 때(삼각형의 결정조건 ②), 삼각형을 작도하는 방법에 대해 말해보시기 바랍니다. 단, $\angle x$는 두 변 b, c의 끼인각입니다.

 잠시 질문의 답을 스스로 찾아보는 시간을 가져보세요.

우선 $\angle x$와 크기가 같은 각 $\angle XAY$를 작도해 보십시오.

$\angle x$와 크기가 같은 각 $\angle XAY$를 작도하라고?

음... 기억이 잘 나지 않나보네요. 앞서 각의 작도법(1)을 천천히 따라해 보면 어렵지 않게 $\angle XAY$를 작도할 수 있을 것입니다. 다음으로 컴퍼스를 이용하여 $\overrightarrow{AX}$와 $\overrightarrow{AY}$ 위에 각각 $\overline{AC}$ $=b$, $\overline{AB}=c$인 점 C와 B를 잡습니다. 이제 두 점 B, C를 이으면 $\triangle ABC$가 완성됩니다. 어렵지 않죠? 다음 그림을 참고하시기 바랍니다.

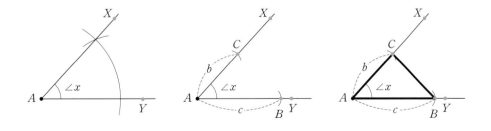

일련의 과정을 정리하면 다음과 같습니다.

두 변(b, c)과 그 끼인각이 주어졌을 때, 삼각형을 작도하는 방법은 다음과 같습니다.

① 끼인각과 크기가 같은 $\angle XAY$를 작도한다.

② $\overrightarrow{AX}$와 $\overrightarrow{AY}$ 위에 각각 $\overline{AC}=b$, $\overline{AB}=c$인 점 C와 B를 잡는다.

③ 두 점 B, C를 연결하면 $\triangle ABC$가 완성된다.

이번엔 삼각형의 한 변과 그 변의 양끝각이 주어졌을 때(삼각형의 결정조건 ③), 삼각형을 작도하는 방법에 대해 말해보시기 바랍니다. 단, $\angle x$, $\angle y$는 변 a의 양끝각입니다.

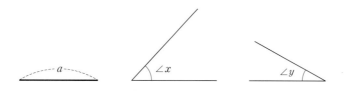

 잠시 질문의 답을 스스로 찾아보는 시간을 가져보세요.

음... 이제 마지막이군요. 일단 직선 l을 그린 후, 그 위에 길이가 a인 선분 $\overline{BC}$를 잡아봐야겠죠? 다음으로 $\angle x$와 크기가 같은 $\angle XBC$를, $\angle y$와 크기가 같은 $\angle YCB$를 작도해 보시기 바랍니다. 다음으로 $\overrightarrow{BX}$와 $\overrightarrow{CY}$의 교점을 A라고 놓으면, ... 끝 ~. 어렵지 않죠? 다음 그림을 참고하시기 바랍니다.

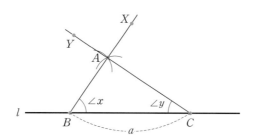

일련의 과정을 정리하면 다음과 같습니다.

한 변과 그 변의 양끝각이 주어졌을 때, 삼각형을 작도하는 방법은 다음과 같습니다.

① 직선 l을 그린 후, 그 위에 길이가 a인 선분 $\overline{BC}$를 잡는다.

② ∠x와 크기가 같은 같은 ∠XBC를, ∠y와 크기가 같은 ∠YCB를 작도한다.

③ $\overrightarrow{BX}$와 $\overrightarrow{CY}$의 교점을 A로 놓으면 △ABC가 완성된다.

당연한 얘기겠지만, 하나의 삼각형이 결정되면 우리는 그 삼각형을 작도할 수 있습니다. 그렇죠? 이는 삼각형의 결정조건과 작도조건이 동일하다는 것을 뜻합니다.

삼각형의 작도조건

① 삼각형의 세 변이 주어졌을 때

　　(단, 한 변의 길이는 다른 두 변의 길이의 합보다 작아야 한다)

② 삼각형의 두 변과 그 끼인각이 주어졌을 때

③ 삼각형의 한 변과 그 변의 양끝각이 주어졌을 때 (단, 양끝각의 합은 180°보다 작아야 한다)

다음 주어진 조건으로부터 △ABC를 결정(작도)할 수 있는 경우는 어느 것일까요? 만약 삼각형을 결정(작도)할 수 없다면 그 이유에 대해서도 말해보시기 바랍니다. 여기서 $\overline{BC}=a$, $\overline{CA}=b$, $\overline{AB}=c$입니다.

① $a=5$cm, $b=12$cm, $c=17$cm　　② $a=6$cm, ∠$B=120°$, $c=18$cm

③ $a=6$cm, ∠$A=95°$, ∠$B=50°$　　④ $a=6$cm, $b=18$cm, $c=17$cm

⑤ $a=6$cm, ∠$A=120°$, ∠$B=60°$　　⑥ $a=6$cm, $b=18$cm, ∠$A=60°$

⑦ ∠$A=20°$, ∠$B=40°$, ∠$C=120°$

 잠시 질문의 답을 스스로 찾아보는 시간을 가져보세요.

우선 머릿속으로 임의의 △ABC를 상상한 후, 세 변 a, b, c를 표시해 보시기 바랍니다. 문제에서도 언급했듯이 $\overline{BC}=a$, $\overline{CA}=b$, $\overline{AB}=c$입니다. 즉, 세 변 a, b, c는 꼭짓점 A, B, C의 대변이 됩니다.

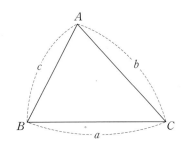

앞서 다루었던 삼각형의 결정조건과 함께 길이 및 각의 조건에 부합하는 〈보기〉가 무엇인지 찾아봅시다.

$① a=5cm, b=12cm, c=17cm$　　　$② a=6cm, \angle B=120°, c=18cm$

$③ a=6cm, \angle A=95°, \angle B=50°$　　　$④ a=6cm, b=18cm, c=17cm$

$⑤ a=6cm, \angle A=120°, \angle B=60°$　　　$⑥ a=6cm, b=18cm, \angle A=60°$

$⑦ \angle A=20°, \angle B=40°, \angle C=120°$

참고로 삼각형의 길이와 각의 조건은 다음과 같습니다.

삼각형의 길이와 각의 조건

① 삼각형의 길이조건

　삼각형의 한 변의 길이는 다른 두 변의 길이의 합보다 작아야 합니다. 즉, a, b, c가 삼각형의 세 변일 때, $a<b+c$, $b<a+c$, $c<a+b$가 되어야 합니다.

② 삼각형의 각의 조건

　삼각형의 한 내각은 $0°$보다 크고 보다 작아야 하며, 삼각형의 내각의 합은 $180°$가 되어야 합니다.

네, 맞아요. 삼각형이 만들어지는 경우는 ②와 ④이며, 삼각형이 만들어지지 않는 경우는 ①, ③, ⑤, ⑥, ⑦입니다. 더불어 삼각형이 만들어지지 않는 이유를 정리하면 다음과 같습니다.

① 변 c의 길이가 변 a, b의 길이의 합과 같으므로 삼각형이 만들어지지 않는다.
③ 변 a의 양끝각($\angle B$, $\angle C$)이 모두 주어지지 않아 삼각형을 작도할 수 없다.
⑤ 두 내각 $\angle A$와 $\angle B$의 합이 $180°$가 되어 삼각형이 만들어지지 않는다.
⑥ 두 변 a, b의 끼인각($\angle C$)이 주어지지 않아 삼각형을 작도할 수 없다.
⑦ 주어진 세 내각으로는 무수히 많은 삼각형이 만들어지므로
　　하나의 삼각형을 결정할 수 없다.

가끔 ③의 경우에 의문을 제기하는 학생들이 있습니다. 삼각형의 내각의 합이 $180°$라는 사실을 이용하면 변 a의 양끝각을 구할 수 있지 않느냐고 하면서 말이죠... 하지만 계산된 결과가 아닌 주어진 조건만으로 삼각형을 결정(작도)할 수 없기 때문에, 정답에서 제외되었다는 사실을 반드시 명심하시기 바랍니다.

기하학에서 합동이란 두 개의 도형이 크기와 모양이 서로 같아, 포개었을 때 꼭 맞는 것을 말합니다.

다음 삼각형 중에서 서로 합동인 삼각형을 찾아보고, 삼각형의 어떤 세 요소가 같아서 합동이 되었는지 말해보시기 바랍니다.

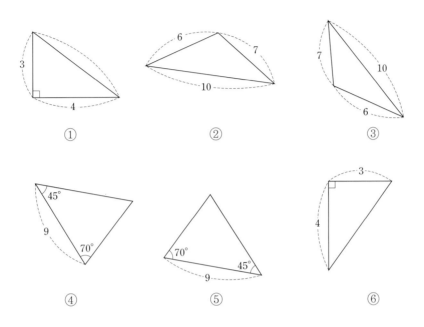

① ② ③

④ ⑤ ⑥

 잠시 질문의 답을 스스로 찾아보는 시간을 가져보세요.

다음 삼각형의 결정조건을 참고하여 모양과 크기가 같은 삼각형을 찾아보시기 바랍니다.

삼각형의 결정조건

① 삼각형의 세 변이 주어졌을 때
  (단, 한 변의 길이는 다른 두 변의 길이의 합보다 작아야 한다)
② 삼각형의 두 변과 그 끼인각이 주어졌을 때
③ 삼각형의 한 변과 그 변의 양끝각이 주어졌을 때 (단, 양끝각의 합은 180° 보다 작아야 한다)

눈에 들어오는 것이 있나요? 네, 맞아요. 서로 합동으로 보이는 삼각형은 ①과 ⑥, ②와 ③, ④와 ⑤입니다. 이제 합동이라고 판단되는 두 삼각형을 서로 비교해 보면서, 어떤 세 요소가 같은지 확인해 보도록 하겠습니다.

①과 ⑥ : 삼각형의 두 변의 길이와 그 끼인각의 크기가 같다.
②와 ③ : 삼각형의 세 변의 길이가 같다.
④와 ⑤ : 삼각형의 한 변의 길이와 그 변의 양끝각의 크기가 같다.

평면도형에서 합동이란, 그 도형을 오렸을 때 서로 포개어지는 경우, 즉 좌우대칭 및 회전을 포함하여 포개어지는 경우 모두를 말합니다. 삼각형의 합동조건은 다음과 같습니다.

삼각형의 합동조건

① 대응하는 세 변의 길이가 같을 때 (SSS합동)

② 대응하는 두 변의 길이와 그 끼인각의 크기가 같을 때 (SAS합동)

③ 대응하는 한 변의 길이와 그 변의 양끝각의 크기가 같을 때 (ASA합동)

잠깐만! 삼각형의 합동을 표현하는 대문자 S와 A는 어떤 영어단어의 첫글자일까요?

 잠시 질문의 답을 스스로 찾아보는 시간을 가져보세요.

네, 맞아요. 대문자 S는 변을 의미하는 영어단어 Side의, A는 각을 의미하는 영어단어 Angle (각)의 첫글자입니다. 삼각형의 합동조건을 그림으로 표현하면 다음과 같습니다.

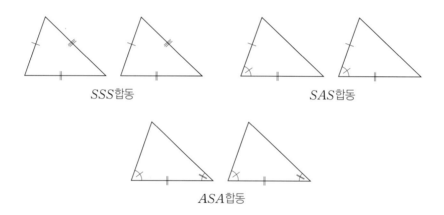

① 대응하는 세 변의 길이가 같다. → SSS합동

② 대응하는 두 변의 길이와 그 끼인각이 같다. → SAS합동

③ 대응하는 한 변의 길이와 그 변의 양끝각이 같다. → ASA합동

SSS, SAS, ASA가 조금 어색할 수도 있겠지만, 그냥 단순히 수학용어일 뿐입니다. 자주 보면 금방 익힐 수 있으니, 잠시만 참아주시기 바랍니다. 혹시... 수학개념(용어)을 암기하지 못했다고 '난 수학 못하나 봐'라고 생각하는 건, 아니죠? 개념은 언제든지 교과서, 인터넷 등을 통해 쉽게 찾아볼 수 있습니다. 즉, 개념(용어) 암기보다 수학적 사고력을 키우는 것이 훨씬 더 중요하다는 뜻입니다. 이 사실 꼭 명심하십시오.

삼각형의 합동과 관련하여 추가적인 설명을 드리자면, 두 삼각형이 합동일 때(즉, 두 삼각형이 완전히 포개어질 때), 서로 겹쳐지는 꼭짓점을 대응점, 겹쳐지는 변을 대응변, 겹쳐지는 각을 대응각이라고 말합니다. 또한 삼각형의 합동을 식으로 표현할 때에는 대응점의 순서에 맞춰 합동기호 ≡로 표기합니다. 예를 들어, 합동인 두 삼각형 $\triangle ABC$와 $\triangle PQR$에 대하여 꼭짓점 A, B, C의 대응점이 각각 P, Q, R일 때, $\triangle ABC \equiv \triangle PQR$로 표기합니다. 다시 한 번 말하지만, 대응점의 순서를 맞춰야 한다는 사실, 절대 잊지 마시기 바랍니다.

다음 $\triangle ABC \equiv \triangle PQR$일 때, 꼭짓점 P의 대응점, 변 b의 대응변, $\angle R$의 대응각을 각각 말해보시기 바랍니다.

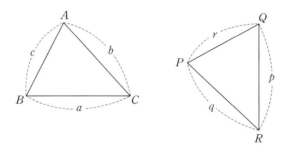

잠시 질문의 답을 스스로 찾아보는 시간을 가져보세요.

두 삼각형을 서로 포갠 후, 겹쳐지는 꼭짓점, 변 그리고 각을 찾으면 쉽게 해결할 수 있는 문제입니다.

$$P\text{의 대응점}: A \qquad b\text{의 대응변}: q \qquad \angle R\text{의 대응각}: \angle C$$

다음 삼각형 중에서 서로 합동인 것을 찾아 기호로 표시하고, 어떤 합동인지 말해보시기 바랍니다.

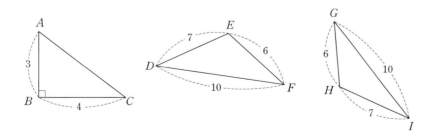

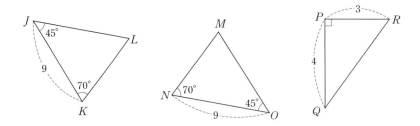

 잠시 질문의 답을 스스로 찾아보는 시간을 가져보세요.

우선 대응하는 세 변의 길이가 같은 두 삼각형을 찾아보세요. 그것은 SSS합동입니다. 더불어 대응하는 두 변의 길이와 그 끼인각이 같은 두 삼각형과, 대응하는 한 변의 길이와 그 변의 양끝각이 같은 두 삼각형을 찾아보십시오. 각각 SAS, ASA합동입니다. 어렵지 않죠? 여기서 주의해야 할 점은 합동인 두 삼각형을 기호로 표시할 때, 대응점의 순서에 맞춰 표기해야 한다는 것입니다. 이는 학생들이 가장 흔하게 저지르는 실수 중 하나이므로, 틀리지 않도록 주의하시기 바랍니다.

$$\triangle ABC \equiv \triangle RPQ(SAS합동),\ \triangle DEF \equiv \triangle IHG(SSS합동),\ \triangle JKL \equiv \triangle ONM(ASA합동)$$

우리 선조들은 바다 위에 어떤 지점의 거리를 계산할 때, 삼각형의 합동을 이용하였다고 합니다.

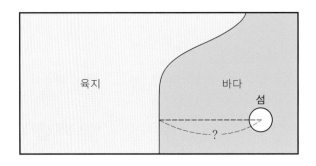

어떻게 그것이 가능했냐고요? 일단 다음 그림과 같이 B지점과 섬(C지점)을 잇는 선분 $\overline{BC}$를 밑변으로 하고, $\angle ABC$가 직각이 되도록 A지점을 선택한 후 직각삼각형 ABC를 그려봅니다. 다음으로 A지점에서 B와 C지점을 바라보는 각도를 측정합니다. 그리고 그 각도를 바탕으로 육지쪽에 C지점과 대응하는 D지점을 찾습니다. 여기서 D지점을 찾았다면 우리는 $\triangle ABC$와 합동인 $\triangle ABD$를 그릴 수 있게 됩니다.

$$\triangle ABC \equiv \triangle ABD\ [ASA합동]$$

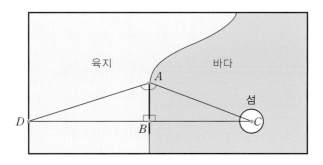

감이 오시죠? 그렇습니다. $\overline{BD}$의 거리를 측정하면, 육지(B지점)에서부터 섬(C지점)까지의 거리를 계산해 낼 수 있습니다. 어떠세요? 정말 바다에 직접 가보지 않고도 섬까지의 거리를 알 수 있죠?

★ 개념을 정확히 이해했는지 확인하고 싶다면, 학교 교과서에 나오는 개념확인 문제를 풀어 보거나 스스로 개념 확인문제를 출제하여 풀어보면 큰 도움이 될 것입니다.

심화학습

★ 개념의 이해도가 충분하지 않다면, 일단 PASS하시기 바랍니다. 그리고 개념정리가 마무리 되었을 때 심화학습 내용을 따로 읽어보는 것을 권장합니다.

【피타고라스의 정리】

예전에 한창 인기를 끌었던 '정글의 법칙'이라는 TV프로그램을 알고 계십니까? 6~7명의 연예인들이 아프리카 정글로 들어가 2주 동안 생존하는 정글체험기 프로그램입니다. 아무것도 모르던 사람들이 집도 짓고 밥도 해 먹으며 살아가는 모습이 마치 원시인들이 진화하는 것처럼 보이더라고요. 사람들이 정글에 갔을 때 제일 먼저 하는 것이 무엇일까요? 그렇습니다. 먹을 것과 잠잘 곳을 해결하는 것입니다. 보통은 두 팀으로 나누어 한 팀은 낚시를 하러 가고 나머지 한 팀은 남아서 잠자리(집)를 마련합니다. 물론 정글에서 쉽게 구할 수 있는 풀, 나무 등을 이용하여 2주 동안 생존할 수 있는 간이 텐트를 만들곤 하죠.

(공동 공간용 텐트)

(개별 공간용 텐트)

어떤 사람이 정글에서 아래와 같이 생긴 텐트를 만들려고 합니다.

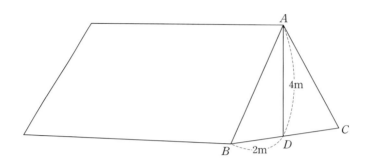

일단 텐트의 기둥($\overline{AD}$)이 되는 나무를 D지점에서 꽂아 수직으로 세웁니다. 그리고 빗변이 되는 나무($\overline{AB}$와 $\overline{AC}$)를 B지점과 C지점에 꽂아 세우려고 하는데, 빗변의 길이 $\overline{AB}$를 맞추기가 여간 어려운 일이 아니네요. 지금 이 사람한테 필요한 것은 무엇일까요? 참고로 이 사람이 가지고 있는 도구는 톱, 줄자, 계산기 등이며, 정글에는 무수히 많은 나무들이 있다고 가정합시다.

 잠시 질문의 답을 스스로 찾아보는 시간을 가져보세요.

잘 모르겠다고요? 힌트를 드리겠습니다. 이 사람에게 필요한 것은 바로 '어떤 수학이론'입니다. 그것이 대체 무엇일까요?

정글에서 수학이론이 필요하다고?

지금 이 사람이 헤매고 있는 이유는 빗변이 되는 나무막대($\overline{AB}$와 $\overline{AC}$)의 길이를 정확히 몰라서입니다. 무슨 말인고 하니 빗변의 길이($\overline{AB}$)를 정확히 모르는 상태에서 그와 유사한 길이의 나무를 계속 세우면서 실패를 거듭하고 있는 것입니다.

지금 이 사람한테 필요한 것은 바로 빗변의 길이를 구할 수 있는 수학이론입니다.

다시 말해서, 직각삼각형의 두 변의 길이를 알고 있을 때, 나머지 한 변의 길이를 구할 수 있는 수학공식이 필요하다는 뜻이죠. 이해를 돕자면, 현재 우리는 직각삼각형 ABC에서 높이($\overline{AD}$)와 밑변($\overline{BD}$)의 길이를 알고 있습니다. 직각삼각형의 두 변의 길이, 즉 높이($\overline{AD}$)와 밑변($\overline{BD}$)의 길이로부터 빗변의 길이를 알아낼 수 있어야 한다는 말입니다.

직각삼각형의 두 변의 길이로부터 빗변의 길이를 알아낼 수 있는 수학이론(공식)이라...?

이게 바로 그 유명한 '피타고라스 정리'입니다. 다들 짐작하셨겠지만, 피타고라스 정리는 피타고라스라는 수학자가 최초로 증명했기 때문에 그렇게 이름지어진 것입니다. 피타고라스는 당시 사원에 장식된 타일을 보고 증명의 힌트를 얻었다고 합니다. 아이고~ 우리가 너무 앞서 나갔네요. 사실 피타고라스 정리는 중학교 3학년 교과과정입니다. 그러니 지금은 이런 것이 있다는 정도만 알고 넘어가시기 바랍니다.

피타고라스 정리

직각삼각형에서 직각을 낀 두 변의 길이의 제곱의 합은 빗변의 길이의 제곱의 합과 같다.

$$c^2 = a^2 + b^2$$

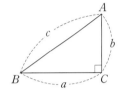

다시 정글의 법칙으로 돌아가 보겠습니다. 어떤 사람이 정글에서 아래와 같이 생긴 텐트를 만들려고 합니다.

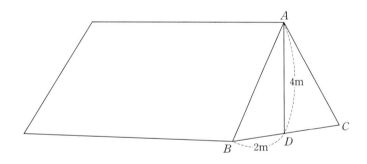

일단 텐트의 기둥($\overline{AD}$)이 되는 나무를 D지점에 수직으로 세웠다고 하네요. 이제 빗변이 되는 나무막대($\overline{AB}$와 $\overline{AC}$)를 B지점과 C지점에 꽂아 세우려고 합니다. 과연 이 나무막대의 길이는 얼마일까요? 피타고라스 정리를 이용하여, 주어진 두 변($\overline{AD}$, $\overline{BD}$)으로부터 빗변의 길이($\overline{AB}$ 또는 $\overline{AC}$)를 구해보도록 하겠습니다.

피타고라스 정리 : 직각삼각형에서 직각을 낀 두 변의 길이의 제곱의 합은
빗변의 길이의 제곱의 합과 같다.

이를 등식으로 작성하면 다음과 같습니다. 편의상 $\triangle ABD$에서 $\overline{AB}=c$, $\overline{BD}=a$, $\overline{AD}=b$라고 하겠습니다.

$$c^2=a^2+b^2 \ \rightarrow \ c^2=3^2+4^2 \ \rightarrow \ c^2=25$$

빗변이 되는 나무막대의 길이(c)는 얼마일까요? 네, 맞습니다. 바로 5m입니다. 즉, 나무막대를 5m로 잘라 A와 B지점, A와 C지점을 연결하면 텐트가 완성됩니다. 이렇게 수학개념을 이용하면 실생활 속 많은 것들을 해결해 나갈 수 있답니다. 이것이 바로 우리가 수학을 배우는 이유인 것입니다.

3 개념정리하기

■ 학습 방식

　개념에 대한 예시를 스스로 찾아보면서, 개념을 정리하시기 바랍니다.

1 점, 선, 면, 교점, 교선

개념의 정의는 다음과 같습니다.

- 점 : 형태나 방향은 없고 위치만 있는 도형의 기본 단위
- 선 : 연속된 점이 모인 것으로 위치와 방향을 지니고 있는 도형의 기본 단위
- 면 : 선으로 둘러싸인 경계선 내부의 평평한 부분
- 교점 : 두 선이 만나는 점 또는 한 선과 한 면이 만나는 점
- 교선 : 두 면이 만나서 이루는 선 또는 한 면과 한 입체도형이 만나서 이루는 선

(숨은 의미 : 도형의 기본요소인 점, 선, 면 및 교점과 교선의 개념을 명확히 정의함으로써, 도형을 체계적으로 설명할 수 있는 기틀을 마련해 줍니다)

2 직선, 반직선, 선분, 두 점 사이의 거리, 중점

개념의 정의는 다음과 같습니다.

- 직선 : 양쪽 방향으로 곧게 뻗어나가는 선을 직선이라고 부르며, 두 점 A, B를 지나는 직선을 $\overleftrightarrow{AB}$로 표현합니다. ($\overleftrightarrow{AB} = \overleftrightarrow{BA}$)
- 반직선 : 직선 위의 한 점에서 시작하여 다른 점 쪽으로 뻗어나가는 선을 반직선이라고 부르며, 한 점 A에서 시작하여 점 B를 통과하는 반직선을 $\overrightarrow{AB}$로 표현합니다. ($\overrightarrow{AB} \neq \overrightarrow{BA}$)
- 선분 : 두 점 사이를 직선으로 이은 선을 선분이라고 부르며, 두 점 A, B를 잇는 선분을 $\overline{AB}$로 표현합니다. ($\overline{AB} = \overline{BA}$)
- 두 점 사이의 거리 : 수직선에서 임의의 두 점 A와 B의 좌표가 각각 a, b일 때, 두 점 A와 B 사이의 거리는 $\overline{AB}$의 길이로 정의되며 두 점의 좌표의 차와

같습니다.

→ 두 점 $A(a)$, $B(b)$ 사이의 거리($\overline{AB}$의 길이) : $|b-a|=|a-b|$

• $\overline{AB}$의 중점 : $\overline{AB}$에서 $\overline{AM}=\overline{MB}$를 만족하는 $\overline{AB}$ 위에 있는 점 M을 $\overline{AB}$의 중점이라고 정의합니다. $\left(\overline{AM}=\dfrac{1}{2}\overline{AB}\right)$

(숨은 의미 : 직선·반직선·선분, 두 점 사이의 거리와 중점의 개념을 명확히 정의함으로써, 도형을 체계적으로 설명할 수 있는 기틀을 마련해 줍니다)

3 각

한 점 O에서 시작하는 두 반직선 $\overrightarrow{OA}$와 $\overrightarrow{OB}$로 이루어진 도형을 각 AOB라고 말하고, $\angle AOB$로 표현합니다. $\angle AOB$에서 점 O를 각의 꼭짓점, 두 반직선 $\overrightarrow{OA}$와 $\overrightarrow{OB}$를 각의 변이라고 부르며, 꼭짓점 O를 기준으로 $\overrightarrow{OB}$가 $\overrightarrow{OA}$까지 회전한 양을 $\angle AOB$의 크기로 정의합니다. (숨은 의미 : 각의 개념을 명확히 정의함으로써, 도형을 체계적으로 설명할 수 있는 기틀을 마련해 줍니다)

4 각의 분류, 교각과 맞꼭지각

각은 그 크기에 따라 다음과 같이 네 종류로 분류됩니다.

• 평각 : 각의 크기가 180°인 각 (직선 위에 세 점 A, O, B가 일렬로 있을 때의 각 $\angle AOB$)

• 직각 : 평각의 $\dfrac{1}{2}$배 크기를 갖는 각(90°)

• 예각 : 각의 크기가 0° 보다 크고 90° 보다 작은 각

• 둔각 : 각의 크기가 0° 보다 크고 180° 보다 작은 각

교각과 맞꼭지각의 정의는 다음과 같습니다.

• 교각 : 두 직선이 교차하여 생긴 각

• 맞꼭지각 : 두 직선이 교차하여 생긴 각(교각) 중 서로 마주보는 각

(맞꼭지각의 크기는 서로 같다)

(숨은 의미 : 각과 관련된 개념을 명확히 정의함으로써, 도형을 체계적으로 설명할 수 있는 기틀을 마련해 줍니다)

5 직교, 수직, 수선, 수선의 발, 점과 직선의 거리

두 선분 $\overline{AB}$와 $\overline{CD}$(또는 두 직선 $\overleftrightarrow{AB}$와 $\overleftrightarrow{CD}$)의 교각이 직각일 때, 이 두 선분(또는 직선)을 서로 직교한다고 말합니다. 이것을 기호로 $\overline{AB} \perp \overline{CD}$(또는 $\overleftrightarrow{AB} \perp \overleftrightarrow{CD}$)라고 표현하는데, 이 때 두 선분 $\overline{AB}$와 $\overline{CD}$(또는 두 직선 $\overleftrightarrow{AB}$와 $\overleftrightarrow{CD}$)를 수직이라고도 부릅니다. 더불어 수직인 두 선분(직선)에 대하여 한 선분(직선)을 가리켜 다른 한 선분(직선)의 수선이라고 일컫습니다. 직선 l의 외부에 있는 점 P로부터 l에 수직인 직선을 그어 교점을 H라고 할 때, 점 H를 점 P의 수선의 발이라고 말합니다. 점과 직선 사이의 거리는 직선 외부에 있는 점과 그 점의 수선의 발 사이의 거리로 정의됩니다. (숨은 의미 : 직선의 수직 및 점과 직선 사이의 거리에 대한 개념을 명확히 정의함으로써, 도형을 체계적으로 설명할 수 있는 기틀을 마련해 줍니다)

6 점, 선, 면의 위치관계

점, 선, 면의 위치관계는 다음과 같습니다.
  1) 점과 직선 : ① 점이 직선 위에 있다.   ② 점이 직선 위에 있지 않다.
  2) 점과 평면 : ① 점이 평면 위에 있다.   ② 점이 평면 위에 있지 않다.
  3) 직선과 직선 : ① 교차   ② 평행   ③ 일치   ④ 꼬인 위치
  4) 직선과 평면 : ① 교차   ② 평행   ③ 포함
  5) 평면과 평면 : ① 교차   ② 평행   ③ 일치

※ 꼬인 위치 : 3차원 공간에서 평행하지도 만나지도 않는 두 직선의 위치관계
(숨은 의미 : 점, 선, 면의 위치관계를 정의함으로써, 공간 및 도형을 체계적으로 설명할 수 있는 기틀을 마련해 줍니다)

7 평면의 결정조건

평면의 결정조건은 다음과 같습니다.
  ① 세 점이 주어지면, 세 점을 포함하는 평면은 오직 하나뿐입니다.
  ② 한 직선과 그 위에 있지 않은 한 점이 주어지면, 그 점과 직선을 포함하는
     평면은 오직 하나뿐입니다.
  ③ 교차하는 두 직선이 주어지면, 두 직선을 포함하는 평면은 오직 하나뿐입니다.

④ 평행하는 두 직선이 주어지면, 두 직선을 포함하는 평면은 오직 하나뿐입니다.
(숨은 의미 : 평면의 결정조건을 확인함으로써, 공간 및 도형을 체계적으로 설명할 수 있는 기틀을 마련해 줍니다)

8 동위각과 엇각

동위각과 엇각의 정의는 다음과 같습니다.
- 동위각 : 두 직선이 다른 한 직선과 만나서 생긴 교각 중 같은 쪽에 위치한 각
- 엇각 : 두 직선이 다른 한 직선과 만나서 생긴 교각 중 반대쪽에 위치한 각

평행선에서 동위각과 엇각의 관계는 다음과 같습니다.
① 서로 다른 평행한 두 직선이 한 직선과 만날 때, 평행선에 의해 만들어진 동위각과 엇각의 크기는 각각(동위각끼리, 엇각끼리) 같습니다.
② 서로 다른 두 직선이 한 직선과 만날 때, 두 직선에 의해 만들어진 동위각 또는 엇각 크기가 같으면, 두 직선은 평행합니다.

(숨은 의미 : 평행선과 관련된 개념을 좀 더 체계적으로 설명할 수 있는 기틀을 마련해 줍니다)

9 선분의 작도법

선분 $\overline{AB}$의 길이와 동일한 선분 $\overline{CD}$를 작도하는 방법은 다음과 같습니다.
① 눈금 없는 자로 선분 $\overline{AB}$의 연장선을 긋는다.
② 컴퍼스의 바늘과 연필의 끝을 두 점 A, B에 각각 맞춘다.
③ 선분 $\overline{AB}$의 연장선 위에 한 점을 C로 놓고, 점 C에 컴퍼스의 바늘을 찍어 연장선과 만나는 원(또는 원의 일부)을 그린다.
④ 원(또는 원의 일부)과 선분 $\overline{AB}$의 연장선의 교점을 점 D로 놓는다.

(숨은 의미 : 자와 컴퍼스만 있으면 선분 $\overline{AB}$의 길이와 동일한 선분 $\overline{CD}$를 작도할 수 있습니다)

10 정삼각형의 작도법

정삼각형을 작도하는 방법은 다음과 같습니다.
    ① $\overline{AB}$의 길이를 컴퍼스로 측정한다.
    ② 컴퍼스로 반지름이 $\overline{AB}$의 길이와 같고 중심이 점 A, B인 원을 각각
       그린 후, 두 원의 교점을 C로 놓는다.
    ③ 세 점 A, B, C를 연결하여 $\triangle ABC$를 완성한다.
(숨은 의미 : 자와 컴퍼스만 있으면 정삼각형을 작도할 수 있습니다)

11 각의 작도법

(1) $\angle XOY$와 크기가 같을 각 $\angle X'O'Y'$를 작도하는 방법은 다음과 같습니다.
    ① $\overline{OY}$의 연장선을 그어 점 O'를 표시한다.
    ② $\overline{OY}$의 길이를 컴퍼스로 측정하여, 중심이 점 O'이고 반지름이 $\overline{OY}$의 길이와 같도록
       원을 그리고, 반직선과 원의 교점을 Y'로 표시한다.
    ③ $\overline{OX}$와 $\overline{XY}$의 길이를 컴퍼스로 측정한다.
    ④ 컴퍼스로 반지름이 $\overline{OX}$의 길이와 같고 중심이 O'인 원과, 반지름이 $\overline{XY}$의 길이와
       같고 중심이 Y'인 원을 그린 후, 교점을 X'로 놓는다.
    ⑤ 두 반직선 $\overrightarrow{O'X'}$와 $\overrightarrow{O'Y'}$가 이루는 각 $\angle X'OY'$를 만든다.

(2) $\angle XOY$의 크기의 2배인 각 $\angle X'O'Y'$를 작도하는 방법은 다음과 같습니다.
    ① $\overline{OY}$의 연장선을 그어 점 O'를 표시한다.
    ② $\overline{OY}$의 길이를 컴퍼스로 측정하여, 중심이 점 O'이고 반지름이 $\overline{OY}$의 길이와 같도록
       원을 그리고, 반직선과 원의 교점을 Y'로 표시한다.
    ③ $\overline{OX}$와 $\overline{XY}$의 길이를 컴퍼스로 측정한다.
    ④ 컴퍼스로 반지름이 $\overline{OX}$의 길이와 같고 중심이 O'인 원과, 반지름이 $\overline{XY}$의 길이와 같
       고 중심이 Y'인 원을 그린 후, 교점을 Z'로 놓는다.
    ⑤ 컴퍼스로 반지름이 $\overline{OX}$의 길이와 같고 중심이 O'인 원과, 반지름이 $\overline{XY}$의 길이와 같
       고 중심이 Z'인 원을 그린 후, 교점을 X'로 놓는다.
    ⑥ 두 반직선 $\overrightarrow{O'X'}$와 $\overrightarrow{O'Y'}$가 이루는 각 $\angle X'O'Y'$를 만든다.
(숨은 의미 : 자와 컴퍼스만 있으면 주어진 조건으로부터 각을 작도할 수 있습니다)

12 삼각형의 정의 및 길이와 각의 조건

삼각형이란 일직선상에 있지 않은 3개의 점 A, B, C를 2개씩 짝지어 선분으로($\overline{AB}$, $\overline{BC}$, $\overline{CA}$) 연결해 만든 평면도형을 말합니다. 삼각형의 길이와 각의 조건은 다음과 같습니다.

① 삼각형의 길이조건

삼각형의 한 변의 길이는 다른 두 변의 길이의 합보다 작아야 합니다. 즉, a, b, c가 삼각형의 세 변일 때, $a<b+c$, $b<a+c$, $c<a+b$가 되어야 합니다.

② 삼각형의 각의 조건

삼각형의 한 내각은 0°보다 크고 180°보다 작아야 하며, 삼각형의 내각의 합은 180°가 되어야 합니다.

(숨은 의미 : 삼각형의 정의 및 길이와 각의 조건을 확인함으로써, 삼각형과 관련된 도형을 체계적으로 설명할 수 있는 기틀을 마련해 줍니다)

13 삼각형의 결정조건(작도조건)

삼각형의 결정조건은 다음과 같습니다.

① 삼각형의 세 변이 주어졌을 때

(단, 한 변의 길이는 다른 두 변의 길이의 합보다 작아야 합니다)

② 삼각형의 두 변과 그 끼인각이 주어졌을 때

③ 삼각형의 한 변과 그 변의 양끝각이 주어졌을 때

(숨은 의미 : 삼각형의 결정조건을 확인함으로써, 삼각형과 관련된 도형을 체계적으로 설명할 수 있는 기틀을 마련해 줍니다)

14 삼각형의 작도법

삼각형을 작도하는 방법은 다음과 같습니다.

(1) 세 변(a, b, c)이 주어졌을 때

① 직선 l을 그리고, 그 위에 길이가 a인 선분 $\overline{BC}$를 잡는다.

② 점 B를 중심으로 반지름의 길이가 c인 원과 점 C를 중심으로 반지름의 길이가 b인 원을 각각 그린 후, 두 원의 교점을 A라고 놓는다.

③ 두 점 A, B 그리고 두 점 A, C를 각각 연결하면 $\triangle ABC$가 완성된다.

(2) 두 변(b, c)과 그 끼인각($\angle x$)이 주어졌을 때

　　① $\angle x$와 크기가 같은 $\angle XAY$를 작도한다.

　　② $\overrightarrow{AX}$와 $\overrightarrow{AY}$ 위에 각각 $\overline{AC}=b$, $\overline{AB}=c$인 점 C와 점 B를 잡는다.

　　③ 두 점 B, C를 잇는다.

(3) 한 변(a)과 그 변의 양끝각($\angle x$, $\angle y$)이 주어졌을 때

　　① 직선 l을 그리고, 그 위에 길이가 a인 선분 $\overline{BC}$를 잡는다.

　　② $\angle x$와 크기가 같은 $\angle XBC$를, $\angle y$와 크기가 같은 $\angle YCB$를 작도한다.

　　③ $\overrightarrow{BX}$와 $\overrightarrow{CY}$의 교점을 A라고 하면 $\triangle ABC$가 완성된다.

(숨은 의미 : 자와 컴퍼스만 있으면 주어진 조건으로부터 삼각형을 작도할 수 있습니다)

15 삼각형의 합동

삼각형의 합동조건은 다음과 같습니다.

　　① 대응하는 세 변의 길이가 같을 때 (SSS합동)

　　② 대응하는 두 변의 길이와 그 끼인각의 크기가 같을 때 (SAS합동)

　　③ 대응하는 한 변의 길이와 그 변의 양끝각의 크기가 같을 때 (ASA합동)

(숨은 의미 : 삼각형의 합동조건을 확인함으로써, 삼각형에 대해 체계적으로 설명할 수 있는 기틀을 마련해 줍니다)

4 문제해결하기

■ **개념도출형** 학습방식

　개념도출형 학습방식이란 단순히 수학문제를 계산하여 푸는 것이 아니라, 문제로부터 필요한 개념을 도출한 후 그 개념을 떠올리면서 문제의 출제의도 및 문제해결방법을 찾는 학습방식을 말합니다. 문제를 통해 스스로 개념을 도출할 수 있으므로, 한 문제를 풀더라도 유사한 많은 문제를 풀 수 있는 능력을 기를 수 있으며, 더 나아가 스스로 개념을 변형하여 새로운 문제를 만들어 낼 수 있어, 좀 더 수학을 쉽고 재미있게 공부할 수 있도록 도와줍니다.

　시간에 쫓기듯 답을 찾으려 하지 말고, 어떤 개념을 어떻게 적용해야 문제를 풀 수 있는지 천천히 생각한 후에 계산하시기 바랍니다. 문제를 해결하는 방법을 찾는다면 정답을 구하는 것은 단순한 계산과정일 뿐이라는 사실을 명심하시기 바랍니다. (생각을 많이 하면 할수록, 생각의 속도는 빨라집니다)

문제해결과정

① 이 문제를 풀기 위해 어떤 개념을 알아야 하는가?

② 그 개념을 간단히 설명해 보아라.

③ 문제의 출제의도를 말하고 어떻게 풀지 간단히 설명해 보아라.

④ 그럼 문제의 답을 찾아라.

　※ 책 속에 있는 붉은색 카드를 사용하여 힌트 및 정답을 가린 후, ①~④까지 순서대로 질문의 답을 찾아보시기 바랍니다.

Q1. 다음 입체도형에서 교점과 교선의 개수를 각각 구하여라. 참고로 이 입체도형은 오각기둥을 어떤 평면으로 자른 입체도형이다.

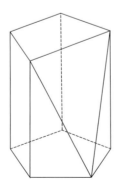

① 이 문제를 풀기 위해 어떤 개념을 알아야 하는가?

② 그 개념을 머릿속에 떠올려 보아라.

③ 문제의 출제의도를 말하고 어떻게 풀지 간단히 설명해 보아라.

④ 그럼 문제의 답을 찾아라.

A1.

① 교점과 교선

② 개념정리하기 참조

③ 이 문제는 교점과 교선의 개념을 정확히 알고 있는지 묻는 문제이다. 입체도형의 각 모서리를 직선으로 간주하면 꼭짓점이 바로 교점이 될 것입니다. 그리고 입체도형의 각 면을 평면이라고 생각하면 모서리가 바로 교선이 될 것이다. 즉, 입체도형의 꼭짓점과 모서리의 개수를 세어보면 쉽게 답을 찾을 수 있다.

④ 교점 9개, 교선 15개

 스스로 유사한 문제를 여러 개 만들어(출제하여) 답을 찾아보시기 바랍니다.

Q2. 다음 그림에서 네 점 A, B, C, D 중 두 점을 지나는 직선과 반직선을 모두 찾아 기호로 표시하여라. (단, 동일한 직선과 반직선의 경우 묶어서 표시한다)

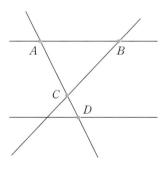

① 이 문제를 풀기 위해 어떤 개념을 알아야 하는가?

② 그 개념을 머릿속에 떠올려 보아라.

③ 문제의 출제의도를 말하고 어떻게 풀지 간단히 설명해 보아라. (잘 모를 경우, 아래 Hint를 보면서 질문의 답을 찾아본다)

Hint(1) 세 점이 일직선 위에 있는 경우, 세 점 중 어느 두 점을 선택하여 직선을 결정하더라도 모두 동일한 직선이 된다.

Hint(2) 반직선의 경우 시작점과 뻗어가는 방향에 따라 구별되므로, 동일한 두 점을 지난다고 해서 반드시 같은 반직선이라고 말할 수 없다.

④ 그럼 문제의 답을 찾아라.

A2.

① 직선과 반직선

② 개념정리하기 참조

③ 이 문제는 직선과 반직선의 개념을 정확히 알고 있는지 묻는 문제이다. 세 점이 일직선 위에 있는 경우, 세 점 중 어느 두 점을 선택하여 직선을 결정하더라도 모두 동일한 직선이 된다. 하지만 반직선의 경우 시작점과 뻗어나가는 방향에 따라 구별되므로, 동일한 두 점을 지난다고 해서 반드시 같은 반직선이라고 말할 수 없다. 이 점에 유의하면서 네 점 A, B, C, D 중 두 점을 선택하여 직선 또는 반직선을 결정하면 어렵지 않게 답을 구할 수 있다.

④ 직선 : $\overleftrightarrow{AB}(=\overleftrightarrow{BA})$, $\overleftrightarrow{AC}(=\overleftrightarrow{AD}=\overleftrightarrow{CD}=\overleftrightarrow{CA}=\overleftrightarrow{DA}=\overleftrightarrow{DC})$, $\overleftrightarrow{BC}(=\overleftrightarrow{CB})$

반직선 : $\overrightarrow{AB}$, $\overrightarrow{BA}$, $\overrightarrow{AC}(=\overrightarrow{AD})$, $\overrightarrow{CD}$, $\overrightarrow{DC}(=\overrightarrow{DA})$, $\overrightarrow{CA}$, $\overrightarrow{BC}$, $\overrightarrow{CB}$

 스스로 유사한 문제를 여러 개 만들어(출제하여) 답을 찾아보시기 바랍니다.

Q3. 다음 수직선에서 $\overline{AB}$의 중점을 E라고 하고, $\overline{CD}$의 중점을 F라고 할 때, $\overline{EF}$의 중점 G의 좌표를 말하여라.

① 이 문제를 풀기 위해 어떤 개념을 알아야 하는가?

② 그 개념을 머릿속에 떠올려 보아라.

③ 문제의 출제의도를 말하고 어떻게 풀지 간단히 설명해 보아라. (잘 모를 경우, 아래 Hint를 보면서 질문의 답을 찾아본다)

Hint(1) $\overline{AB}$의 중점을 E라고 했으므로, 등식 $\overline{AE}=\frac{1}{2}\overline{AB}$를 만족한다. 이를 토대로 점 E의 위치를 확인해 본다.

Hint(2) $\overline{CD}$의 중점을 F라고 했으므로, 등식 $\overline{CF}=\frac{1}{2}\overline{CD}$를 만족한다. 이를 토대로 점 F의 위치를 확인해 본다.

Hint(3) $\overline{EF}$의 중점을 G라고 했으므로, 등식 $\overline{EG}=\frac{1}{2}\overline{EF}$를 만족한다. 이를 토대로 점 G의 위치를 확인해 본다.

④ 그럼 문제의 답을 찾아라.

A3.

① 선분의 중점

② 개념정리하기 참조

③ 이 문제는 선분의 중점의 개념을 정확히 알고 있는지 묻는 문제이다. $\overline{AB}$의 중점을 E라고 했으므로, 등식 $\overline{AE} = \frac{1}{2}\overline{AB}$를 만족한다. 이를 토대로 점 E의 위치를 확인해 본다. 더불어 $\overline{CD}$의 중점을 F라고 했으므로, 등식 $\overline{CF} = \frac{1}{2}\overline{CD}$를 만족한다. 이를 토대로 점 F의 위치를 확인해 본다. 점 E와 F의 좌표로부터 등식 $\overline{EG} = \frac{1}{2}\overline{EF}$를 만족하는 점 G($\overline{EF}$의 중점)의 위치를 찾으면 어렵지 않게 답을 구할 수 있다. 참고로 수직선에서 어떤 두 점의 중점의 좌표는, 두 점의 좌표를 더한 후 2로 나눈 값과 같다.

④ 1

[정답풀이]

$\overline{AB}$의 중점을 E라고 했으므로, 등식 $\overline{AE} = \frac{1}{2}\overline{AB}$를 만족한다. 이를 토대로 점 E의 위치를 확인해 보면 다음과 같다.

→ 점 E의 좌표 : -0.5

$\overline{CD}$의 중점을 F라고 했으므로, 등식 $\overline{CF} = \frac{1}{2}\overline{CD}$를 만족한다. 이를 토대로 점 F의 위치를 확인해 보면 다음과 같다.

→ 점 F의 좌표 : 2.5

마지막으로 점 E와 F의 좌표로부터 등식 $\overline{EG} = \frac{1}{2}\overline{EF}$를 만족하는 점 G($\overline{EF}$의 중점)의 위치를 찾아보면 다음과 같다.

→ 점 G의 좌표 : 1

따라서 점 G의 좌표는 1이다. 참고로 수직선에서 어떤 두 점의 중점의 좌표는, 두 점의 좌표를 더한 후 2로 나눈 값과 같다.

• 점 E의 좌표 : $\dfrac{(점\ A의\ 좌표)+(점\ B의\ 좌표)}{2} = \dfrac{(-3)+(+2)}{2} = -0.5$

• 점 F의 좌표 : $\dfrac{(점\ C의\ 좌표)+(점\ D의\ 좌표)}{2} = \dfrac{0+(+5)}{2} = 2.5$

• 점 G의 좌표 : $\dfrac{(점\ E의\ 좌표)+(점\ F의\ 좌표)}{2} = \dfrac{(-0.5)+(+2.5)}{2} = 1$

 스스로 유사한 문제를 여러 개 만들어(출제하여) 답을 찾아보시기 바랍니다.

Q4. 다음 그림에서 $\angle BOE$의 크기를 구하여라.

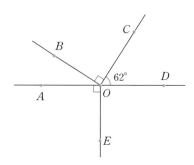

① 이 문제를 풀기 위해 어떤 개념을 알아야 하는가?

② 그 개념을 머릿속에 떠올려 보아라.

③ 문제의 출제의도를 말하고 어떻게 풀지 간단히 설명해 보아라. (잘 모를 경우, 아래 Hint를 보면서 질문의 답을 찾아본다)

> **Hint(1)** $(\angle AOB + \angle BOC + \angle COD)$가 평각이라는 사실을 이용하여
> $\angle AOB$의 크기를 구해본다.
> ☞ $\angle AOB + \angle BOC + \angle COD = 180° \rightarrow \angle AOB = 180° - (\angle BOC + \angle COD)$

> **Hint(2)** 등식 $\angle BOE = \angle AOB + \angle AOE$로부터 $\angle BOE$의 크기를 구해본다.
> ☞ $\angle BOE = \angle AOB + \angle AOE$

④ 그럼 문제의 답을 찾아라.

A4.

> ① 평각, 직각
> ② 개념정리하기 참조
> ③ 이 문제는 평각과 직각의 개념을 정확히 알고 있는지 묻는 문제이다.
> 우선 $(\angle AOB + \angle BOC + \angle COD)$가 평각이라는 사실을 이용하여 $\angle AOB$의 크기를 구해본다. 그리고 $\angle AOB$의 크기를 등식 $\angle BOE = \angle AOB + \angle AOE$에 대입하면 어렵지 않게 $\angle BOE$의 크기를 구할 수 있다. (단, $\angle AOE$는 직각이다)
> ④ $\angle BOE = 118°$

[정답풀이]

$(\angle AOB + \angle BOC + \angle COD)$가 평각이라는 사실을 이용하여
$\angle AOB$의 크기를 구해본다. [$\angle BOD = 90°$(직각), $\angle COD = 62°$]

$\quad \angle AOB + \angle BOC + \angle COD = 180°$ (평각)

$\quad \rightarrow \angle AOB = 180° - (\angle BOC + \angle COD)$

$\quad \rightarrow \angle AOB = 180° - (90° + 62°) = 28°$

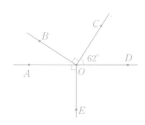

등식 $\angle BOE = \angle AOB + \angle AOE$로부터 $\angle BOE$의 크기를 구하면 다음과 같다. ($\angle AOB = 28°$, $\angle AOE = 90°$)

$$\angle BOE = \angle AOB + \angle AOE = 28° + 90° = 118°$$

따라서 $\angle BOE = 118°$이다.

 스스로 유사한 문제를 여러 개 만들어(출제하여) 답을 찾아보시기 바랍니다.

Q5. 다음 그림에서 $\angle x$, $\angle y$의 크기를 구하여라.

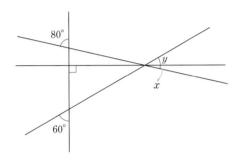

① 이 문제를 풀기 위해 어떤 개념을 알아야 하는가?

② 그 개념을 머릿속에 떠올려 보아라.

③ 문제의 출제의도를 말하고 어떻게 풀지 간단히 설명해 보아라. (잘 모를 경우, 아래 Hint를 보면서 질문의 답을 찾아본다)

  Hint(1) 주어진 각 $80°$, $60°$, $\angle x$, $\angle y$의 맞꼭지각을 각각 찾아본다.

  Hint(2) $\angle x$, $\angle y$의 맞꼭지각을 포함하는 두 직각삼각형을 찾아 그 내각의 크기를 각각 확인해 본다.

  Hint(3) 삼각형의 내각의 합은 $180°$이다.

④ 그럼 문제의 답을 찾아라

A5.
① 맞꼭지각, 직각, 삼각형의 내각의 합

② 개념정리하기 참조

③ 이 문제는 맞꼭지각의 개념을 알고 있는지 그리고 삼각형의 내각의 합($180°$)을 활용하여 구하고자 하는 값을 찾을 수 있는지 묻는 문제이다. 먼저 주어진 각 $80°$, $60°$, $\angle x$, $\angle y$의 맞꼭지각을 각각 찾아본다. 더불어 두 각 $\angle x$, $\angle y$의 맞꼭지각을 포함하는 두 직각삼각형을 찾아 그 내각의 크기를 확인해 보면 어렵지 않게 $\angle x$, $\angle y$의 크기를 구할 수 있을 것이다. 여기서 삼각형의 내각의 합이 $180°$이라는 사

실을 활용해 본다.

④ $\angle x = 10°$, $\angle y = 30°$

[정답풀이]

주어진 각 80°, 60°, $\angle x$, $\angle y$의 맞꼭지각을 각각 찾아 표시하면 다음과 같다.

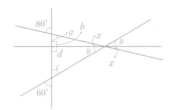

이제 $\angle x$, $\angle y$의 맞꼭지각을 포함하는 두 직각삼각형을 찾아 그 내각의 크기를 확인해 보자.

$\angle x$의 맞꼭지각을 포함하는 직각삼각형의 내각 : $\angle a = 80°$, $\angle b = 90°$, $\angle x$의 맞꼭지각

$\angle y$의 맞꼭지각을 포함하는 직각삼각형의 내각 : $\angle c = 60°$, $\angle d = 90°$, $\angle y$의 맞꼭지각

삼각형의 내각의 합이 180°라는 사실을 적용하여 $\angle x$와 $\angle y$에 대한 등식을 작성하면 다음과 같다.

$\angle a + \angle b + \angle x = 80° + 90° + \angle x = 180°$

$\angle c + \angle d + \angle y = 60° + 90° + \angle y = 180°$

방정식을 풀면 $\angle x = 10°$, $\angle y = 30°$가 된다.

 스스로 유사한 문제를 여러 개 만들어(출제하여) 답을 찾아보시기 바랍니다.

Q6. 다음 좌표평면을 보고 물음에 답하여라. (단, 좌표평면 한 칸의 길이는 1이다)

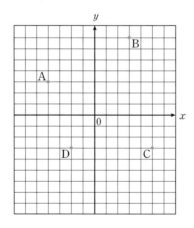

(1) 점 D와 점 C의 거리

(2) 점 B에서 x축에 내린 수선의 발의 좌표

(3) 점 A와 x축 사이의 거리

(4) y축과 떨어진 거리가 가장 짧은 점과 가장 긴 점

① 이 문제를 풀기 위해 어떤 개념을 알아야 하는가?

② 그 개념을 머릿속에 떠올려 보아라.

③ 문제의 출제의도를 말하고 어떻게 풀지 간단히 설명해 보아라. (잘 모를 경우, 아래 Hint를 보면서 질문의 답을 찾아본다)

    Hint(1) 점 D와 C의 거리는 $\overline{DC}$의 길이와 같다.

    Hint(2) 점 B에서 x축에 내린 수선의 발의 x좌표는 점 B의 x좌표와 같다.

    Hint(3) 점 B에서 x축에 내린 수선의 발의 y좌표는 0이다.

    Hint(4) 점 A와 x축 사이의 거리는 점 A의 y좌표와 같다.

    Hint(5) 네 점의 x좌표의 절댓값은, 네 점과 y축 사이의 거리를 의미한다.

④ 그럼 문제의 답을 찾아라.

A6.

> ① 점과 점 사이의 거리, 수선의 발, 점과 직선 사이의 거리
>
> ② 개념정리하기 참조
>
> ③ 이 문제는 점과 점 사이의 거리, 수선의 발, 점과 직선 사이의 거리에 대한 개념을 알고 있는지 묻는 문제이다. 점 D와 C의 거리는 $\overline{DC}$의 길이와 같다. 점 B에서 x축에 내린 수선의 발의 x좌표는 점 B의 x좌표와 같으며, 수선의 발의 y좌표는 0이다. 또한 점 A와 x축 사이의 거리는 점 A의 y좌표와 같다. 마지막으로 네 점의 x좌표의 절댓값을 비교하면, 네 점과 y축 사이의 거리를 모두 확인할 수 있다.
>
> ④ (1) 7   (2) (3,0)   (3) 3   (4) y축과의 거리가 가장 짧은 점 : D, 가장 긴 점 : C

[정답풀이]

(1) 점 D와 C 사이의 거리는 $\overline{DC}$의 길이와 같으므로 $\overline{DC}=7$이다. (점 D와 C 사이의 칸 수를 세거나 아니면 점 C의 x좌표 5에서 점 D의 x좌표 -2를 빼면 쉽게 $\overline{DC}$의 길이를 구할 수 있다)

(2) 점 B에서 x축에 내린 수선의 발의 x좌표는 점 B의 x좌표와 같으며, 수선의 발의 y좌표는 0이다. 즉, 점 B에서 x축에 내린 수선의 발의 좌표는 (3,0)이 된다.

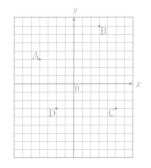

(3) 점 A와 x축 사이의 거리는 점 A의 y좌표와 같으므로 3이 된다.

(4) 네 점의 x좌표의 절댓값은 네 점과 y축 사이의 거리를 의미하므로, y축과의 거리가 가장 짧은 점은 D이며, 가장 긴 점 C이다.

 스스로 유사한 문제를 여러 개 만들어(출제하여) 답을 찾아보시기 바랍니다.

Q7. 다음 직육면체를 보고 물음에 답하여라.

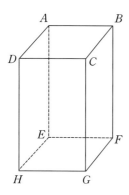

(1) 점 A와 $\overleftrightarrow{CD}$의 위치관계는?

(2) $\overleftrightarrow{AB}$와 $\overleftrightarrow{CD}$의 위치관계는?

(3) $\overleftrightarrow{CD}$와 $\overleftrightarrow{CB}$의 위치관계는?

(4) $\overleftrightarrow{CD}$와 $\overleftrightarrow{BF}$의 위치관계는?

(5) 평면 $ABCD$와 $\overleftrightarrow{DH}$의 위치관계는?

(6) 평면 $ABCD$와 $\overleftrightarrow{HG}$의 위치관계는?

(7) 평면 $EFGH$와 $\overleftrightarrow{EF}$의 위치관계는?

① 이 문제를 풀기 위해 어떤 개념을 알아야 하는가?

② 그 개념을 머릿속에 떠올려 보아라.

③ 문제의 출제의도를 말하고 어떻게 풀지 간단히 설명해 보아라.

④ 그럼 문제의 답을 찾아라.

A7.

① 점, 선, 면의 위치관계

② 개념정리하기 참조

③ 이 문제는 점, 선, 면의 위치관계에 대한 개념을 정확히 알고 있는지 묻는 문제이다. 주어진 점과 직선 그리고 평면의 위치관계를 하나씩 따져 보면 어렵지 않게 답을 찾을 수 있을 것이다. 위치관계가 잘 기억나지 않는다면, 앞의 개념정리하기를 참고하길 바란다.

④ (1) 점 A와 $\overleftrightarrow{CD}$의 위치관계 : 점 A는 $\overleftrightarrow{CD}$ 위에 있지 않다. (밖에 있다)

(2) $\overleftrightarrow{AB}$와 $\overleftrightarrow{CD}$의 위치관계 : 평행 (만나지 않는다)

(3) $\overleftrightarrow{CD}$와 $\overleftrightarrow{CB}$의 위치관계 : 교차 (한 점에서 만난다)

(4) $\overleftrightarrow{CD}$와 $\overleftrightarrow{BF}$의 위치관계 : 꼬인 위치 (만나지도 평행하지도 않다)

(5) 평면 $ABCD$와 $\overleftrightarrow{DH}$의 위치관계 : 한 점에서 만난다.

(6) 평면 $ABCD$와 $\overleftrightarrow{HG}$의 위치관계 : 평행 (만나지 않는다)

(7) 평면 $EFGH$와 $\overleftrightarrow{EF}$의 위치관계 : $\overleftrightarrow{EF}$은 평면 $EFGH$에 포함된다.

※ 참고로 (3)과 (5)의 경우, 수직이기도 하다.

 스스로 유사한 문제를 여러 개 만들어(출제하여) 답을 찾아보시기 바랍니다.

Q8. 다음 그림에서 $l /\!/ m$일 때, $\angle x$, $\angle y$의 크기를 각각 구하여라.

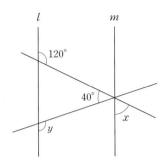

① 이 문제를 풀기 위해 어떤 개념을 알아야 하는가?

② 그 개념을 머릿속에 떠올려 보아라.

③ 문제의 출제의도를 말하고 어떻게 풀지 간단히 설명해 보아라. (잘 모를 경우, 아래 Hint를 보면서 질문의 답을 찾아본다)

    Hint(1) 평행선에서 동위각의 크기는 같다. 120°의 동위각을 찾아본다.

    Hint(2) 120°의 동위각과 $\angle x$의 합은 평각 180°이다.

        ☞ (120°의 동위각)+$\angle x$=180°

    Hint(3) 40°의 맞꼭지각을 $\angle a$라고 놓으면, $\angle a$와 $\angle x$의 합은 $\angle y$의 동위각이 된다.

        ☞ $\angle a + \angle x = \angle y$

④ 그림 문제의 답을 찾아라.

A8.

① 맞꼭지각, 평행선의 동위각

② 개념정리하기 참조

③ 이 문제는 맞꼭지각, 동위각의 개념을 정확히 알고 있는지 그리고 평행선에서 동위각의 크기가 같다는 사실을 이용하여 구하고자 하는 값을 찾을 수 있는지 묻는 문제이다. 120°의 동위각과 $\angle x$의 합이 평각임을 이용하면 쉽게 $\angle x$의 크기를 구할 수 있다. 더불어 40°의 맞꼭지각을 $\angle a$라고 놓으면 $\angle a$=40°가 된다. 여기서 $\angle a$와 $\angle x$의 합이 $\angle y$의 동위각이 되므로, 평행선에서 동위각의 크기가 같다는 사실을 이용하면 손쉽게 $\angle y$의 크기를 구할 수 있다.

④ $\angle x$=60°, $\angle y$=100°

[정답풀이]

120°의 동위각과 $\angle x$의 합이 평각 180°임을 이용하여 $\angle x$의 크기를 구하면 다음과 같다. (평행선에서 동위각의 크기는 같다)

$$120° + \angle x = 180° \;\rightarrow\; \angle x = 60°$$

주어진 각 40°의 맞꼭지각을 $\angle a$라고 놓으면 $\angle a = 40°$가 된다. 여기서 $\angle a$와 $\angle x$의 합이 $\angle y$의 동위각이 되므로, 평행선에서 동위각의 크기가 같다는 사실을 이용하여 $\angle y$의 크기를 구하면 다음과 같다.

$$\angle y = \angle a + \angle x = 40° + 60° = 100°$$

따라서 $\angle x = 60°$, $\angle y = 100°$이다.

 스스로 유사한 문제를 여러 개 만들어(출제하여) 답을 찾아보시기 바랍니다.

Q9. 다음 직선 중 평행선을 모두 찾아라.

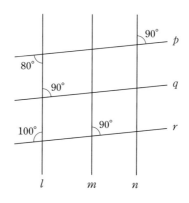

① 이 문제를 풀기 위해 어떤 개념을 알아야 하는가?

② 그 개념을 머릿속에 떠올려 보아라.

③ 문제의 출제의도를 말하고 어떻게 풀지 간단히 설명해 보아라. (잘 모를 경우, 아래 Hint를 보면서 질문의 답을 찾아본다)

    Hint(1) 평각의 원리를 적용하여 주어진 각들의 반대편 각을 모두 구해 본다.

    Hint(2) 세 직선 p, q, r에 의해 만들어진 동위각과 엇각의 크기를 각각 비교해 본다.

    Hint(3) 세 직선 l, m, n에 의해 만들어진 동위각과 엇각의 크기를 각각 비교해 본다.

④ 그럼 문제의 답을 찾아라.

A9.

    ① 평행선과 동위각·엇각의 관계

    ② 개념정리하기 참조

    ③ 이 문제는 평행선과 동위각·엇각의 관계, 즉 어느 두 직선에 의해 만들어진 동위각 또는 엇각의 크기가 같을 때, 두 직선이 평행하다는 원리를 알고 있는지 묻는 문제이다. 일단 평각의 원리를 적용하여 주어진 각들의 반대편 각을 모두 구해본

다. 이제 세 직선 p, q, r(또는 l, m, n)에 의해 만들어진 동위각과 엇각의 크기를 각각 비교하여 서로 같은지 확인하면 어렵지 않게 평행선을 찾을 수 있을 것이다.

④ 두 직선 p, r이 평행하며, 두 직선 m, n이 평행하다.

[정답풀이]

평각의 원리를 적용하면 $\angle a = 100°$, $\angle b = 80°$가 된다. $\angle a$와 직선 r, l의 교각 $100°$는 서로 엇각으로 그 크기가 같다. 즉, 두 직선 p, r은 평행하다. 하지만 $\angle b$와 직선 q, l의 교각 $90°$는 동위각이지만 그 크기가 같지 않다. 따라서 두 직선 q, r은 평행하지 않다. 또한 두 직선 p, r이 서로 평행하다는 것을 알았으므로, $\angle c$의 크기는 직선 p, n의 교각 $90°$와 동위각으로 그 크기가 같다. 그리고 직선 r과 m의 교각 $90°$와 $\angle c$는 서로 동위각으로 그 크기가 같으므로 두 직선 m, n은 평행하다. 하지만 직선 r과 m의 교각 $90°$와 $\angle b$는 동위각이지만 그 크기가 같지 않으므로 두 직선 l, m은 평행하지 않다. 따라서 두 직선 p, r이 평행하며, 두 직선 m, n이 평행하다.

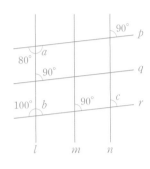

스스로 유사한 문제를 여러 개 만들어(출제하여) 답을 찾아보시기 바랍니다.

Q10. 다음 그림에서 $l /\!/ m$일 때, $\angle x$, $\angle y$, $\angle z$의 크기를 구하여라.

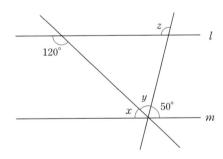

① 이 문제를 풀기 위해 어떤 개념을 알아야 하는가?

② 그 개념을 머릿속에 떠올려 보아라.

③ 문제의 출제의도를 말하고 어떻게 풀지 간단히 설명해 보아라. (잘 모를 경우, 아래 Hint를 보면서 질문의 답을 찾아본다)

    Hint(1) 평행선에서 동위각과 엇각의 크기는 각각(동위각끼리, 엇각끼리) 같다.

    Hint(2) $120°$의 엇각은 $\angle y$와 $50°$를 합한 각이다.

        ☞ ($120°$의 엇각)$= \angle y + 50°$

Hint(3) $\angle x$, $\angle y$, $50°$의 합은 평각으로 $180°$가 된다.

☞ $\angle x + \angle y + 50° = 180°$

Hint(4) $\angle z$의 동위각은 $\angle x$와 $\angle y$를 합한 각이다.

☞ ($\angle z$의 동위각) $= \angle x + \angle y$

④ 그럼 문제의 답을 찾아라.

A10.

① 평행선의 동위각과 엇각

② 개념정리하기 참조

③ 이 문제는 동위각과 엇각의 개념을 알고 있는지 그리고 평행선에서 동위각과 엇각의 크기가 각각(동위각끼리, 엇각끼리) 같다는 것을 이용하여 구하고자 하는 값을 찾을 수 있는지 묻는 문제이다. $120°$의 엇각은 $\angle y$와 $50°$를 합한 각이다. 여기서 우리는 쉽게 $\angle y$의 크기를 구할 수 있다. 더불어 $\angle x$, $\angle y$, $50°$의 합이 평각 $180°$가 되어 $\angle x$의 크기 또한 쉽게 구할 수 있다. 마지막으로 $\angle z$의 동위각은 $\angle x$와 $\angle y$를 합한 각이므로, 평행선에서 동위각의 크기가 같다는 사실로부터 $\angle z$의 크기도 구할 수 있다.

④ $\angle x = 60°$, $\angle y = 70°$, $\angle z = 130°$

[정답풀이]

$120°$의 엇각은 $\angle y$와 $50°$를 합한 각이다. 평행선에서 엇각의 크기는 같으므로 다음이 성립한다.

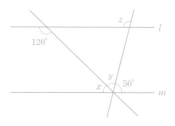

($120°$의 엇각) $= \angle y + 50°$ → $120° = \angle y + 50°$ → $\angle y = 70°$

$\angle x$, $\angle y$, $50°$의 합은 평각으로 $180°$가 된다.

$180° = \angle x + \angle y + 50° = \angle x + 70° + 50°$ → $\angle x = 60°$

$\angle z$의 동위각은 $\angle x$와 $\angle y$를 합한 각이다. 평행선에서 동위각의 크기는 같으므로 다음이 성립한다.

($\angle z$의 동위각) $= \angle x + \angle y$ → $\angle z = \angle x + \angle y = 60° + 70° = 130°$

따라서 $\angle x = 60°$, $\angle y = 70°$, $\angle z = 130°$이다.

 스스로 유사한 문제를 여러 개 만들어(출제하여) 답을 찾아보시기 바랍니다.

Q11. 다음 삼각기둥을 보고 물음에 답하여라.

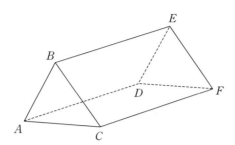

(1) $\overline{AB}$와 평행한 모서리는?

(2) $\overline{AB}$와 꼬인 위치에 있는 모서리는?

(3) 면 ABC와 평행한 모서리는?

(4) 면 ABC와 한 점에서 만나는 모서리는?

① 이 문제를 풀기 위해 어떤 개념을 알아야 하는가?

② 그 개념을 머릿속에 떠올려 보아라.

③ 문제의 출제의도를 말하고 어떻게 풀지 간단히 설명해 보아라.

④ 그럼 문제의 답을 찾아라.

A11.

① 점, 선, 면의 위치관계

② 개념정리하기 참조

③ 이 문제는 점, 선, 면의 위치관계에 대해 정확히 알고 있는지 묻는 문제이다. 주어진 선분과 면을 그림에서 찾아 위치관계를 하나씩 조사해 보면 어렵지 않게 답을 구할 수 있다.

④ (1) $\overline{AB}$와 평행한 모서리 : $\overline{ED}$

(2) $\overline{AB}$와 꼬인 위치에 있는 모서리 : $\overline{EF}$, $\overline{DF}$, $\overline{CF}$

(3) 면 ABC와 평행한 모서리 : $\overline{ED}$, $\overline{DF}$, $\overline{EF}$

(4) 면 ABC와 한 점에서 만나는 모서리 : $\overline{EB}$, $\overline{DA}$, $\overline{FC}$

※ 참고로 임의의 선분 $\overline{AB}$는 $\overline{BA}$와 같다. ($\overline{AB} = \overline{BA}$)

 스스로 유사한 문제를 여러 개 만들어(출제하여) 답을 찾아보시기 바랍니다.

Q12. $\overline{AB}$의 중점을 M, $\overline{BC}$의 중점을 N, $\overline{CD}$의 중점을 L이라고 한다. $\overline{ML}=13\text{cm}$이고 $\overline{AD}=18\text{cm}$일 때, $\overline{NC}$의 길이는 얼마인가?

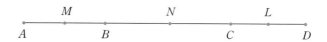

① 이 문제를 풀기 위해 어떤 개념을 알아야 하는가?

② 그 개념을 머릿속에 떠올려 보아라.

③ 문제의 출제의도를 말하고 어떻게 풀지 간단히 설명해 보아라. (잘 모를 경우, 아래 Hint를 보면서 질문의 답을 찾아본다)

　Hint(1) $\overline{AM}=\overline{MB}=a$, $\overline{BN}=\overline{NC}=b$, $\overline{CL}=\overline{LD}=c$라고 놓은 후, $\overline{ML}$의 길이를 a, b, c로 표현해 본다. ($\overline{ML}=13$)

　　　☞ $\overline{ML}=\overline{MB}+\overline{BN}+\overline{NC}+\overline{CL}$ → $\overline{ML}=a+b+b+c=a+2b+c=13$

　Hint(2) $\overline{AD}$의 길이를 a, b, c로 표현해 본다. ($\overline{AD}=18$)

　　　☞ $\overline{AD}=\overline{AB}+\overline{BC}+\overline{CD}=(\overline{AM}+\overline{MB})+(\overline{BN}+\overline{NC})+(\overline{CL}+\overline{LD})$
　　　　$=a+a+b+b+c+c$ → $\overline{AD}=2(a+b+c)=18$

　Hint(3) 등식 $2(a+b+c)=18$의 양변을 2로 나누면 $a+b+c=9$가 된다.

　Hint(4) $\overline{ML}=a+2b+c$의 우변을 $(a+b+c)+b$로 변형해 본다.

　　　☞ $\overline{ML}=a+2b+c$ → $\overline{ML}=a+2b+c=(a+b+c)+b$

④ 그럼 문제의 답을 찾아라.

A12.

① 선분의 중점

② 개념정리하기 참조

③ 이 문제는 선분의 중점의 개념을 정확히 알고 있는지 묻는 문제이다.
　일단 $\overline{AM}=\overline{MB}=a$, $\overline{BN}=\overline{NC}=b$, $\overline{CL}=\overline{LD}=c$라고 놓은 후, $\overline{ML}$과 $\overline{AD}$의 길이를 a, b, c로 표현해 본다. 식을 적당히 정리하면 어렵지 않게 $\overline{NC}(=b)$의 길이를 구할 수 있을 것이다.

④ $\overline{NC}=4\text{cm}$

[정답풀이]

$\overline{AM}=\overline{MB}=a$, $\overline{BN}=\overline{NC}=b$, $\overline{CL}=\overline{LD}=c$라고 놓은 후, $\overline{ML}$의 길이를 a, b, c로 표현해 보면 다음과 같다. ($\overline{ML}=13$)

　$\overline{ML}=\overline{MB}+\overline{BN}+\overline{NC}+\overline{CL}$ → $\overline{ML}=a+b+b+c=a+2b+c=13$

이제 $\overline{AD}$의 길이를 a, b, c로 표현해 보자. ($\overline{AD}=18$)

　$\overline{AD}=\overline{AB}+\overline{BC}+\overline{CD}=(\overline{AM}+\overline{MB})+(\overline{BN}+\overline{NC})+(\overline{CL}+\overline{LD})=a+a+b+b+c+c$

$\rightarrow \overline{AD} = 2(a+b+c) = 18$

등식 $\overline{AB} = 2(a+b+c) = 18$의 양변을 2로 나누면 $a+b+c=9$가 된다. $\overline{ML} = a+2b+c$의 우변을 $(a+b+c)+b$로 변형한 후, $a+b+c=9$를 대입하여 b의 값을 구해보자. ($\overline{ML}=13$)

$\overline{ML} = a+2b+c \rightarrow \overline{ML} = a+2b+c = (a+b+c)+b = 9+b = 13 \rightarrow b=4$

따라서 $\overline{NC} = b = 4$cm이다.

 스스로 유사한 문제를 여러 개 만들어(출제하여) 답을 찾아보시기 바랍니다.

Q13. 공간에 있는 서로 다른 임의의 두 직선 l, m과 임의의 평면 P에 대하여 다음 중 옳지 않은 것을 모두 고르시오.

(1) $l \perp P$이고 $l /\!/ m$이면, $m \perp P$이다.

(2) $l \perp P$이고 $m \perp P$이면, $l /\!/ m$이다.

(3) $l /\!/ P$이고 $m /\!/ P$이면, $l /\!/ m$이다.

(4) $l \perp P$이고 $m /\!/ P$이면, l과 m은 수직이거나 꼬인 위치에 있다.

① 이 문제를 풀기 위해 어떤 개념을 알아야 하는가?

② 그 개념을 머릿속에 떠올려 보아라.

③ 문제의 출제의도를 말하고 어떻게 풀지 간단히 설명해 보아라. (잘 모를 경우, 아래 Hint를 보면서 질문의 답을 찾아본다)

   Hint(1) 〈보기〉의 가정(~이면)에 해당하는 모든 위치관계를 그림으로 표현해 본다.

   Hint(2) 그림을 보면서 〈보기〉의 결론(~이다)과 부합하는지 확인해 본다.

④ 그럼 문제의 답을 찾아라.

A13.

① 점, 선, 면의 위치관계

② 개념정리하기 참조

③ 이 문제는 점, 선, 면의 위치관계를 정확히 알고 있는지 그리고 위치관계를 통해 또 다른 직선과 직선, 직선과 평면의 위치관계를 추론할 수 있는지 묻는 문제이다. 〈보기〉의 가정(~이면)에 해당하는 모든 위치관계를 그림으로 표현한 후, 결론(~이다)에 부합하는지 확인하면 어렵지 않게 답을 찾을 수 있다.

④ (3)

[정답풀이]

〈보기〉의 가정(~이면)에 해당하는 모든 위치관계를 그림으로 표현해 본 후, 〈보기〉의 결론(~이다)에 부합하는지 확인해 보면 다음과 같다.

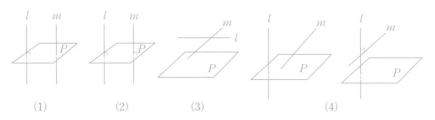

(1) (2) (3) (4)

(1) $l \perp P$이고 $l /\!/ m$이면, $m \perp P$이다. (참)

(2) $l \perp P$이고 $m \perp P$이면, $l /\!/ m$이다. (참)

(3) $l /\!/ P$이고 $m /\!/ P$이면, $l /\!/ m$이다. (거짓) → $l /\!/ P$이고 $m /\!/ P$이면, $l /\!/ m$이 아닐 수도 있다.

(4) $l \perp P$이고 $m /\!/ P$이면, l과 m은 수직이거나 꼬인 위치에 있다. (참)

 스스로 유사한 문제를 여러 개 만들어(출제하여) 답을 찾아보시기 바랍니다.

Q14. 다음 그림에서 $\angle x$의 크기를 구하여라. (단, 직선 l, m은 평행하다)

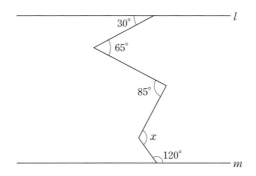

① 이 문제를 풀기 위해 어떤 개념을 알아야 하는가?

② 그 개념을 머릿속에 떠올려 보아라.

③ 문제의 출제의도를 말하고 어떻게 풀지 간단히 설명해 보아라. (잘 모를 경우, 아래
  Hint를 보면서 질문의 답을 찾아본다)

  Hint(1) 직선 l, m과 평행하고 주어진 도형의 꼭짓점(꺾이는 부분)을 지나는 직선(보조선)을
   그어본다.

  Hint(2) 평행선에서 엇각의 크기가 같다는 성질을 이용하여 보조선에 의해 만들어진 엇각의
   크기를 확인해 본다.

④ 그럼 문제의 답을 찾아라.

A14.
  ① 평행선의 엇각
  ② 개념정리하기 참조

③ 이 문제는 평행선에 대한 엇각의 성질을 알고 있는지 그리고 이를 활용하여 구하고자 하는 값을 찾을 수 있는지 묻는 문제이다. 일단 직선 l, m과 평행하고 주어진 도형의 꼭짓점(꺾이는 부분)을 지나는 직선(보조선)을 그어본다. 평행선에서 엇각의 크기가 같다는 성질을 이용하여 위에서부터 하나씩 각의 크기를 구해나가면 어렵지 않게 ∠x의 크기를 찾을 수 있을 것이다.

④ ∠x=110°

[정답풀이]

∠a는 30°의 엇각이므로, ∠a=30°가 된다.

∠a+∠b=65°이므로, ∠b=35°가 된다.

∠b와 ∠c는 엇각으로 그 크기가 같다.

즉, ∠c=35°이다. ∠c+∠d=85°이므로,

∠d=50°가 된다.

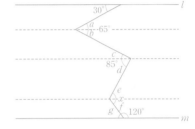

또한 ∠d와 ∠e는 엇각으로 그 크기가 같다.

즉, ∠e=50°이다. 더불어 ∠g와 120°를 합한

각은 평각 180°에 해당하므로 ∠g=60°이다.

∠f와 ∠g는 엇각으로 그 크기가 같다. 즉, ∠f=60°이다. 이제 ∠x의 크기를 구해보자.

∠e+∠f=∠x : ∠e=50°, ∠f=60° → ∠x=110°

 스스로 유사한 문제를 여러 개 만들어(출제하여) 답을 찾아보시기 바랍니다.

Q15. 다음 그림을 보고 〈보기〉 중 옳지 않은 것을 골라라.

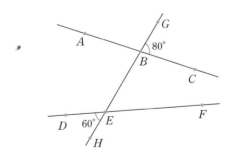

(1) ∠ABE의 크기는 80°이다.

(2) ∠DEB와 ∠CBE는 엇각이다.

(3) ∠ABE의 엇각의 크기는 80°이다.

(4) ∠CBE의 맞꼭지각의 크기는 100°이다.

(5) ∠GBA의 동위각의 크기는 120°이다.

① 이 문제를 풀기 위해 어떤 개념을 알아야 하는가?

② 그 개념을 머릿속에 떠올려 보아라.

③ 문제의 출제의도를 말하고 어떻게 풀지 간단히 설명해 보아라. (잘 모를 경우, 아래 Hint를 보면서 질문의 답을 찾아본다)

> Hint(1) 평행선에서는 동위각과 엇각의 크기가 각각(동위각끼리, 엇각끼리) 같지만, 평행선이 아닌 경우에는 그렇지 않다. (다르다)
>
> Hint(2) 〈보기〉에 주어진 각의 맞꼭지각, 동위각, 엇각을 모두 찾아본다.
>
> Hint(3) 맞꼭지각의 크기는 서로 같다.

④ 그럼 문제의 답을 찾아라.

A15.

> ① 맞꼭지각, 평행선의 동위각과 엇각
>
> ② 개념정리하기 참조
>
> ③ 이 문제는 맞꼭지각, 동위각, 엇각에 대한 총체적인 개념을 알고 있는지 묻는 문제이다. 일단 평행선에서는 동위각과 엇각의 크기가 각각(동위각끼리, 엇각끼리) 같지만, 평행선이 아닌 경우에는 그렇지 않다. 즉, 그 크기가 다르다. 〈보기〉에 주어진 각의 맞꼭지각, 동위각, 엇각을 모두 찾아본 후, 맞꼭지각의 크기가 서로 같다는 사실과 함께 평각의 원리 등을 활용하면 어렵지 않게 정답을 골라 낼 수 있을 것이다.
>
> ④ (3)

[정답풀이]

(1) ∠ABE의 맞꼭지각이 ∠GBC이므로
　그 크기는 80°이다. → 〈보기〉 (1) : (참)

(2) ∠DEB와 ∠CBE는 엇각이 맞다.
　→ 〈보기〉 (2) : (참)

(3) ∠ABE의 엇각은 ∠BEF이다. ∠BEF의 맞꼭지각
　∠DEH의 크기가 60°이므로, ∠BEF의 크기는 60°가 된다.
　→ 〈보기〉 (3) : (거짓)

(4) ∠CBE의 맞꼭지각은 ∠GBA이며, ∠ABC가 평각
　이므로, ∠GBA는 100°가 된다. → 〈보기〉 (4) : (참)

(5) ∠GBA의 동위각은 ∠BED이며 ∠HEB가 평각이므로, ∠BED의 크기는 120°가 된다.
　→ 〈보기〉 (5) : (참)

 스스로 유사한 문제를 여러 개 만들어(출제하여) 답을 찾아보시기 바랍니다.

Q16. 은설이는 다음 그림과 같이 △*ABC*를 작도하려고 한다. △*ABC*가 하나로 결정되기 위해서는 또 다른 조건이 더 필요한데, 그 조건이 무엇인지 말하여라.

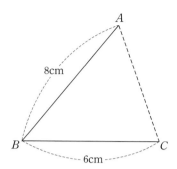

① 이 문제를 풀기 위해 어떤 개념을 알아야 하는가?

② 그 개념을 머릿속에 떠올려 보아라.

③ 문제의 출제의도를 말하고 어떻게 풀지 간단히 설명해 보아라. (잘 모를 경우, 아래 Hint를 보면서 질문의 답을 찾아본다)

　Hint(1) 세 변이 주어지면 하나의 삼각형을 결정할 수 있다.

　Hint(2) 두 변과 그 끼인각이 주어지면 하나의 삼각형을 결정할 수 있다.

④ 그럼 문제의 답을 찾아라.

A16.

① 삼각형의 결정조건(작도조건)

② 개념정리하기 참조

③ 이 문제는 삼각형의 결정조건(작도조건)에 대해 정확히 알고 있는지 묻는 문제이다. 문제에서 $\overline{AB}$와 $\overline{BC}$의 길이가 주어졌으므로, 추가적으로 나머지 한 변($\overline{AC}$)의 길이가 주어지거나 두 변 $\overline{AB}$와 $\overline{BC}$의 끼인각 ∠*ABC*의 크기가 주어지면 하나의 삼각형을 결정할 수 있다.

④ $\overline{AC}$의 길이 또는 ∠*ABC*의 크기

 스스로 유사한 문제를 여러 개 만들어(출제하여) 답을 찾아보시기 바랍니다.

Q17. 두 사각형 $ABCD$와 $FEHG$가 서로 합동($\square ABCD \equiv \square FEHG$)일 때,
(1) $\overline{AD}$의 길이, (2) $\overline{HG}$의 길이, (3) $\angle F$의 크기, (4) $\angle C$의 크기를 각각 구하여라.

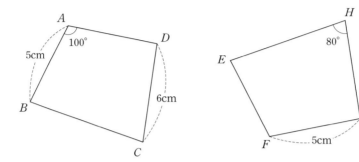

① 이 문제를 풀기 위해 어떤 개념을 알아야 하는가?

② 그 개념을 머릿속에 떠올려 보아라.

③ 문제의 출제의도를 말하고 어떻게 풀지 간단히 설명해 보아라. (잘 모를 경우, 아래
Hint를 보면서 질문의 답을 찾아본다)

   Hint 두 도형의 대응각, 대응변을 찾아 그 크기를 비교해 본다.

④ 그럼 문제의 답을 찾아라.

A17.

① 다각형의 합동

② 개념정리하기 참조

③ 이 문제는 다각형의 합동이 무엇인지 그리고 합동인 도형에서 대응점, 대응각,
대응변을 찾을 수 있는지 묻는 문제이다. 알파벳 순서를 참고하여 주어진 두 도
형의 대응각과 대응변을 찾아 그 크기를 비교하면 쉽게 답을 구할 수 있다. 참고
로 두 도형이 합동일 경우, 대응각 및 대응변의 크기는 서로 같다.

④ (1) 5cm   (2) 6cm   (3) 100°   (4) 80°

[정답풀이]

(1) $\overline{AD}$의 대응변은 $\overline{FG}$이므로 $\overline{AD}$의 길이는 5cm이다.

(2) $\overline{HG}$의 대응변은 $\overline{CD}$이므로 $\overline{HG}$의 길이는 6cm이다.

(3) $\angle F$의 대응각은 $\angle A$이므로 $\angle F$의 크기는 100°이다.

(4) $\angle C$의 대응각은 $\angle H$이므로 $\angle C$의 크기는 80°이다.

 스스로 유사한 문제를 여러 개 만들어(출제하여) 답을 찾아보시기 바랍니다.

Q18. 다음 그림에서 $\angle ABC=\angle DCB$, $\angle ECB=\angle EBC$, $\overline{AE}=\overline{DE}$일 때, 〈보기〉 중 틀린 것을 고르시오.

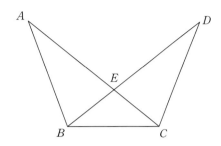

(1) $\triangle ABC$와 $\triangle DCB$는 ASA합동이다.

(2) $\angle A=\angle D$이다.

(3) 두 삼각형 $\triangle ABC$와 $\triangle DCB$에 대하여 $\overline{AC}$의 대응변은 $\overline{BD}$이다.

(4) $\triangle ABE$와 $\triangle DCE$는 SSS합동이다.

① 이 문제를 풀기 위해 어떤 개념을 알아야 하는가?

② 그 개념을 머릿속에 떠올려 보아라.

③ 문제의 출제의도를 말하고 어떻게 풀지 간단히 설명해 보아라. (잘 모를 경우, 아래 Hint를 보면서 질문의 답을 찾아본다)

　　Hint(1) 두 삼각형 $\triangle ABC$와 $\triangle DCB$는 밑변 $\overline{BC}$를 공유하고 있다.

　　Hint(2) 대응하는 한 변의 길이와 그 변의 양끝각의 크기가 같을 때, 두 삼각형은 ASA합동이다. ($\triangle ABC$와 $\triangle DCB$가 ASA합동인지 확인해 본다)

　　Hint(3) 두 삼각형 $\triangle ABC$와 $\triangle DCB$가 합동이면, $\angle A=\angle D$(대응각)가 된다.

　　Hint(4) 합동 및 대응변·대응각을 표시할 때, 대응점의 순서(알파벳 순서)를 맞추어야 한다.

　　Hint(5) 두 각 $\angle AEB$와 $\angle DEC$는 맞꼭지각으로 그 크기가 같다.

　　Hint(6) $\triangle ABE$와 $\triangle DCE$에 대하여 $\angle A=\angle D$, $\angle AEB=\angle DEC$, $\overline{AE}=\overline{DE}$가 되어, 두 삼각형 $\triangle ABE$와 $\triangle DCE$는 합동이다.

　　Hint(7) 주어진 내용을 통해서는 $\overline{BE}$와 $\overline{CE}$가 같은지는 알 수 없다.

④ 그럼 문제의 답을 찾아라.

A18.
① 삼각형의 합동

② 개념정리하기 참조

③ 이 문제는 삼각형의 합동에 대해 전반적으로 알고 있는지 묻는 문제이다. 두 쌍

의 삼각형 △ABC, △DCB 그리고 △ABE, △DCE에 대한 합동조건을 찾아 각각 어떤 합동인지 확인해 보면 어렵지 않게 답을 구할 수 있다. 참고로 합동 및 대응변·대응각을 표시할 때 대응점의 순서(알파벳 순서)를 맞추어야 한다.

④ (3), (4)

[정답풀이]

두 삼각형 △ABC와 △DCB의 합동여부를 조사해 보면 다음과 같다.

△ABC와 △DCB : 밑변 $\overline{BC}$는 공통이며, $\overline{BC}$의 양끝각의 크기는 같다.

$$(\angle ABC = \angle DCB,\ \angle ECB = \angle EBC)$$

$$\rightarrow\ \triangle ABC와\ \triangle DCB는\ ASA합동이다.$$

(1) △ABC와 △DCB는 ASA합동이다. → (참)

(2) ∠A=∠D이다. (대응각) → (참)

합동 및 대응변·대응각을 표시할 때 대응점의 순서(알파벳 순서)를 맞추어야 한다.

즉, 두 삼각형 △ABC와 △DCB에 대하여 $\overline{AC}$의 대응변은 $\overline{BD}$가 아니라 $\overline{DB}$가 되어야 맞다.

(3) 두 삼각형 △ABC와 △DCB에 대하여 $\overline{AC}$의 대응변은 $\overline{BD}$이다. → (거짓)

두 삼각형 △ABE와 △DCE의 합동여부를 조사해 보면 다음과 같다.

△ABC와 △DCE : ∠A=∠D, ∠AEB=∠DEC(맞꼭지각), $\overline{AE}=\overline{DE}$

$$\rightarrow\ \triangle ABC와\ \triangle DCE는\ ASA합동이다.$$

주어진 내용을 통해서는 △ABE와 △DCE에 대하여 $\overline{BE}$와 $\overline{CE}$가 서로 같은지 알 수 없다.

즉, 두 삼각형 △ABE와 △DCE가 SSS합동이라고 볼 수 없다.

(5) △ABE와 △DCE는 SSS합동이다. → (거짓)

 스스로 유사한 문제를 여러 개 만들어(출제하여) 답을 찾아보시기 바랍니다.

Q19. 그림을 보고 다음 두 삼각형과 선분의 관계를 말하여라.

(1) 두 삼각형 △ABC와 △EDC의 관계

(2) 두 선분 $\overline{AB}$와 $\overline{DE}$의 위치관계

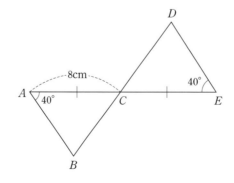

① 이 문제를 풀기 위해 어떤 개념을 알아야 하는가?

② 그 개념을 머릿속에 떠올려 보아라.

③ 문제의 출제의도를 말하고 어떻게 풀지 간단히 설명해 보아라. (잘 모를 경우, 아래 Hint를 보면서 질문의 답을 찾아본다)

Hint(1) $\angle ACB$와 $\angle ECD$는 맞꼭지각으로 그 크기가 같다.
☞ $\angle ACB = \angle ECD$(맞꼭지각)

Hint(2) $\triangle ABC$와 $\triangle EDC$가 합동인지 확인해 본다.
☞ $\triangle ABC \equiv \triangle EDC$: $\overline{AC} = \overline{EC}$, $\angle A = \angle E$, $\angle ACB = \angle ECD$(맞꼭지각)

Hint(3) $\angle A$와 $\angle E$는 엇각으로 그 크기가 같다.
☞ $\angle A = \angle E = 40°$

Hint(4) 어떤 두 직선(또는 선분)에 의해 만들어진 엇각의 크기가 같으면, 두 직선(또는 선분)은 평행하다.

④ 그럼 문제의 답을 찾아라.

A19.

① 삼각형의 합동, 맞꼭지각, 평행선과 엇각의 관계

② 개념정리하기 참조

③ 이 문제는 삼각형의 합동 및 평행선과 엇각의 관계에 대해 알고 있는지 묻는 문제이다. 일단 세 조건 $\overline{AC} = \overline{EC} = 8$cm, $\angle A = \angle E = 40°$ 및 $\angle ACB = \angle ECD$ (맞꼭지각)로부터 어렵지 않게 두 삼각형 $\triangle ABC$와 $\triangle EDC$의 합동여부를 확인할 수 있다. 더불어 두 각 $\angle A$, $\angle E$의 위치관계(엇각)와 그 크기로부터 어렵지 않게 두 선분 $\overline{AB}$와 $\overline{DE}$의 위치관계를 확인할 수 있다.

④ (1) $\triangle ABC$와 $\triangle EDC$: ASA합동 　(2) $\overline{AB}$와 $\overline{DE}$: 평행

[정답풀이]

두 각 $\angle ACB$와 $\angle ECD$는 맞꼭지각으로 그 크기가 같다.
　$\angle ACB = \angle ECD$(맞꼭지각)
문제에서 $\overline{AC} = \overline{EC} = 8$cm, $\angle A = \angle E$라고 했으므로, $\triangle ABC$와 $\triangle EDC$는 서로 합동이다.
　$\triangle ABC \equiv \triangle EDC$: $\overline{AC} = \overline{EC}$, $\angle A = \angle E$, $\angle ACB = \angle ECD$(맞꼭지각) → ASA합동
두 각 $\angle A$와 $\angle E$는 엇각으로 그 크기가 같다.
　$\angle A = \angle E = 40°$
어떤 두 직선(또는 선분)에 의해 만들어진 엇각의 크기가 같으면, 두 직선(또는 선분)은 평행하다.
즉, 두 선분 $\overline{AB}$와 $\overline{DE}$는 평행하다.

 스스로 유사한 문제를 여러 개 만들어(출제하여) 답을 찾아보시기 바랍니다.

Q20. 다음 $\triangle ABC$가 정삼각형이고, $\overline{DB}=\overline{EC}=\overline{FA}$일 때, $\angle EDF$의 크기를 구하여라.

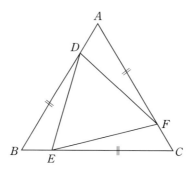

① 이 문제를 풀기 위해 어떤 개념을 알아야 하는가?

② 그 개념을 머릿속에 떠올려 보아라.

③ 문제의 출제의도를 말하고 어떻게 풀지 간단히 설명해 보아라. (잘 모를 경우, 아래 Hint를 보면서 질문의 답을 찾아본다)

    Hint(1) $\triangle ABC$가 정삼각형이라고 했으므로 $\angle A=\angle B=\angle C=60°$이며, $\overline{AB}=\overline{BC}=\overline{CA}$이다.

    Hint(2) $\overline{DB}=\overline{EC}=\overline{FA}$라고 했으므로, $\overline{AD}=\overline{BE}=\overline{CF}=(\overline{AB}-\overline{BD})$이다.

    Hint(3) 세 삼각형 $\triangle DBE$, $\triangle ECF$, $\triangle FAD$가 합동인지 확인해 본다.

    Hint(4) $\triangle DEF$가 어떤 삼각형인지 생각해 본다.

④ 그럼 문제의 답을 찾아라.

A20.

> ① 삼각형의 합동
>
> ② 개념정리하기 참조
>
> ③ 이 문제는 삼각형의 합동을 활용하여 구하고자 하는 값을 찾을 수 있는지 묻는 문제이다. 일단 주어진 내용으로부터 세 삼각형 $\triangle DBE$, $\triangle ECF$, $\triangle FAD$의 합동여부를 확인한 후, $\triangle DEF$가 어떤 삼각형인지 알아본다. 만약 $\triangle DEF$가 정삼각형일 경우, 쉽게 $\angle EDF$의 크기를 구할 수 있을 것이다.
>
> ④ $\angle EDF=60°$

[정답풀이]

문제에서 $\triangle ABC$가 정삼각형이라고 했으므로 $\angle A=\angle B=\angle C=60°$이고, $\overline{AB}=\overline{BC}=\overline{CA}$이다.

    $\triangle ABC$: 정삼각형 $\rightarrow$ $\angle A=\angle B=\angle C=60°$, $\overline{AB}=\overline{BC}=\overline{CA}$

$\overline{DB}=\overline{EC}=\overline{FA}$라고 했으므로, $\overline{AD}=\overline{BE}=\overline{CF}=(\overline{AB}-\overline{BD})$이다. 세 삼각형 $\triangle DBE$, $\triangle ECF$, $\triangle FAD$의 합동여부를 확인하면 다음과 같다.

    세 삼각형 $\triangle DBE$, $\triangle ECF$, $\triangle FAD$

: $\angle A = \angle B = \angle C = 60°$, $\overline{DB} = \overline{EC} = \overline{AF}$, $\overline{AD} = \overline{BE} = \overline{CF} = (\overline{AB} - \overline{BD})$ → ASA합동

세 삼각형 $\triangle DBE$, $\triangle ECF$, $\triangle FAD$가 합동이므로 $\overline{DE} = \overline{EF} = \overline{FD}$가 되어 $\triangle DEF$는 정삼각형이 된다. 따라서 $\triangle DEF$의 한 내각 $\angle EDF = 60°$이다.

 스스로 유사한 문제를 여러 개 만들어(출제하여) 답을 찾아보시기 바랍니다.

심화학습

★ 개념의 이해도가 충분하지 않다면, 일단 PASS하시기 바랍니다. 그리고 개념정리가 마무리 되었을 때 심화학습 내용을 따로 읽어보는 것을 권장합니다.

Q1. $\angle AOB = \dfrac{1}{3}\angle DOE$이고 $\angle BOC = \dfrac{1}{3}\angle COD$일 때, $\angle AOG$의 크기를 구하여라.

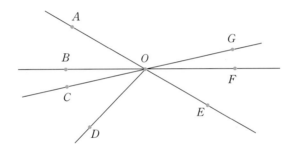

① 이 문제를 풀기 위해 어떤 개념을 알아야 하는가?

② 그 개념을 머릿속에 떠올려 보아라.

③ 문제의 출제의도를 말하고 어떻게 풀지 간단히 설명해 보아라. (잘 모를 경우, 아래 Hint를 보면서 질문의 답을 찾아본다)

Hint(1) $\angle AOB = \angle a$, $\angle BOC = \angle b$로 놓은 후, 주어진 등식을 $\angle DOE$와 $\angle COD$에 관하여 풀어 본다.

☞ $\angle AOB = \dfrac{1}{3}\angle DOE \rightarrow \angle a = \dfrac{1}{3}\angle DOE \rightarrow \angle DOE = 3\angle a$

$\angle BOC = \dfrac{1}{3}\angle COD \rightarrow \angle b = \dfrac{1}{3}\angle COD \rightarrow \angle COD = 3\angle b$

Hint(2) $\angle AOE$(평각)를 $\angle a$와 $\angle b$에 관한 식으로 표현해 본다.

☞ $\angle AOE = \angle AOB + \angle BOC + \angle COD + \angle DOE = 180°$(평각)

$\rightarrow \angle AOE = \angle a + \angle b + 3\angle a + 3\angle b = 4(\angle a + \angle b) = 180°$

Hint(3) $\angle AOG$와 $\angle COE$는 맞꼭지각으로 그 크기가 같다.

☞ $\angle AOG = \angle COE = \angle COD + \angle DOE = 3\angle b + 3\angle a = 3(\angle a + \angle b)$

④ 그럼 문제의 답을 찾아라.

A1.

① 맞꼭지각, 평각

② 개념정리하기 참조

③ 이 문제는 평각과 맞꼭지각의 개념을 정확히 알고 있는지 묻는 문제이다.

일단 $\angle AOB = \angle a$, $\angle BOC = \angle b$로 놓은 후, 주어진 등식을 $\angle DOE$와 $\angle COD$에 관하여 풀어본다. 더불어 $\angle AOE$(평각)를 $\angle a$와 $\angle b$에 관한 식으로 표현해 본다. 여기에 $\angle AOG$와 $\angle COE$가 맞꼭지각으로 그 크기가 같다는 사실을 적용하면 어렵지 않게 답을 구할 수 있을 것이다.

④ $135°$

[정답풀이]

$\angle AOB = \angle a$, $\angle BOC = \angle b$로 놓은 후, 주어진 등식을 $\angle DOE$와 $\angle COD$에 관하여 풀어보면 다음과 같다.

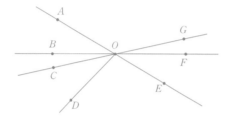

$$\angle AOB = \frac{1}{3}\angle DOE \rightarrow \angle a = \frac{1}{3}\angle DOE \rightarrow \angle DOE = 3\angle a$$

$$\angle BOC = \frac{1}{3}\angle COD \rightarrow \angle b = \frac{1}{3}\angle COD \rightarrow \angle COD = 3\angle b$$

$\angle AOE$(평각)를 $\angle a$와 $\angle b$에 관한 식으로 표현해 본다.

$$\angle AOE = \angle AOB + \angle BOC + \angle COD + \angle DOE = 180°(평각)$$

$$\rightarrow \angle AOE = \angle a + \angle b + 3\angle a + 3\angle b = 4(\angle a + \angle b) = 180°$$

등식을 정리하면 $\angle a + \angle b = 45°$가 된다. 여기에 $\angle AOG$와 $\angle COE$는 맞꼭지각으로 그 크기가 같다는 사실을 적용하여 $\angle AOG$의 크기를 구하면 다음과 같다.

$$\angle AOG = \angle COE(맞꼭지각)$$

$$\angle AOG = \angle COE = \angle COD + \angle DOE = 3\angle a + 3\angle b = 3(\angle a + \angle b) = 3 \times 45° = 135°$$

따라서 $\angle AOG = 135°$이다.

 스스로 유사한 문제를 여러 개 만들어(출제하여) 답을 찾아보시기 바랍니다.

Q2. $\angle FAB=25°$이고 $\angle ABC=75°$이며, $\angle CDE=110°$이다. $\angle BCE=3\angle ECD$일 때, $\angle ECD$의 크기를 구하여라.

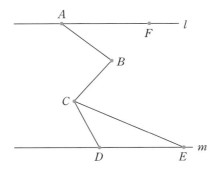

① 이 문제를 풀기 위해 어떤 개념을 알아야 하는가?

② 그 개념을 머릿속에 떠올려 보아라.

③ 문제의 출제의도를 말하고 어떻게 풀지 간단히 설명해 보아라. (잘 모를 경우, 아래 Hint를 보면서 질문의 답을 찾아본다)

> **Hint(1)** 주어진 각을 도형에 표시해 본다.
>
> **Hint(2)** $\angle CDE=110°$라고 했으므로, 평각의 원리로부터 그 반대각의 크기는 70°가 된다.
>
> **Hint(3)** 도형의 각 꼭짓점(꺾이는 부분)을 지나고 직선 l, m에 평행한 직선(보조선)을 그어 평행선의 엇각을 찾아본다.
>
> **Hint(4)** 구하고자 하는 각 $\angle ECD=\angle x$로 놓은 후, $\angle BCE=3\angle ECD$를 x에 관한 방정식으로 변형해 본다.

④ 그럼 문제의 답을 찾아라.

A2.

① 평각, 평행선의 엇각

② 개념정리하기 참조

③ 이 문제는 평각 및 평행선의 엇각에 대한 개념을 정확히 알고 있는지 그리고 이를 도형에 적용할 수 있는지 묻는 문제이다. 일단 주어진 각을 도형에 표시해 본다. $\angle CDE=110°$이라고 했으므로, 평각의 원리로부터 그 반대각의 크기는 70°가 된다. 더불어 도형의 각 꼭짓점(꺾이는 부분)을 지나고 직선 l, m에 평행한 직선(보조선)을 그어, 평행선의 엇각을 모두 찾아본다. 구하고자 하는 각 $\angle ECD=\angle x$로 놓고, 주어진 조건 $\angle BCE=3\angle ECD$를 x에 관한 방정식으로 변형하면 쉽게 답을 구할 수 있을 것이다.

④ $\angle ECD=30°$

[정답풀이]

일단 주어진 각을 도형에 표시해 보자. ∠CDE=110°이라고 했으므로, 평각의 원리로부터 그 반대각의 크기는 70°가 된다. 더불어 도형의 각 꼭짓점(꺾이는 부분)을 지나고 직선 l, m에 평행한 직선(보조선)을 그어 엇각의 크기가 같은 것을 모두 찾아 표시해 보면 다음과 같다. 편의상 구하고자 하는 각 ∠ECD=∠x로 놓기로 하자.

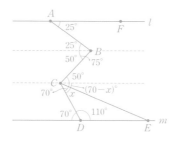

이제 주어진 조건 ∠BCE=3∠ECD로부터 x에 대한 방정식을 도출하면 다음과 같다.

∠BCE=3∠ECD=3x=50°+(70−x)°

방정식을 풀면 4x=120°가 되어 x=30°이다. 따라서 구하고자 하는 각 ∠ECD=30°가 된다.

 스스로 유사한 문제를 여러 개 만들어(출제하여) 답을 찾아보시기 바랍니다.

Q3. △ABC와 △ADE가 정삼각형이고, ∠DAC=15°일 때, ∠DEC의 크기를 구하여라.

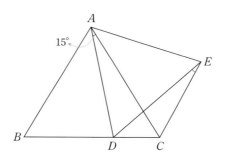

① 이 문제를 풀기 위해 어떤 개념을 알아야 하는가?

② 그 개념을 머릿속에 떠올려 보아라.

③ 문제의 출제의도를 말하고 어떻게 풀지 간단히 설명해 보아라. (잘 모를 경우, 아래 Hint를 보면서 질문의 답을 찾아본다)

Hint(1) 서로 합동인 삼각형을 찾아본다.

Hint(2) △ABD와 합동인 삼각형을 찾아본다.

Hint(3) $\overline{AB}$=$\overline{AC}$, $\overline{AD}$=$\overline{AE}$이다.

Hint(4) ∠BAD=∠BAC−∠DAC=60°−15°=45°이다. (△ABC는 정삼각형이다)

Hint(5) $\angle EAC = \angle EAD - \angle CAD = 60° - 15° = 45°$이다. ($\triangle ADE$는 정삼각형이다)

Hint(6) $\triangle ABD$와 $\triangle ACE$가 서로 합동인지 확인해 본다.

Hint(7) $\triangle ABD$와 $\triangle ACE$의 내각을 모두 구해 본다.

Hint(8) $\angle DEC = \angle AEC - \angle AED$이다.

④ 그림 문제의 답을 찾아라.

A3.

① 삼각형의 합동

② 개념정리하기 참조

③ 이 문제는 합동인 삼각형으로부터 구하고자 하는 각의 크기를 찾는 문제이다. $\triangle ABC$와 $\triangle ADE$가 정삼각형이고 $\triangle DAC = 15°$라고 했으므로, $\overline{AB} = \overline{AC}$, $\overline{AD} = \overline{AE}$, $\angle BAD = \angle EAC$가 되어 $\triangle ABD$와 $\triangle ACE$는 합동이다. 삼각형의 내각의 합이 $180°$라는 사실을 활용하여 $\triangle ABD$와 $\triangle ACE$의 내각을 모두 구하면 어렵지 않게 답을 구할 수 있을 것이다.

④ $15°$

[정답풀이]

$\triangle ABC$와 $\triangle ADE$가 정삼각형이고 $\triangle DAC = 15°$이라고 했으므로, $\overline{AB} = \overline{AC}$, $\overline{AD} = \overline{AE}$, $\angle BAD = \angle EAC$(아래 참조)가 되어 $\triangle ABD$와 $\triangle ACE$는 합동이다.

$\quad \angle BAD = \angle BAC - \angle DAC = 60° - 15° = 45°$, $\quad \angle EAC = \angle EAD - \angle CAD = 60° - 15° = 45°$

삼각형의 내각의 합이 $180°$라는 사실을 활용하여 $\triangle ABD$와 $\triangle ACE$의 내각을 모두 구해보자.

$\quad \triangle ABD$의 내각 : $\angle B = 60°$, $\angle BAD = 45°$, $\angle ADB = 75°$

$\quad \triangle ACE$의 내각 : $\angle ACE = 60°$, $\angle EAC = 45°$, $\angle AEC = 75°$

$\angle DEC = \angle AEC - \angle AED$이므로 구하고자 하는 각 $\angle DEC$의 크기는 다음과 같다.

$\quad \angle DEC = \angle AEC - \angle AED = 75° - 60° = 15°$

 스스로 유사한 문제를 여러 개 만들어(출제하여) 답을 찾아보시기 바랍니다.

VII

평면도형

1 평면도형

■학습 방식

본문의 내용을 '천천히', '생각하면서' 끝까지 읽어봅니다. (2~3회 읽기)

① 1차 목표 : 개념의 내용을 정확히 파악합니다. (다각형의 성질, 부채꼴의 정의와 그 계산)

② 2차 목표 : 개념의 숨은 의미를 스스로 찾아가면서 읽습니다.

1 다각형

벌집은 왜 육각형 구조일까요?

그림에서 보는 바와 같이 벌집은 여러 개의 육각형이 빈틈없이 서로 맞물려 있는 구조입니다. 그 두께가 약 0.1mm임에도 불구하고, 집 자체 중량의 약 30배에 달하는 꿀을 저장할 수 있다고 하네요. 벌집이 이렇게 튼튼한 이유 중 하나는 바로 육각형 구조로 지어졌기 때문입니다. 평면도형의 경우, 변의 개수가 많으면 많을수록 내·외부로부터 받는 압력을 각각의 변으로 분산시킬 수 있기 때문에 삼각형, 사각형 구조보다는 육각형 구조가 더 튼튼한 것입니다. 그렇다면 팔각형, 십각형, ... 아니 변의 개수가 무한대라고 볼 수 있는 원의 형태로 벌집을 짓게 되면 훨씬 더 튼튼하지 않을까요?

벌집모양이 육각형이 아닌 팔각형, 십각형, ... , 원형이면 어떨까?

| 팔각형 | 십각형 | 원 |

 잠시 질문의 답을 스스로 찾아보는 시간을 가져보세요.

　개별적인 도형으로만 따져 본다면, 마냥 틀린 말은 아닐 것입니다. 일반적으로 수학자들은 원을 가장 완벽한 모양의 도형이라고 생각하거든요. 하지만 여러 개의 원이 서로 맞물려 있게 되면 오히려 가장 불안정한 상태가 됩니다. 그 이유는 바로 원과 원 사이에 생기는 틈 때문이죠.

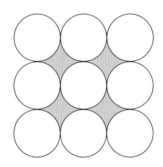

　원의 형태에 가장 가까우면서도 공간의 낭비가 없는, 즉 서로 맞물려 틈이 생기지 않는 도형이 바로 육각형입니다. 정확히 말하면 정육각형이 되겠죠? 여기서 잠깐! 원의 형태에 가까우면서도 공간의 낭비가 없는 도형이 육각형 밖에 없을까요?

　　　　　원 형태에 가까우면서도 공간의 낭비가 없는 도형이라...?

　갑자기 정팔각형, 정십각형, 정십이각형, ... 등은 왜 안 되는지 궁금해지는군요.

 잠시 질문의 답을 스스로 찾아보는 시간을 가져보세요.

　물론 정팔각형, 정십각형, 정십이각형, ... 등이 정육각형보다 원의 형태에 더 가까운 것은 사실입니다. 하지만 이들은 공간의 낭비가 없는 도형, 즉 서로 맞물려 틈이 생기지 않는 도형이라고 말할 수 없습니다. 다음 그림에서 보는 바와 같이 공간을 빈틈없이 채울 수 있는 도형(정다각형)은 정삼각형, 정사각형 그리고 정육각형뿐이거든요.

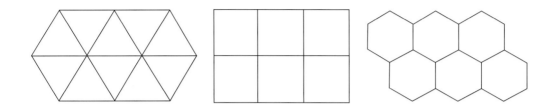

그 이유에 대해서는 뒤쪽에서 자세히 다루도록 하겠습니다. **벌집을 튼튼하게 짓기 위한 것 외에도, 벌집이 육각형인 이유는 또 하나 있습니다.** 과연 그것이 무엇일까요?

 잠시 질문의 답을 스스로 찾아보는 시간을 가져보세요.

조금 어렵나요? 힌트를 드리겠습니다.

벌들은 좁은 공간에 최대한 많은 꿀을 저장하고 싶어합니다.

감이 좀 오시나요? 여기서 우리는 정삼각형, 정사각형 그리고 정육각형 중 꿀을 가장 많이 채울 수 있는 구조가 무엇인지 생각해 봐야할 것입니다. 일반적으로 꿀은 점성이 짙은 액체이기 때문에, 어떤 공간 내에서 물방울처럼 채워집니다. 그럼 다음 그림과 같이 삼각형, 사각형, 육각형 구조 속에 벌꿀을 한 방울씩 채워보도록 하겠습니다.

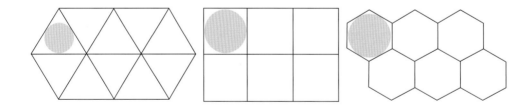

어떠세요? 이제 퀴즈의 답을 찾으셨나요? 그렇습니다. 벌집이 육각형인 또 다른 이유는, 바로 공간을 빈틈없이 채울 수 있으면서도 가장 많은 꿀을 저장할 수 있는 구조이기 때문입니다. 과연 벌들은 이러한 육각구조의 비밀(수학적 원리)을 처음부터 알고 있었던 것일까요? 그렇지는 않았겠죠? 아마도 수십 만 년에 걸친 생존기간 동안 자연스럽게 벌집이 육각구조로 진화했을 가능성이 큽니다.

육각형의 원리는 벌집에만 해당되는 것은 아닙니다. 자연계에는 육각형 구조를 지닌 것들이 여럿 있는데요. 그 가운데 하나가 바로 눈[雪]입니다. 돋보기로 눈송이를 자세히 관찰해 보면 그 결정모양이 대부분 육각형이라는 사실을 쉽게 확인할 수 있을 것입니다. 사실 눈의 성분은 100% 물이며, 물 분자가 안정적으로 배열해 얼어붙은 것을 눈이라고 칭합니다.

눈의 결정모양이 육각형 구조인 것을 보면, 물 분자가 가장 안정적으로 배열된 형태가 바로 육각형이라는 것을 짐작할 수 있습니다. 여러분~ 혹시 '육각수'라는 용어를 들어본 적이 있으십니까? 물 분자가 육각고리 형태로 배열된 물을 이른바 육각수라고 부릅니다.

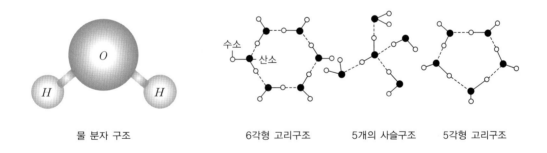

물 분자 구조   6각형 고리구조   5개의 사슬구조   5각형 고리구조

그렇다면 왜 물 분자가 육각형으로 배열될 때 가장 안정할까요?

이는 물 분자끼리 수소 결합을 하고 있기 때문입니다. 음... 너무 깊숙이 들어갔네요. 세부적인 내용은 고등학교 과학시간에 배우게 될 것입니다. 여하튼 우리 주변에 이러한 육각형 물질이 많다는 것으로부터, 자연은 억지로 만들지 않아도 가장 안정된 형태를 스스로 찾아간다는 섭리를 배울 수 있습니다.

육각형과 같이 여러 개의 선분으로 둘러싸인 평면도형을 '다각형'이라고 부릅니다.

다각형

여러 개의 선분으로 둘러싸인 평면도형을 다각형이라고 정의합니다. 선분의 개수가 3개, 4개, ..., n개인 다각형을 각각 삼각형, 사각형, ..., n각형이라고 부르며, 다각형의 각 선분을 다각형의 변, 선분의 끝점을 다각형의 꼭짓점이라고 칭합니다.

다음 그림을 보면 이해하기가 한결 수월할 것입니다.

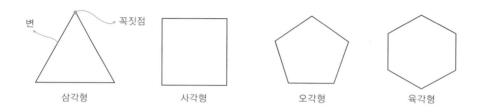

삼각형   사각형   오각형   육각형

여기까지는 다들 알고 있는 내용이라고요? 이번엔 다각형의 각에 대한 개념을 살펴보도록 하겠습니다.

다각형의 내각과 외각

다각형에서 이웃하는 두 변으로 이루어진 각, 즉 다각형 내부에 있는 각을 다각형의 내각이라고 말하며, 다각형의 각 꼭짓점에 이웃하는 두 변 중 한 변과 다른 한 변의 연장선이 이루는 각을 다각형의 외각이라고 부릅니다.

내각과 외각? 조금 생소한 용어인가요? 음... 처음 듣는 개념이라 잘 이해가 되지 않을 수도 있습니다. 하지만 다음 그림을 보면 이해하기가 한결 수월할 것입니다.

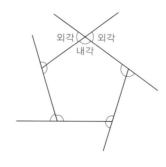

참고로 다각형의 외각은 내각(꼭짓점)별로 각각 2개씩 존재하며, 그림에서 보는 바와 같이 2개의 외각은 맞꼭지각으로 그 크기가 서로 같습니다. 더불어 다각형의 한 꼭짓점에 대한 내각

과 외각(1개)의 합은 평각(180°)이 된다는 사실도 함께 기억하시기 바랍니다.

다음 그림을 보고 물음에 해당하는 것을 기호로 답해보십시오.

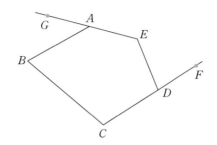

① 변 $\overline{AE}$와 변 $\overline{ED}$가 이루는 내각은?
② 내각 ∠EDC와 ∠BAE의 외각은?

 잠시 질문의 답을 스스로 찾아보는 시간을 가져보세요.

어렵지 않죠? 내각과 외각의 정의만 제대로 알고 있으면 쉽게 해결할 수 있는 문제입니다.

① ∠E(또는 ∠AED, ∠DEA)
② ∠EDC의 외각 : ∠FDE(또는 ∠EDF), ∠BAE의 외각 : ∠GAB(또는 ∠BAG)

여러분~ 대각선이 뭐죠? 음... 뭔지는 아는데, 정작 말을 하려고 하니까 입이 잘 떨어지지 않는다고요? 너무 걱정하지 마세요~ 교과서나 인터넷 등을 찾아보면 쉽게 대각선의 정의를 확인할 수 있으니까요.

대각선 : 다각형에서 서로 이웃하지 않은 두 꼭짓점을 이은 선분

그렇다면 n각형의 한 꼭짓점에서 그을 수 있는 대각선의 개수는 최대 몇 개일까요?

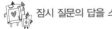 잠시 질문의 답을 스스로 찾아보는 시간을 가져보세요.

일단 삼각형, 사각형, 오각형, 육각형의 한 꼭짓점에서 그을 수 있는 대각선의 개수를 각각 확인해 보도록 하겠습니다.

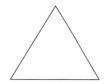 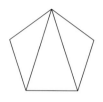

그림에서 보다시피 삼각형, 사각형, 오각형, 육각형의 한 꼭짓점에서 그을 수 있는 대각선의 개수는 각각 삼각형 0개, 사각형 1개, 오각형 2개, 육각형 3개입니다. 이제 n각형의 한 꼭짓점에서 그을 수 있는 대각선의 개수가 얼마인지 추론해 보는 시간을 갖겠습니다.

삼각형 0개, 사각형 1개, 오각형 2개, 육각형 3개, ... → n각형의 대각선의 개수 : $(n-3)$개

어렵지 않죠? 이번엔 n각형의 대각선의 총 개수가 몇 개인지 따져 보겠습니다. 우선 n각형에는 n개의 꼭짓점이 존재합니다. 그리고 앞서 살펴본 바와 같이 한 꼭짓점에서 그을 수 있는 대각선의 개수는 $(n-3)$개입니다. 그렇죠? 즉, n각형의 n개의 꼭짓점에서 그을 수 있는 대각선의 총 개수를 단순 곱셈식으로 정리하면 $n \times (n-3)$개가 된다는 말입니다.

n각형의 대각선의 총 개수가 $n \times (n-3)$개라고...?

 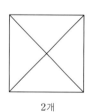  

| 0개 | 2개 | 5개 | 9개 |

뭔가 좀 이상하죠?

 잠시 질문의 답을 스스로 찾아보는 시간을 가져보세요.

사각형 $ABCD$의 경우, 꼭짓점 A에서 꼭짓점 C로 그은 대각선과 꼭짓점 C에서 꼭짓점 A로 그은 대각선은 서로 동일한 대각선입니다. 즉, 단순 곱셈식으로 계산된 n각형의 대각선 $n \times (n-3)$개 중 절반은 중복된 것이라는 말할 수 있습니다. 따라서 실제 대각선의 개수를 셀 때에는 중복된 대각선을 제외해야 합니다. 다시 말해서, $n \times (n-3)$의 절반인 $\dfrac{n(n-3)}{2}$개가 바로 n각형의 대각선의 총 개수가 된다는 뜻입니다. 이해가 되시나요?

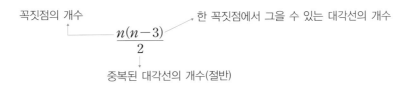

꼭짓점의 개수 · · · · · · · · · · 한 꼭짓점에서 그을 수 있는 대각선의 개수

$$\frac{n(n-3)}{2}$$

중복된 대각선의 개수(절반)

다음 다각형의 대각선의 개수를 구해보시기 바랍니다.

① 칠각형   ② 십각형   ③ 십오각형

 잠시 질문의 답을 스스로 찾아보는 시간을 가져보세요.

우리는 이미 n각형의 대각선의 총 개수가 $\frac{n(n-3)}{2}$임을 알고 있습니다. 즉, 보기 ①, ②, ③ 에 대한 n의 값을 찾아 $\frac{n(n-3)}{2}$에 대입하면 쉽게 질문의 답을 찾을 수 있다는 말입니다. (① $n=7$, ② $n=10$, ③ $n=15$)

$$① \, 14개 \left(=\frac{7(7-3)}{2}\right) \quad ② \, 35개 \left(=\frac{10(10-3)}{2}\right) \quad ③ \, 90개 \left(=\frac{15(15-3)}{2}\right)$$

다각형의 모든 내각의 크기가 $180°$ 보다 작은 다각형(①)과, 다각형의 어떤 한 내각의 크기가 $180°$ 보다 큰 다각형(②)을 각각 머릿속으로 상상해 보시기 바랍니다.

 잠시 질문의 답을 스스로 찾아보는 시간을 가져보세요.

상상이 되시나요? 도무지 무슨 말을 하는지 잘 모르겠다고요? 다음 그림을 보면 이해하기가 한결 수월할 것입니다.

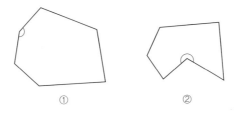

①   ②

일반적으로 우리가 생각하는 다각형은, 한 내각의 크기가 $180°$ 보다 작은 다각형입니다. 즉, 그림 ①과 같은 다각형을 상상한다는 말이지요. 이렇게 한 내각의 크기가 $180°$ 보다 작은 다각

형을 '볼록다각형'이라고 부릅니다. 하지만 그림 ②와 같이 다각형의 어느 한 내각의 크기가 180° 보다 큰 다각형도 상상할 수 있는데, 이러한 다각형을 '오목다각형'이라고 칭합니다. 참고로 중학수학에서는 오목다각형이 아닌 볼록다각형만 다룬다는 사실, 반드시 명심하시기 바랍니다. 즉, 우리가 배우는 다각형의 개념(각종 공식 등)은 모두 볼록다각형을 기준으로 도출된 것입니다. 그러니 앞으로 다각형을 말할 때, 오목다각형은 제외하도록 하겠습니다.

삼각형의 내각의 크기의 합은 왜 180° 일까요?

초등학교 때 배운 내용이라 당연하게 생각했는데, 갑자기 그 이유를 말하라고 하니 조금 당황스럽다고요? 어렵지 않아요~ 힌트를 드리도록 하겠습니다. 다음과 같이 $\triangle ABC$에서 꼭짓점 C를 지나고 선분 $\overline{AB}$에 평행한 보조선 $\overline{EC}$와 $\overline{BC}$의 연장선 $\overline{CD}$를 그어보시기 바랍니다.

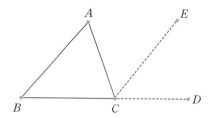

여기서 $\angle B$와 $\angle ECD$ 그리고 $\angle A$와 $\angle ACE$는 각각 어떤 관계일까요? 다음 힌트를 보고 물음에 답해보시기 바랍니다.

선분 $\overline{AE}$와 선분 $\overline{EC}$는 평행하다.

 잠시 질문의 답을 스스로 찾아보는 시간을 가져보세요.

그렇습니다. $\angle B$와 $\angle ECD$는 동위각이고, $\angle A$와 $\angle ACE$는 엇각입니다. 여러분~ 평행선에서 동위각과 엇각의 크기가 각각(동위각끼리, 엇각끼리) 같다는 사실, 다들 알고 계시죠? 즉, $\angle B = \angle ECD$이며 $\angle A = \angle ACE$가 된다는 뜻입니다. 이러한 원리를 삼각형의 내각의 합 $\angle A + \angle B + \angle C$에 적용해 보도록 하겠습니다.

$$\angle A + \angle B + \angle C = \angle ACE + \angle ECD + \angle C$$
$$\angle B = \angle ECD(\text{동위각}), \ \angle A = \angle ACE(\text{엇각})$$

어라...? 변형식 $\angle ACE + \angle ECD + \angle C$를 그림에 표시해보니, 평각 180°가 되는군요.

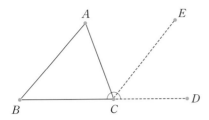

$$\angle ACE + \angle ECD + \angle C = 180°\text{(평각)}$$

드디어 우리는 삼각형의 내각의 합($\angle A + \angle B + \angle C$)이 180°가 된다는 사실을 증명하였습니다. 초등학교 때 배운 내용이라 당연하게 생각했는데, 이제야 그 이유를 명확히 알아냈네요. 앞으로 우리는 이러한 방식으로 여러 다각형의 성질을 하나씩 확인해 나갈 것입니다. 준비되셨나요?

다음 그림으로부터 삼각형의 한 외각 $\angle ACD$와 그와 이웃하지 않는 두 내각 $\angle A$, $\angle B$의 관계를 말해보시기 바랍니다.

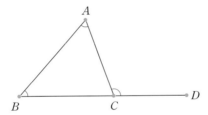

 잠시 질문의 답을 스스로 찾아보는 시간을 가져보세요.

한 외각($\angle ACD$)과 두 내각($\angle A$, $\angle B$)의 관계라...? 수학적으로 두 수(식)의 관계를 말하라고 하는 경우에는 두 수(식)의 관계식, 즉 등식 또는 부등식을 도출하는 것이 일반적입니다. 그럼 주어진 $\triangle ABC$로부터 한 외각($\angle ACD$)과 두 내각($\angle A$, $\angle B$)의 관계식을 도출해 보도록 하겠습니다. 일단 $\triangle ABC$의 내각의 합은 180°입니다.

$$\angle A + \angle B + \angle C = 180°$$

이제 식 $\angle A + \angle B + \angle C = 180°$를 $\angle C$에 관하여 풀어보겠습니다.

$$\angle A + \angle B + \angle C = 180° \rightarrow \angle C = 180° - (\angle A + \angle B)$$

그림에서 보는 바와 같이, 내각 $\angle C$와 외각 $\angle ACD$의 합은 평각입니다. 즉, $\angle C + \angle ACD$

$=180°$가 된다는 말이죠. 그럼 도출된 식 $\angle C = 180° - (\angle A + \angle B)$에 $\angle C + \angle ACD = 180°$를 대입하여 정리해 보면 다음과 같습니다.

$$\angle C = 180° - \angle ACD$$

$$\angle A + \angle B + \angle C = 180° \;\rightarrow\; \angle C = 180° - (\angle A + \angle B) \;\rightarrow\; \angle ACD = \angle A + \angle B$$

어라...? 외각 $\angle ACD$의 크기는 두 내각 $\angle A$, $\angle B$의 합과 같군요. 정말 그런지 그림을 보면서 다시 한 번 살펴볼까요?

$$\angle ACD = \angle A + \angle B : 외각 \; \angle ACD는 \; 두 \; 내각 \; \angle A, \; \angle B의 \; 합과 \; 같다.$$

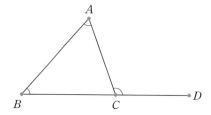

대충 눈으로 봐도 $\angle ACD$의 크기는 두 내각 $\angle A$, $\angle B$의 합과 같아 보입니다. 다음은 삼각형의 내각과 외각의 성질을 정리한 것입니다. 그림과 함께 차근차근 읽어보시기 바랍니다.

삼각형의 내각과 외각의 성질

① 삼각형의 세 내각의 크기의 합은 180°입니다.
② 삼각형의 한 외각의 크기는 그와 이웃하지 않는 두 내각의 크기의 합과 같습니다.

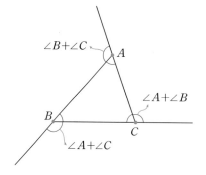

① $\angle A + \angle B + \angle C = 180°$
② ($\angle A$의 외각)$= \angle B + \angle C$
  ($\angle B$의 외각)$= \angle A + \angle C$
  ($\angle C$의 외각)$= \angle A + \angle B$

다음 그림에서 $\angle ABC = 55°$, $\angle ACB = 45°$, $\angle D = 60°$, $\angle EAD = 105°$일 때, $\angle ABF$,

∠EAB, ∠DCG의 크기를 각각 구해보시기 바랍니다.

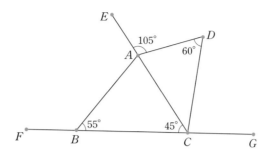

 잠시 질문의 답을 스스로 찾아보는 시간을 가져보세요.

먼저 삼각형의 세 내각의 크기의 합이 180°라는 사실을 이용하여 ∠BAC의 크기를 구해보겠습니다.

$$\angle ABC + \angle ACB + \angle BAC = 180° \;\rightarrow\; 55° + 45° + \angle BAC = 180° \;\rightarrow\; \angle BAC = 80°$$

앞서 삼각형의 한 외각의 크기가 그와 이웃하지 않는 두 내각의 크기의 합과 같다고 했으므로, ∠ABC의 외각 ∠ABF는 두 내각 ∠BAC와 ∠ACB의 합과 같습니다. 그렇죠?

$$\angle ABF = \angle BAC + \angle ACB \;\rightarrow\; \angle ABF = 80° + 45° \;\rightarrow\; \angle ABF = 125°$$

또한 ∠BAC의 외각 ∠EAB는 두 내각 ∠ABC와 ∠ACB의 합과 같습니다. 이로부터 우리는 ∠EAB의 크기를 구할 수 있습니다.

$$\angle EAB = \angle ABC + \angle ACB \;\rightarrow\; \angle EAB = 55° + 45° \;\rightarrow\; \angle EAB = 100°$$

벌써 ∠ABF와 ∠EAB의 크기를 구했네요. 마지막으로 ∠DCG의 크기를 구해보도록 하겠습니다. 먼저 ∠DAC의 외각 ∠EAD가 △DAC의 두 내각 ∠D와 ∠ACD의 합과 같다는 원리로부터 ∠ACD의 크기를 구하면 다음과 같습니다.

$$\angle EAD = \angle D + \angle ACD \;\rightarrow\; 105° = 60° + \angle ACD \;\rightarrow\; \angle ACD = 45°$$

답을 찾은 것 같죠? 그렇습니다. 선분과 $\overline{BG}$에 평각의 원리를 적용하면 손쉽게 ∠DCG의 크기를 구할 수 있겠네요.

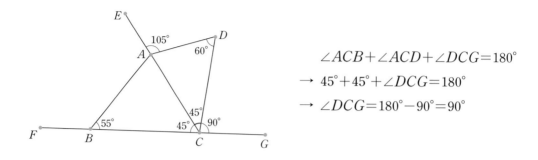

$$\angle ACB + \angle ACD + \angle DCG = 180°$$
$$\rightarrow \quad 45° + 45° + \angle DCG = 180°$$
$$\rightarrow \quad \angle DCG = 180° - 90° = 90°$$

휴~ 드디어 끝났네요. 이제 정답을 하나씩 적어볼까요? 우리가 구하고자 했던 것이 뭐였죠? 네, 맞습니다. 바로 세 각 $\angle ABF$, $\angle EAB$, $\angle DCG$의 크기입니다.

$$\angle ABF = 125°, \quad \angle EAB = 100°, \quad \angle DCG = 90°$$

할 만하죠? 다음 그림을 보면서 삼각형의 내각과 외각의 성질을 다시 한 번 정리하고 넘어가시기 바랍니다.

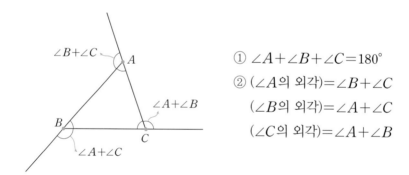

① $\angle A + \angle B + \angle C = 180°$
② ($\angle A$의 외각) $= \angle B + \angle C$
    ($\angle B$의 외각) $= \angle A + \angle C$
    ($\angle C$의 외각) $= \angle A + \angle B$

사각형의 내각의 합은 왜 360°일까요? 물론 이것도 초등학교 때 배운 내용입니다. 하지만 이렇게 하다가는 오각형, 육각형, ... 등 모든 다각형의 내각의 합을 계속해서 찾아야하는 상황이 벌어질 게 뻔합니다. 이 참에 n각형의 내각의 합을 구해보는 것은 어떨까요?

 잠시 질문의 답을 스스로 찾아보는 시간을 가져보세요.

아니, n각형이 어떤 다각형인지도 모르는데 어떻게 n각형의 내각의 합을 구할 수 있냐고요? 과연 그게 가능한 일인지 의문스럽다고요? '백퍼(100%)' 가능합니다. 그러니까 이것이 바로 수

학인 것입니다. 그럼 우리 함께 n각형의 내각의 합을 찾아볼까요?

앞서 삼각형의 내각의 합이 180°가 된다는 사실을 증명한 바 있습니다. 그렇죠? 사실 삼각형은 n각형의 시작이라고도 볼 수 있습니다. 왜냐하면 2각형이란 것은 없으니까요. 즉, n각형의 가장 기본이 되는 도형이 바로 삼각형이라는 뜻입니다. 이 두 가지를 힌트로 삼아, n각형의 내각의 합을 구해보시기 바랍니다.

> ① 삼각형의 내각의 합은 180°이다.　　　　　→　n각형의
> ② 삼각형은 n각형 중 가장 기본이 되는 도형이다.　　　　내각의 합은?

 잠시 질문의 답을 스스로 찾아보는 시간을 가져보세요.

너무 어렵다고요? 결정적인 힌트를 드리도록 하겠습니다. 다음 그림과 같이 사각형, 오각형, 육각형의 한 꼭짓점을 기준으로 대각선을 그어보시기 바랍니다. 그리고 사각형, 오각형, 육각형 내부에 그려진 삼각형의 개수를 세어 보십시오.

 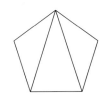

어떠세요? 뭔가 감이 오시죠? 일단 사각형, 오각형, 육각형 내부에 그려진 삼각형의 개수는 각각 2개, 3개, 4개입니다. 물론 칠각형, 팔각형, ..., n각형의 경우, 그 내부에 그려진 삼각형의 개수는 각각 5개, 6개, ..., $(n-2)$개가 될 것입니다.

> n각형의 한 꼭짓점에서 대각선을 그었을 때,　　　　→　$(n-2)$개
> n각형 내부에 그려지는 삼각형의 개수

이제 정리해 볼까요? 먼저 삼각형의 내각의 크기의 합은 180°입니다. 그렇죠? 더불어 사각형, 오각형, 육각형, ..., n각형의 내각의 합은 그 내부에 그려진 모든 삼각형의 내각의 합과 같습니다. 맞나요?

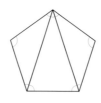 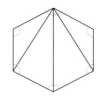

즉, 사각형, 오각형, 육각형, ..., n각형 내부에 그려진 삼각형의 개수가 각각 2개, 3개, 4개, ..., $(n-2)$개이므로, 사각형, 오각형, 육각형, ..., n각형의 내각의 합은, 삼각형의 내각의 합 (180°)에 그 개수를 곱한 값과 같습니다.

- 사각형의 내각의 합 : $(180° \times 2)$
- 오각형의 내각의 합 : $(180° \times 3)$
- 육각형의 내각의 합 : $(180° \times 3)$
- n각형의 내각의 합 : $180° \times (n-2)$

따라서 n각형의 내각의 합은 $180° \times (n-2)$가 됩니다. 어떠세요? 정말 n각형의 내각의 합을 구했죠? 이해가 잘 가지 않는다면, 그림을 보면서 다시 한 번 차근차근 읽어보시기 바랍니다. 참고로 다각형과 관련된 공식의 유도과정을 스스로 이해할 수 없다면, 앞으로 나오는 모든 다각형의 공식(성질)도 이해할 수 없을 것입니다. 그러니 꼭 혼자 힘으로 개념을 파악할 수 있도록 최선의 노력을 다하시기 바랍니다. 이것이 바로 수포자(수학포기자)가 되지 않는 유일한 길입니다. 아셨죠?

이번엔 다른 방법으로 n각형의 내각의 합에 관한 공식을 유도해 보는 시간을 갖겠습니다. 은설이는 n각형의 내각의 합을 구하기 위해 다음과 같이 오각형과 육각형 내부의 한 점으로부터 각 꼭 짓점에 선분을 그어, 오각형과 육각형을 각각 5개와 6개의 삼각형으로 분할하였다고 합니다. 그림으로부터 n각형의 내각의 합을 구하는 방법을 찾아보시기 바랍니다.

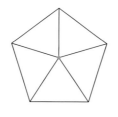 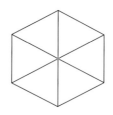

 잠시 질문의 답을 스스로 찾아보는 시간을 가져보세요.

음... 삼각형의 내각의 합이 180°라는 사실을 적용해야 할 듯한데...

조금 어렵나요? 일단 오각형과 육각형 내부에 그려진 삼각형의 개수는 5개, 6개입니다. 그렇죠? 물론 n각형의 경우, n개의 삼각형이 그려질 것입니다. 여기서 n각형 내부에 그려진 모든 삼각형의 내각의 합은 얼마일까요? 네, 맞아요. n각형 내부에는 n개의 삼각형이 존재하므로, 내부에 그려진 모든 삼각형의 내각의 합은 $(180° \times n)$이 될 것입니다.

$$(n\text{각형 내부에 그려진 삼각형의 내각의 총합}) = (180° \times n) \ \rightarrow \ n\text{각형의 내각의 합?}$$

잠깐! n각형 내부의 점(모든 삼각형의 공통 꼭짓점)에 대한 꼭지각은 n각형의 내각이 아니잖아요. 오~ 정확히 포인트를 잡으셨네요. 네, 맞아요. n각형 내부의 점(모든 삼각형의 공통 꼭짓점)에 대한 꼭지각은 n각형의 내각이 아닙니다. 즉, n각형의 내각의 합을 구하기 위해서는, $(180° \times n)$에서 n각형 내부의 점(모든 삼각형의 공통 꼭짓점)에 대한 모든 삼각형의 꼭지각을 빼 주어야 합니다. 이해가 되시나요?

$$(n\text{각형의 내각의 합}) = (180° \times n) - (\text{모든 삼각형의 꼭지각의 합})$$

다음 그림에서 보는 바와 같이 n각형 내부에 그려진 모든 삼각형의 꼭지각의 합은 $360°$입니다.

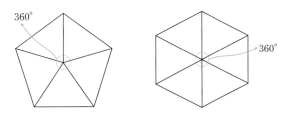

따라서 n각형의 내각의 합은 $[(180° \times n) - 360°]$가 됩니다. 그런데 뭔가 좀 이상하다고요? 앞서 도출했던 n각형의 내각의 합 $180° \times (n-2)$와 식이 조금 다르다고요? 잘 살펴보세요~ 두 식은 서로 같은 식입니다.

$$180° \times n - 360° = 180° \times n - 180° \times 2 = 180° \times (n-2) \ [\text{분배법칙}]$$

그렇죠? n각형의 내각의 합에 관한 공식을 정리하면 다음과 같습니다.

n각형의 내각의 합

n각형의 내각의 합은 $180(n-2)°$입니다.

다음 다각형의 내각의 합을 구해보시기 바랍니다.

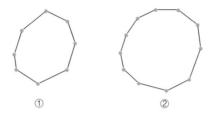

①   ②

일단 주어진 다각형이 어떤 다각형인지 확인해 봐야겠죠? 그림을 보면서 다각형의 선분 또는 꼭짓점의 개수를 세어보시기 바랍니다.

① 8각형   ② 11각형

n각형의 내각의 합이 $180(n-2)°$이므로, 공식에 ① $n=8$, ② $n=11$을 대입하면 손쉽게 질문의 답을 찾을 수 있겠네요.

① 8각형의 내각의 합 : $1080°$
② 11각형의 내각의 합 : $1620°$

모든 변의 길이와 모든 내각의 크기가 각각 같은 다각형을 정다각형이라고 부릅니다. 그렇다면 정n각형의 한 내각의 크기는 얼마일까요? 음… 어떻게 접근해야할지 막막하다고요? 힌트를 드리겠습니다.

정n각형에는 n개의 내각이 존재하며, 그 크기는 모두 같습니다.

어떠세요? 이제 좀 감이 오시나요? 그렇습니다. 정n각형의 한 내각의 크기는 정n각형의 내각의 합을 n으로 나눈 값과 같습니다. 앞서 n각형의 내각의 합이 $180(n-2)°$라고 했으므로, 정n각형의 한 내각의 크기는 $180(n-2)°$를 n으로 나눈 값 $\left\{\dfrac{180\times(n-2)}{n}\right\}°$가 됩니다. 그렇죠?

정 n각형의 한 내각의 크기

정n각형의 한 내각의 크기는 $\left\{\dfrac{180\times(n-2)}{n}\right\}°$입니다.

정육각형, 정십이각형, 정이십각형의 한 내각의 크기는 얼마일까요? 네, 맞아요. 정n각형의 한 내각에 대한 크기공식에 n값만 집어넣으면 '게임 끝'입니다.

- 정육각형의 한 내각의 크기$(n=6)$: $\left\{\dfrac{180\times(n-2)}{n}\right\}^{\circ}$ → $\left\{\dfrac{180\times(6-2)}{6}\right\}^{\circ}=120^{\circ}$

- 정십이각형의 한 내각의 크기$(n=12)$: $\left\{\dfrac{180\times(n-2)}{n}\right\}^{\circ}$ → $\left\{\dfrac{180\times(12-2)}{12}\right\}^{\circ}=150^{\circ}$

- 정이십각형의 한 내각의 크기$(n=20)$: $\left\{\dfrac{180\times(n-2)}{n}\right\}^{\circ}$ → $\left\{\dfrac{180\times(20-2)}{20}\right\}^{\circ}=162^{\circ}$

따라서 정육각형, 정십이각형, 정이십각형의 한 내각의 크기는 각각 120°, 150°, 162°가 됩니다.

지금 은설이네 집은 화장실 바닥공사로 정신이 없다고 합니다. 다음 그림은 화장실 바닥에 붙이는 타일의 종류를 표현한 도형입니다. 만약 한 종류의 타일만 가지고 은설이네 화장실 바닥을 빈 틈없이 채우려 한다면, 어떤 도형의 타일을 붙여야 할까요?

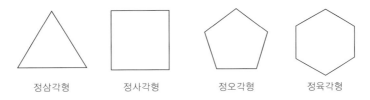

정삼각형   정사각형   정오각형   정육각형

 잠시 질문의 답을 스스로 찾아보는 시간을 가져보세요.

너무 어렵나요? 일단 연습장에 네 종류의 타일을 서로 맞붙여 그려보시기 바랍니다.

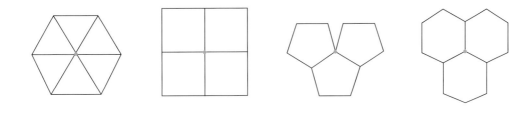

어라...? 정오각형의 경우, 빈틈이 조금 생기네요. 도대체 왜 그럴까요? 그렇습니다. 중앙에 보이는 한 점을 기준으로 맞붙어진 정n각형의 꼭지각의 크기의 합이 360°가 되지 않아서 입니다. 무슨 말인지 잘 모르겠다고요? 일단 각 도형의 한 내각의 크기를 직접 계산해 보도록 하겠습니다. 앞서 정n각형의 한 내각의 크기가 $\left\{\dfrac{180 \times (n-2)}{n}\right\}^\circ$라고 했던 거, 기억하시죠? 즉, n의 값에 3, 4, 5, 6을 대입하면 손쉽게 주어진 다각형의 한 내각의 크기를 구할 수 있습니다.

- 정삼각형의 한 내각의 크기($n=3$) : $\left\{\dfrac{180 \times (n-2)}{n}\right\}^\circ$ → $\left\{\dfrac{180 \times (3-2)}{3}\right\}^\circ = 60^\circ$

- 정사각형의 한 내각의 크기($n=4$) : $\left\{\dfrac{180 \times (n-2)}{n}\right\}^\circ$ → $\left\{\dfrac{180 \times (4-2)}{4}\right\}^\circ = 90^\circ$

- 정오각형의 한 내각의 크기($n=5$) : $\left\{\dfrac{180 \times (n-2)}{n}\right\}^\circ$ → $\left\{\dfrac{180 \times (5-2)}{5}\right\}^\circ = 108^\circ$

- 정육각형의 한 내각의 크기($n=6$) : $\left\{\dfrac{180 \times (n-2)}{n}\right\}^\circ$ → $\left\{\dfrac{180 \times (6-2)}{6}\right\}^\circ = 120^\circ$

보는 바와 같이 정삼각형, 정사각형, 정육각형의 경우, 한 내각의 크기가 60°, 90°, 120°가 되어, 중앙에 보이는 한 점을 기준으로 맞붙여진 정n각형의 꼭지각의 크기의 합이 360°가 됩니다.

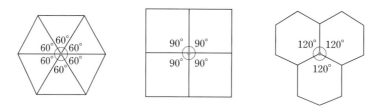

이 말은 정n각형의 한 내각의 크기가 360°의 약수가 되어야, 한 점을 기준으로 빈틈없이 도형을 맞붙일 수 있다는 뜻입니다. 이제 좀 이해가 되시나요? 반면에 정오각형의 경우, 한 내각의 크기가 108°이므로, 즉 108°는 360°의 약수가 아니므로 빈틈없이 도형을 맞붙일 수가 없게 되는 것입니다. 따라서 한 종류의 타일만 가지고 은설이네 화장실 바닥을 빈틈없이 채우려고 한다면, 정삼각형·정사각형·정육각형 타일 중 하나를 선택해야 할 것입니다.

이렇게 빈틈없이 평면을 채울 수 있는 도형(정다각형)에는 어떤 것들이 있을까요? 그렇습니다. 벌집의 예시에서도 언급했던 것처럼 빈틈없이 평면을 채울 수 있는 도형(정다각형)은, 한 내각의 크기가 360°의 약수가 되는 정삼각형, 정사각형, 정육각형뿐입니다. 더불어 정육각형 이상의 정n각형의 경우, 한 내각의 크기가 120° 보다 크고 180° 보다 작기 때문에, 절대 360°의 약수가 될 수 없습니다. 음... 내용이 좀 난해한가요? 혹시 이해가 잘 가지 않는다면, 그림을 보면서 차근차근 다시 한 번 읽어보시기 바랍니다. 참고로 정n각형에서 n의 값이 크면 클수록 정n각형의 한 내각의 크기도 커집니다. 이는 정n각형의 한 내각의 크기공식 $\left\{\dfrac{180 \times (n-2)}{n}\right\}°$ 를 통해서도 쉽게 확인할 수 있는 사항입니다. 물론 다각형의 한 내각의 크기가 180°일 수 없겠죠? 이 경우, 아예 도형 자체가 만들어지지 않거든요.

하나 더! 한 점을 기준으로 그 점에 해당하는 다각형의 꼭지각의 크기의 합을 360°로 맞출 수 있다면, 굳이 정다각형이 아니어도 도형을 서로 맞붙여 빈틈없이 평면을 채울 수 있다는 사실도 함께 기억하시기 바랍니다. 이 또한 삼각형, 사각형, 육각형에 한해서입니다.

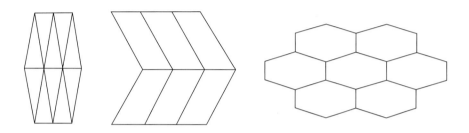

n각형의 외각의 크기의 합은 얼마일까요? 일단 삼각형, 사각형의 외각을 그림으로 확인해 보면 다음과 같습니다.

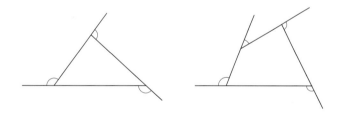

 잠시 질문의 답을 스스로 찾아보는 시간을 가져보세요.

n각형의 한 내각에 대한 외각의 크기는, 평각 180°에서 내각의 크기를 **뺀** 값과 같습니다. 그렇죠? 즉, n각형의 내각의 크기가 $a°$, $b°$, $c°$, …일 때, 내각 $a°$, $b°$, $c°$, …에 대한 외각의 크기는 각각 $(180-a)°$, $(180-b)°$, $(180-c)°$, …가 된다는 말입니다. n각형의 외각의 크기의 합을 등식으로 정리하면 다음과 같습니다.

$$\{(180-a)+(180-b)+(180-c)+ …\}° = \{180n-(a+b+c+ …)\}°$$

잠깐! n각형의 내각의 크기의 합이 $180(n-2)°$라는 사실, 다들 아시죠? 앞서 공식으로 다루었잖아요. 그럼 내각의 합($a+b+c+$ ...)의 값을 $180(n-2)$로 대체해 보겠습니다.

$$(n각형의\ 외각의\ 크기의\ 합)=180n-(a+b+c+\ ...)=180n-180(n-2)$$

등식을 정리하면 n각형의 외각의 합이 360°라는 사실을 단번에 알 수 있습니다.

$$180n-(a+b+c+\ ...)=180n-180(n-2)=180n-180n+360=360$$

---

n각형의 외각의 크기의 합

n각형의 외각의 크기의 합은 360°입니다.

다음 이야기를 통해서도 한 다각형의 외각의 크기의 합이 360°라는 것을 쉽게 추론할 수 있습니다. 시간 날 때, 읽어보시기 바랍니다.

오른쪽 그림과 같이 어떤 애벌레가 다각형의 주위를 한 바퀴 도는 상황을 상상해 보시기 바랍니다. 애벌레가 다각형의 주위를 따라 한 바퀴 돌아서 제자리로 왔다고 가정할 때, 이 애벌레의 몸이 회전한 횟수는 1번입니다. 즉, 애벌레는 스스로 한 바퀴(360°)를 돌았다는 뜻이지요. 이는 다각형의 외각의 크기의 합이 360°가 된다는 것을 의미합니다.

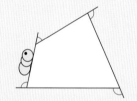

다음 그림에서 ∠x의 크기는 얼마일까요?

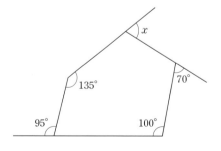

 잠시 질문의 답을 스스로 찾아보는 시간을 가져보세요.

일단 다각형의 한 꼭짓점에 대한 내각과 외각의 크기의 합은 180°입니다. 그렇죠? 이것을 이용하여 주어진 다각형의 외각의 크기를 모두 구해보면 다음과 같습니다.

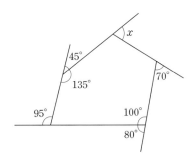

여기에 n각형의 외각의 크기의 합이 360°라는 사실을 적용하면, 어렵지 않게 $\angle x = 70°$임을 알 수 있습니다.

정n각형에서 한 외각의 크기는 얼마일까요?

 잠시 질문의 답을 스스로 찾아보는 시간을 가져보세요.

우선 다각형의 한 외각의 크기와 그에 대응하는 내각의 크기를 합한 값은 180°가 됩니다. 그렇죠? 잠깐! 정n각형의 경우, 모든 내각의 크기가 같다는 것, 다들 알고 계시죠? 이 말은 정n각형의 외각의 크기도 모두 같다는 것을 뜻합니다. 예를 들어, 정삼각형의 세 내각의 크기는 모두 60°이며, 세 외각의 크기 또한 모두 120°로 같습니다. 여기에 다각형의 외각의 크기의 합이 360°라는 사실을 적용하면, 정n각형에서 한 외각의 크기는 $\left(\dfrac{360}{n}\right)°$가 될 것입니다. 그렇죠? 왜냐하면 정$n$각형에는 n개의 외각이 존재하니까요. 이해가 되시나요? 그렇다면 한 외각이 45°인 정n각형과 한 외각이 60°인 정m각형에 대하여 $(n+m)$의 값이 얼마인지 구해보시기 바랍니다.

 잠시 질문의 답을 스스로 찾아보는 시간을 가져보세요.

어렵지 않죠? 일단 정n각형에서 한 외각의 크기는 $\left(\dfrac{360}{n}\right)°$입니다. 이를 주어진 내용에 적용하면, 다음과 같은 등식을 도출해 낼 수 있습니다.

- 한 외각이 45°인 정n각형 : $\dfrac{360}{n} = 45$
- 한 외각이 60°인 정m각형 : $\dfrac{360}{m} = 60$

도출된 등식으로부터 n과 m의 값을 구하면, 쉽게 $n=8$, $m=6$이 된다는 것을 알 수 있습니다. 따라서 $(n+m)$의 값은 14입니다. 어렵지 않죠? 이로써 우리는 중학교 수준에서 다루는 모든 다각형 공식(개념)에 대해 살펴보았습니다. 음... 참 많은 것을 배운 것 같네요. 한꺼번에 정리하면 다음과 같습니다.

다각형과 관련된 각종 공식

① n각형의 대각선의 총 개수 : $\dfrac{n(n-3)}{2}$개

② 다각형의 한 꼭짓점에 대한 내각과 외각(1개)의 크기의 합 : 180°(평각)

③ 삼각형의 세 내각의 크기의 합 : 180°

④ 삼각형의 한 외각의 크기는 그와 이웃하지 않는 두 내각의 크기의 합과 같다.

⑤ n각형의 내각의 크기의 합 : $180 \times (n-2)°$

⑥ 정n각형의 한 내각의 크기 : $\left\{ \dfrac{180 \times (n-2)}{n} \right\}°$

⑦ n각형의 외각의 크기의 합 : 360°

⑧ 정n각형의 한 외각의 크기 : $\left(\dfrac{360}{n} \right)°$

⑨ 빈틈없이 평면을 채울 수 있는 도형(정다각형) : 정삼각형, 정사각형, 정육각형

여러분~ 설마 이 많은 것을 무조건 암기하려는 것은 아니겠죠? 이러한 공식이 있다는 사실만 알고 있으면 충분합니다. 필요할 때마다 꺼내 쓰면 되거든요. 자주 사용하다보면 자연스럽게 기억할 수 있으니, 처음부터 공식을 달달 암기하려는 생각은 버리시기 바랍니다.

수학개념(공식)은 이미 만천하에 공개된 정보입니다. 즉, 교과서나 인터넷 등을 통해 쉽게 찾아볼 수 있다는 뜻이죠. 더불어 개념을 암기하는 것보다 그 숨은 의미를 파악하는 것이 훨씬 더 중요하다는 사실 꼭 명심하시기 바랍니다.

★ 개념을 정확히 이해했는지 확인하고 싶다면, 학교 교과서에 나오는 개념확인 문제를 풀어 보거나 스스로 개념 확인문제를 출제하여 풀어보면 큰 도움이 될 것입니다.

2 부채꼴

연상퀴즈 하나 풀어볼까요? 다음 두 그림을 보고 연상되는 단어를 말해보시기 바랍니다. 참고로 정답은 두 글자입니다.

 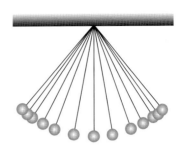

 잠시 질문의 답을 스스로 찾아보는 시간을 가져보세요.

　　조금 어렵나요? 왼쪽 그림은 선상지를, 오른쪽 그림은 진자의 운동을 그린 것입니다. 선상지가 도대체 뭐냐고요? 선상지란 산지와 평지 사이의 지점, 즉 경사가 급변하는 지점에서 유속의 감소로 인해 모래와 자갈 등의 토사가 쌓여 형성된 부채꼴 모양의 퇴적지형을 말합니다. 진자의 운동모양과 선상지의 모양을 잘 살펴보면 어렵지 않게 두 그림으로부터 연상되는 단어를 상상할 수 있을 것입니다. 음… 아직도 잘 모르겠다고요? 결정적인 힌트를 드리도록 하겠습니다. 다음 ○○에 들어갈 단어를 찾아보시기 바랍니다.

　　　　　　　　　날씨가 더울 때 사용하는 도구 : ○○

　　이제 아셨죠? 그렇습니다. 바로 부채입니다. 진자의 운동모양과 선상지의 모양 모두 부채모양을 하고 있잖아요. 평면도형 중 부채꼴이라는 것이 있습니다. 부채처럼 생겼다고 하여 부채꼴이라고 이름 붙여졌는데요. 사실 부채꼴은 원의 일부분입니다. 부채꼴에 대해 살펴보기에 앞서, 부채꼴의 전신인 원의 개념부터 차근차근 알아보도록 하겠습니다.

원이란 과연 어떤 도형을 말할까요?

 잠시 질문의 답을 스스로 찾아보는 시간을 가져보세요.

　　평면 위의 한 점으로부터 일정한 거리만큼 떨어진 점들로 이루어진 도형을 원이라고 부릅니다. 무슨 말인지 잘 모르겠다고요? 그냥 동그랗게 생긴 게, 원 아니냐고요? 여러분~ 수학은 대단히 논리적이고 명확한 학문입니다. 그렇게 대충 대충 넘어가면 안 되죠~ 다음 그림을 보면서 원의 개념을 제대로 정리해 보시기 바랍니다.

> 원이란 평면 위의 한 점(O)으로부터 일정한 거리만큼 떨어진 점들로 이루어진 도형을 말합니다. 점 O를 원의 중심, 점 O와 원 위의 임의의 한 점 사이의 길이($\overline{OA}$의 길이)를 원의 반지름이라고 정의합니다.

이제 원에 대해 정확히 아셨죠? 그럼 원과 관련된 도형에는 무엇이 있는지 차근차근 알아보는 시간을 갖겠습니다. 일단 원 위에 있는 서로 다른 두 점이 만든 곡선(원의 일부분)을 호라고 부릅니다. 그리고 원 위의 두 점을 연결한 선분을 현이라고 칭합니다.

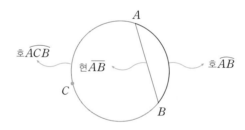

그림에서 보는 바와 같이 호는 짧은 쪽과 긴 쪽 두 개가 있는데, 엄밀히 말해서 짧은 쪽의 호를 열호, 긴 쪽의 호를 우호라고 정의합니다. 일반적으로 호를 지칭할 때에는 짧은 쪽의 호를 말하는 것이 보통입니다. 더불어 하나의 원 위에 있는 두 점 A, B에 대하여 짧은 쪽의 호(열호)를 $\overset{\frown}{AB}$로 표현하는 반면, 긴 쪽의 호(우호)는 호 위의 또 다른 점을 잡아 $\overset{\frown}{ACB}$로 표시합니다. 참고로 우호와 열호는 중학교 수준에서 사용하지 않는 용어이므로, 크게 신경 쓸 필요는 없습니다. 그냥 이런 용어가 있다는 정도만 알고 넘어가시기 바랍니다. 사실 중학교 교재에서 우호와 열호를 함께 그리는 경우는 거의 없거든요.

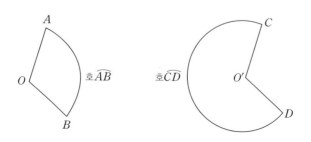

호와 현의 명칭은 어떻게 지어졌을까요? 여러분~ 호와 현을 보면, 어떤 물건이 떠오르지 않으세요? 옛날 사람들이 즐겨 사용했던 사냥도구인데... 그것이 뭘까요?

 잠시 질문의 답을 스스로 찾아보는 시간을 가져보세요.

그렇습니다. 활입니다. 호를 활이라고 생각하면, 현은 활시위라고 볼 수 있겠죠? 호의 모양이 활모양을 닮았다고 하여 한자로 '활 호(弧)'자를 씁니다. 그리고 현의 모양이 활시위모양을 닮았다고 하여 한자로 '활시위 현(弦)'자를 씁니다. 그렇다면 여기서 퀴즈~ 원의 중심을 지나는 현(또는 현의 길이)은 무엇일까요?

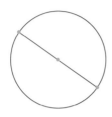 원의 중심을 지나는 현이라...?

 잠시 질문의 답을 스스로 찾아보는 시간을 가져보세요.

그렇습니다. 원의 중심을 지나는 현(또는 현의 길이)은 지름입니다. 이제 호와 현이 어떤 도형인지 정확히 아셨죠? 다시 한 번 호와 현의 개념을 정리하고 넘어가도록 하겠습니다. 머릿속으로 도형의 모양을 상상하면서 다음 내용을 천천히 읽어보시기 바랍니다.

호와 현
• 호 : 원 위에 있는 서로 다른 두 점에 의해 나누어진 두 개의 곡선(원의 일부분)   • 현 : 원 위에 있는 서로 다른 두 점을 연결한 선분

부채꼴에 대해 자세히 알아보는 시간을 갖도록 하겠습니다. 도대체 부채꼴은 어떤 도형일까요? 한 번 상상해 보시기 바랍니다.

부채꼴이라...?

 잠시 질문의 답을 스스로 찾아보는 시간을 가져보세요.

앞서 부채꼴이 원의 일부분이라고 말했던 거, 기억나시는지요? 우선 하나의 원을 그린 후, 그 안에서 부채꼴(부채모양)을 찾아보도록 하겠습니다.

부채꼴은 과연
어디에 있을까?

찾으셨나요? 네~ 그렇습니다. 다음과 같이 원의 중심과 원 위의 두 점을 각각 선분으로 연결해 보면, 부채모양의 도형을 쉽게 찾을 수 있습니다. 이렇게 어떤 호를 기준으로 호의 양끝점과 원의 반지름을 선분으로 이은 도형을 부채꼴이라고 부릅니다. 즉, 원의 두 반지름과 그 사이에 있는 호로 둘러싸인 도형을 부채꼴이라고 정의합니다.

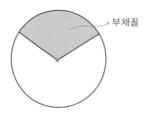

부채꼴

원의 두 반지름과 그 사이에 있는 호로 둘러싸인 도형을 부채꼴이라고 말합니다.

다음 그림과 같이 원의 중심이 O이고 호 $\overarc{AB}$로 둘러싸인 도형을 부채꼴 AOB라고 부릅니다.

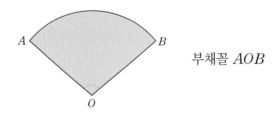

부채꼴 AOB

여기서 $\angle AOB$를 호 $\overarc{AB}$에 대한 중심각 또는 부채꼴 AOB의 중심각이라고 말하며, $\overarc{AB}$를 부채꼴 AOB의 호 또는 중심각 $\angle AOB$에 대한 호라고 부릅니다.

한 원에서 호의 길이와 중심각의 크기는 어떤 관계를 가질까요?

호와 중심각의 관계라...?

 잠시 질문의 답을 스스로 찾아보는 시간을 가져보세요.

조금 어렵나요? 이 질문의 답을 하기에 앞서 각의 크기에 대한 정의를 정확히 따져 보도록 하겠습니다.

[각의 크기(°)]
원의 둘레(원주)의 길이를 360으로 가정했을 때,
길이가 1인 호에 대한 중심각의 크기를 1°라고 정의합니다.

어라...? 호의 길이로부터 중심각의 크기가 정의되었네요. 말인즉슨, 호의 길이가 바로 중심각의 크기를 의미한다고 볼 수 있습니다. 이는 호의 길이와 중심각의 크기가 서로 정비례한다는 것을 뜻합니다. 예를 들어, 한 원에서 중심각의 크기가 40°인 호의 길이가 5cm라면, 중심각의 크기가 80°인 호의 길이는 바로 10cm가 된다는 뜻입니다. 물론 같은 원에서 말입니다. 이해되시죠? 마찬가지로 그 원에서 중심각의 크기가 120°인 호의 길이는 15cm가 될 것입니다.

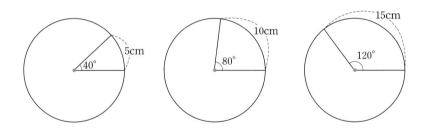

한 원에서 호의 길이와 중심각의 크기가 정비례한다는 사실, 반드시 기억하시기 바랍니다. 더불어 부채꼴의 넓이와 호의 길이 및 중심각의 크기 또한 서로 정비례하는데, 이는 뒤쪽에서 좀 더 자세히 다루도록 하겠습니다.

한 원에서 호의 길이, 중심각의 크기, 부채꼴의 넓이는 서로 정비례한다.

다음 그림을 보고 ① $\overarc{AC}$에 대한 중심각, ② $\angle AOB$의 대한 호, ③ 부채꼴 BOC의 중심각이 무엇인지 말해보시기 바랍니다.

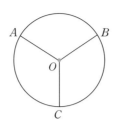

그렇습니다. 정답은 ① $\angle AOC$, ② $\widehat{AB}$, ③ $\angle BOC$입니다. 쉽죠? 이렇게 수학에서는 용어의 정의만 정확히 알고 있으면, 손쉽게 해결할 수 있는 문제가 상당히 많습니다. 이 점 반드시 기억하시기 바랍니다.

여러분~ 혹시 활꼴이라는 도형에 대해 들어본 적이 있으신가요?

 잠시 질문의 답을 스스로 찾아보는 시간을 가져보세요.

음... 활꼴이라...? 어떤 도형을 말하는지 잘 모르겠다고요? 일단 이름 그대로 활모양을 한 번 상상해 보시기 바랍니다.

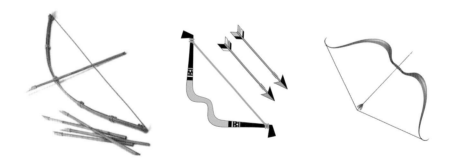

이제 대충 감이 오시는지요? 사실 활꼴은 부채꼴의 일부분입니다. 다음 그림에서 보는 바와 같이 원주 위에 있는 서로 다른 두 점이 만드는 호와 현으로 이루어진 도형을 활꼴이라고 정의합니다.

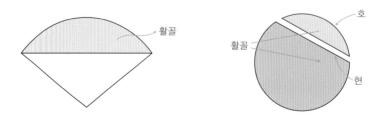

은설이는 한 원에서 여러 가지 부채꼴을 그려보았습니다. 그런데 우연히 어느 하나의 부채꼴이 활꼴의 모양과 같았다고 하네요. 과연 이 부채꼴은 어떤 도형일까요? 또한 그 중심각의 크기도 말해보시기 바랍니다.

 잠시 질문의 답을 스스로 찾아보는 시간을 가져보세요.

우선 한 원 위의 두 점을 선택하여 부채꼴과 활꼴을 각각 만들어 봅시다.

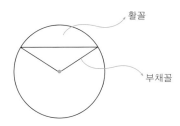

이제 원 위의 두 점을 지나는 선분, 즉 현을 위아래로 평행이동하면서 부채꼴과 활꼴이 같아지는 도형이 무엇인지 찾아보도록 하겠습니다. 혹시 찾으셨나요? 그렇습니다. 한 원에서 부채꼴과 활꼴의 모양이 서로 같은 도형은 바로 반원입니다. 반원을 부채꼴이라고 생각하면, 그 중심각은 180°가 되겠죠?

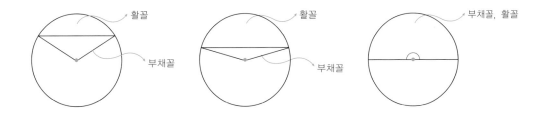

다음은 두 원에서 각각 두 개의 부채꼴을 찾아 색칠한 그림입니다. 하나의 원으로부터 만들어진 두 부채꼴의 관계에 대해 말해보시기 바랍니다.

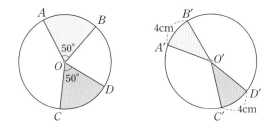

 잠시 질문의 답을 스스로 찾아보는 시간을 가져보세요.

우선 두 부채꼴을 오려서 서로 포개어지는지(겹쳐지는지) 상상해 보시기 바랍니다. 어떠세요? 포개어지나요? 그렇습니다. 이렇게 두 도형이 완전히 포개어질 때, 우리는 두 도형을 합동이라고 부릅니다. 즉, 주어진 원 안에 있는 두 부채꼴은 각각 합동입니다.

$$(\text{부채꼴 } AOB) \equiv (\text{부채꼴 } COD) \qquad (\text{부채꼴 } A'O'B') \equiv (\text{부채꼴 } C'O'B')$$

부채꼴의 합동조건은 무엇일까요? 이 질문에 답을 하기에 앞서 우리는 부채꼴을 이루는 요소가 무엇인지 정확히 따져 봐야합니다. 부채꼴을 이루는 요소라...? 뭐 특별한 건 아니고요. 반지름, 호, 중심각이 바로 부채꼴을 이루는 요소에 해당합니다.

부채꼴을 이루는 세 요소 : 반지름, 호, 중심각

여기서 퀴즈~ 두 부채꼴이 서로 합동이 되기 위해서는, 부채꼴의 세 요소(반지름, 호, 중심각) 중 어느 것이 같아야 할까요? 물론 세 요소가 모두 같다면 두 부채꼴은 당연히 합동일 것입니다. 하지만 이 질문은, 두 부채꼴이 서로 합동이 되기 위해서 최소한 어떤 요소가 같아야 하는지 묻는 것입니다.

 잠시 질문의 답을 스스로 찾아보는 시간을 가져보세요.

음... 잘 모르겠다고요? 일단 세 요소 중 어느 한 요소가 같다고 해서 두 부채꼴이 합동이 되는 것은 아닙니다. 그렇죠? 다음 그림에서 보는 바와 같이 하나의 요소만으로 그려지는 부채꼴은 여러 개가 있을 수 있거든요.

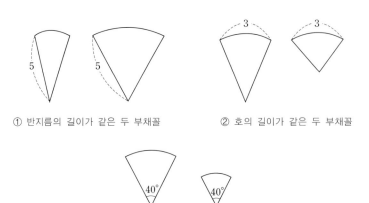

① 반지름의 길이가 같은 두 부채꼴　　② 호의 길이가 같은 두 부채꼴

③ 중심각의 크기 같은 두 부채꼴

그럼 세 요소(반지름, 호, 중심각) 중 어느 두 개의 요소가 같을 경우를 상상해 봅시다. 과연 두 요소만으로도 하나의 부채꼴이 결정될까요? 즉, ① 반지름의 길이와 호의 길이, ② 반지름의 길이와 중심각의 크기, ③ 호의 길이와 중심각의 크기가 주어졌을 때, 단 하나의 부채꼴이 그려지는지 확인해 보자는 말입니다. 다음 그림을 보면서 곰곰히 생각해 보시기 바랍니다.

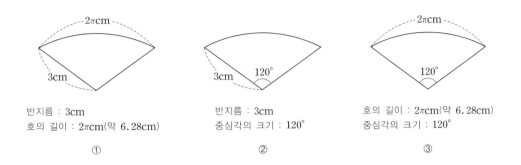

음... 그렇군요. 즉, 부채꼴의 세 요소(반지름, 호, 중심각) 중 어느 두 요소만 정해지면, 하나의 부채꼴이 완성(결정)되는 듯합니다. 여기서 우리는 부채꼴의 결정조건을 도출해 낼 수 있습니다.

부채꼴의 결정조건

① 부채꼴의 반지름의 길이와 호의 길이가 주어졌을 때
② 부채꼴의 반지름의 길이와 중심각의 크기가 주어졌을 때
③ 부채꼴의 호의 길이와 중심각의 크기가 주어졌을 때

어라...? 부채꼴의 결정조건을 살펴보니, 부채꼴의 합동조건이 자연스럽게 도출되는군요. 즉, 부채꼴의 세 요소(반지름, 호, 중심각) 중 두 요소만 서로 같으면 두 부채꼴은 합동이 된다는 뜻입니다.

부채꼴의 합동조건

① 두 부채꼴의 반지름의 길이와 호의 길이가 같을 때
② 두 부채꼴의 반지름의 길이와 중심각의 크기가 같을 때
③ 두 부채꼴의 호의 길이와 중심각의 크기가 같을 때

참고로 두 부채꼴의 반지름의 길이가 서로 같다는 말은, 한 원 속에 있는 두 부채꼴을 말하거나 합동인 두 원에 대한 부채꼴을 말하는 것과 같습니다.

한 원에서 부채꼴의 넓이와 중심각의 크기 그리고 호의 길이에 대한 상관관계를 말해보시기 바랍니다.

 잠시 질문의 답을 스스로 찾아보는 시간을 가져보세요.

다음 내용을 그림과 함께 살펴보면 어렵지 않게 부채꼴의 넓이, 중심각, 호에 대한 상관관계를 확인할 수 있을 것입니다.

① 한 원에서 중심각의 크기 또는 호의 길이가 같은 두 부채꼴은 서로 합동입니다. 또한 합동인 두 부채꼴은 중심각의 크기 또는 호의 길이가 같습니다. 따라서 한 원에서 중심각의 크기 또는 호의 길이가 같은 두 부채꼴의 넓이는 서로 같게 됩니다.

② 한 원에서 부채꼴의 중심각의 크기(또는 호의 길이)가 2배, 3배, ...가 되면 부채꼴의 넓이도 2배, 3배, ...가 됩니다. 즉, 부채꼴의 중심각의 크기(또는 호의 길이)는 부채꼴의 넓이와 정비례합니다. 따라서 한 원에서 부채꼴의 호의 길이, 중심각의 크기, 부채꼴의 넓이는 서로 정비례 관계라고 볼 수 있습니다.

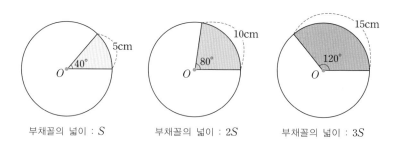

부채꼴의 넓이 : S 부채꼴의 넓이 : $2S$ 부채꼴의 넓이 : $3S$

부채꼴의 성질

한 원 또는 합동인 두 원에 대한 부채꼴의 성질은 다음과 같습니다.
  ① 중심각의 크기가 같은 두 부채꼴의 호의 길이와 넓이는 같습니다.
  ② 호의 길이가 같은 두 부채꼴의 중심각의 크기와 넓이는 같습니다.
  ③ 넓이가 같은 두 부채꼴의 호의 길이와 중심각의 크기는 같습니다.
  ④ 부채꼴의 호의 길이, 중심각의 크기, 부채꼴의 넓이는 서로 정비례합니다.

부채꼴과 관련된 문제를 풀어보도록 하겠습니다. 부채꼴, 호, 중심각의 정의 및 부채꼴의 성질을 떠올리면서 차근차근 풀어보시기 바랍니다. 다음 그림에서 $\angle AOB = 30°$, $\overset{\frown}{AB} = 5\text{cm}$, $\angle DOC = 150°$, $\angle AOD = \angle BOC$일 때 ① $\overset{\frown}{CD}$의 길이와, ② 부채꼴 BOC의 넓이를 구해보시기 바랍니다. 단, 부채꼴 AOB의 넓이는 16cm^2라고 합니다.

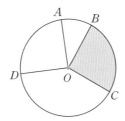

 잠시 질문의 답을 스스로 찾아보는 시간을 가져보세요.

조금 어렵나요? 여러분~ 한 원 또는 합동인 두 원에 대한 부채꼴의 호의 길이, 중심각의 크기 그리고 넓이는 서로 정비례한다는 사실, 다들 알고 계시죠? 문제를 보아하니, 부채꼴 DOC의 중심각의 크기(150°)는 부채꼴 AOB의 부채꼴의 중심각의 크기(30°)의 5배입니다. 여기서 우리는 호 $\overset{\frown}{CD}$의 길이를 쉽게 구할 수 있겠네요. $\overset{\frown}{CD}$의 길이는 $\overset{\frown}{AB}(=5\text{cm})$의 5배이므로, $\overset{\frown}{CD}=25\text{cm}$가 됩니다. 그렇죠? 이번엔 두 부채꼴 AOB와 BOC의 중심각의 크기를 비교해봄으로써, 부채꼴 BOC의 넓이를 구해보도록 하겠습니다. 먼저 부채꼴 BOC의 중심각의 크기를 구해볼까요? 일단 원을 부채꼴로 간주하면, 그 중심각의 크기는 360°가 됩니다. 맞죠? 이를 수식으로 표현하면 다음과 같습니다.

$$(\text{원의 중심각})=360° \;\rightarrow\; \angle AOD+\angle AOB+\angle BOC+\angle DOC=360°$$

$\angle AOD=\angle BOC=x°$로 놓을 경우, 다음과 같이 x에 대한 방정식을 도출할 수 있습니다.

$$\angle AOD+\angle AOB+\angle BOC+\angle DOC=x°+30°+x°+150°=360°$$

방정식을 풀면 $x=90$입니다. 즉, 부채꼴 BOC의 중심각의 크기(90°)는 부채꼴 AOB의 중심각의 크기(30°)의 3배가 됩니다. 부채꼴의 중심각의 크기와 부채꼴의 넓이는 정비례하므로, 부채꼴 BOC의 넓이는 부채꼴 AOB의 넓이(16cm²)의 3배인 48cm²가 될 것입니다. 그렇죠? 정답은 다음과 같습니다.

① $\overset{\frown}{CD}$의 길이 : 25cm   ② 부채꼴 BOC의 넓이 : 48cm²

한 원에서 중심각의 크기가 같은 두 현의 길이는 서로 같을까요?

 잠시 질문의 답을 스스로 찾아보는 시간을 가져보세요.

먼저 그림을 통해 확인해 보도록 하겠습니다. 다음과 같이 한 원에서 중심각의 크기가 같은 두 개의 부채꼴을 그려봅니다.

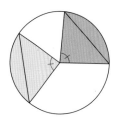 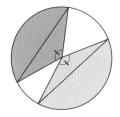

보아하니, 중심각의 크기가 같은 두 현의 길이는 서로 같아 보이네요. 앞서 한 원에서 중심각의 크기가 같은 두 부채꼴이 합동이라고 했으므로(부채꼴의 합동조건), 한 원에서 중심각의 크기가 같은 두 현의 길이 또한 서로 같게 됩니다. 참고로 삼각형의 합동조건을 이용하여 두 현의 길이가 같다는 것을 증명해 볼 수도 있습니다. 다음과 같이 한 원에서 중심각의 크기가 같은 두 현을 그려봅니다. 그리고 두 현을 밑변으로 하고 원의 중심을 꼭짓점으로 하는 두 삼각형을 찾습니다.

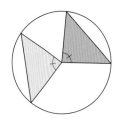 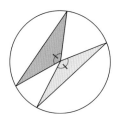

보는 바와 같이 각각의 원 안에 그려진 두 삼각형은 서로 합동입니다. 그렇죠? 네, 맞습니다. 두 변의 길이(원의 반지름)와 그 끼인각(중심각)이 같잖아요. 즉, 원 안에 그려진 두 삼각형은 SAS합동이 됩니다. 따라서 한 원에서 중심각의 크기가 같은 두 현의 길이는 서로 같습니다. 더불어 한 원에서 길이가 같은 두 현에 대한 중심각의 크기 또한 같다는 사실도 함께 기억하시기 바랍니다. 이는 한 원에서 길이가 같은 두 현에 의해 만들어진 부채꼴이 서로 합동이라는 것을 의미합니다. 정리하자면, 한 원에서 길이가 같은 두 현에 의해 만들어진 부채꼴의 넓이ㆍ호ㆍ중심각의 크기는 모두 같다는 뜻입니다.

한 원에서 길이가 같은 두 현에 의해 만들어진 부채꼴은 서로 합동이다.

그렇다면 한 원에서 부채꼴의 현의 길이와 중심각의 크기는 정비례할까요?

 잠시 질문의 답을 스스로 찾아보는 시간을 가져보세요.

언뜻 현의 길이와 중심각의 크기가 정비례한다고 생각할 수도 있습니다. 하지만 이는 잘못된 추론입니다. 다음 그림을 유심히 살펴보시기 바랍니다.

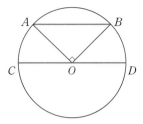

어떠세요? 중심각의 크기가 180°인 부채꼴(반원)의 현 $\overline{CD}$의 길이(지름)를, 중심각의 크기가 90°인 부채꼴 AOB의 현 $\overline{AB}$의 길이의 2배라고 말할 수 있겠습니까? 대충 봐도 그렇지 않다는 것을 쉽게 확인할 수 있죠? 즉, 한 원에서 현의 길이와 중심각의 크기는 정비례하지 않습니다. 이는 여러 학생들이 착각하는 개념 중 하나이므로 확실히 짚고 넘어가시기 바랍니다.

한 원에서 부채꼴의 현의 길이와 중심각의 크기는 정비례하지 않는다.

이 참에 한 원에 대한 부채꼴의 넓이, 호, 중심각, 현의 관계를 한꺼번에 정리해 보도록 하겠습니다. 여러 가지 부채꼴을 머릿속으로 상상하면서 다음 내용을 천천히 읽어 보시기 바랍니다. 가끔 학생들이 '정비례'라는 용어와 '비례'라는 용어를 혼동하는 경향이 있는데, 이 둘은 서로 같은 뜻을 지닌 단어입니다. 단, 중학교에서는 '반'비례와 비교하여 '정'비례라는 용어를 사용할 뿐이지, 고등학교 이상에서는 정비례라는 용어보다는 그냥 비례라는 용어를 더 많이 사용한다는 사실, 참고하시기 바랍니다.

함께 변화하는 두 양 또는 수에 있어서, 한쪽이 2배, 3배…로 되면,
다른 한쪽도 2배, 3배…로 될 때, 이 두 양을 '비례 또는 정비례'한다고 정의한다.

정비례 관계인 것	정비례 관계가 아닌 것
• 부채꼴의 호의 길이와 중심각	• 부채꼴의 호의 길이와 현
• 부채꼴의 중심각과 넓이	• 부채꼴의 넓이와 현
• 부채꼴의 넓이와 호의 길이	• 부채꼴의 중심각과 현

다음 보기 중 옳지 않은 것을 고르시기 바랍니다. 단, 다각형 $ABCDE$는 정오각형입니다.

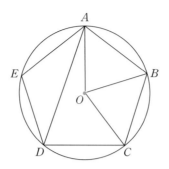

① 부채꼴 AOB의 중심각의 크기는 72°이다.

② $\overset{\frown}{AB}=\dfrac{1}{2}\overset{\frown}{AD}$이다.

③ $\angle AOB=\angle BOC$

④ 부채꼴 AOC의 넓이는 부채꼴 AOB의 넓이의 두 배이다.

⑤ $\overline{AD}$의 길이는 $\overline{BC}$의 길이의 두 배이다.

 잠시 질문의 답을 스스로 찾아보는 시간을 가져보세요.

조금 어렵나요? 하나씩 따져보도록 하겠습니다. 먼저 ① 부채꼴 AOB의 중심각의 크기를 구해봅시다. 문제에서 다각형 $ABCDE$가 정오각형이라고 했으므로, 다각형 $ABCDE$의 모든 변의 길이는 같습니다. 즉, 부채꼴 AOB와 부채꼴 BOC에 대하여 각 부채꼴의 현 $\overline{AB}$와 $\overline{BC}$의 길이가 같다($\overline{AB}=\overline{BC}$)는 말입니다. 더불어 두 부채꼴 AOB와 BOC는 합동입니다. 그렇죠? 더불어 $\angle ABC$는 정오각형의 한 내각이므로 그 크기는 다음과 같습니다.

- 정n각형의 한 내각의 크기 : $\dfrac{180(n-2)}{n}$

- 정오각형의 한 내각의 크기 : $\dfrac{180(5-2)}{5}=108°=\angle ABC$

여기에 더하여 $\triangle AOB$와 $\triangle BOC$가 서로 합동이므로(SSS합동), 다음 등식이 성립합니다. ($\triangle AOB\equiv\triangle BOC$: 삼각형의 두 변은 반지름, 나머지 한 변은 정오각형의 한 변에 해당하므로 두 삼각형의 대응변의 길이는 각각 같습니다)

$$\triangle AOB\equiv\triangle BOC(SSS합동) \rightarrow \angle ABO=\angle CBO=\dfrac{1}{2}\angle ABC$$

앞서 $\angle ABC=108°$(정오각형의 한 내각의 크기)라고 했으므로, $\angle ABO=\angle CBO=54°$가

됩니다. 또한 $\triangle AOB$는 $\overline{OA}=\overline{OB}$(원의 반지름)인 이등변삼각형이므로 두 밑각의 크기가 서로 같다는 사실도 쉽게 확인할 수 있습니다. ($\angle ABO=\angle BAO=54°$)

여기까지 이해 되시죠? 이제 $\triangle OAB$의 내각의 합이 $180°$라는 사실을 활용하여, $\angle AOB$의 크기를 구해보겠습니다.

$$(\triangle OAB의\ 내각의\ 합) = \angle ABO+\angle BAO+\angle AOB=180° \quad \rightarrow \quad 54°+54°+\angle AOB=180° \quad \rightarrow \quad \angle AOB=72°$$

음... 도무지 무슨 말을 하고 있는지 잘 모르겠다고요? 다음 그림을 보면 이해하기가 한결 수월할 것입니다.

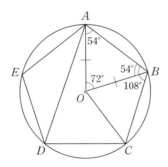

따라서 ①은 맞는 보기입니다. 그럼 보기 ② $\overset{\frown}{AB}=\dfrac{1}{2}\overset{\frown}{AD}$는 어떨까요? 여러분~ 한 원에서 부채꼴의 호의 길이와 중심각의 크기가 정비례한다는 사실, 다들 알고 계시죠? 그림에서 보는 바와 같이 부채꼴 AOB의 중심각 $\angle AOB$의 크기는 부채꼴 AOD의 중심각 $\angle AOD$의 절반과 같습니다. 여기서 정오각형 $ABCDE$의 내부의 한 점 O를 기준으로 그려지는 다섯 개의 삼각형은 모두 합동이라는 사실을 기억하시기 바랍니다. ($\triangle OAB\equiv\triangle OBC\equiv\triangle OCD\equiv\triangle ODE\equiv\triangle OEA$)

$$\angle AOD=144°, \quad \angle AOB=72°$$

결국 ② $\overset{\frown}{AB}=\dfrac{1}{2}\overset{\frown}{AD}$도 맞는 보기입니다. 더불어 ③ $\angle AOB=\angle BOC$ 또한 맞는 보기가 됩니다. 앞서도 언급했듯이 정오각형 $ABCDE$의 내부의 한 점 O를 기준으로 그려지는 다섯 개의 삼각형은 모두 합동이니까요.

④의 경우는 어떨까요? 과연 부채꼴 AOC의 넓이는 부채꼴 AOB의 넓이의 두 배일까요? 네, 그렇습니다. 한 원에서 부채꼴의 넓이는 중심각의 크기와 정비례하므로, 부채꼴 AOC의 넓이는 부채꼴 AOB의 넓이의 두 배가 됩니다. ($\angle AOC = 2\angle AOB = 144°$)

마지막이네요. ⑤ $\overline{AD}$의 길이는 $\overline{BC}$의 길이의 두 배일까요? 잠깐! 두 선분 $\overline{AD}$와 $\overline{BC}$가 현의 길이를 의미한다는 거, 다들 아시죠? 더불어 현의 길이는 중심각의 크기와 정비례하지 않는다는 것도, 알고 계시죠? 즉, 부채꼴 AOD와 BOC의 중심각의 비가 2:1이라고 해서 현의 길이의 비 또한 2:1이 된다고 생각하면 큰 오산입니다. 이는 $\overline{AD}$의 길이가 $\overline{BC}$의 길이의 두 배가 아니라는 것을 의미합니다. 따라서 ⑤는 틀린 보기입니다. 음... 조금 어렵나요? 이해가 잘 되지 않는 학생은 그림과 함께 다시 한 번 천천히 읽어보시기 바랍니다.

부채꼴의 호의 길이와 넓이는 어떻게 구할 수 있을까요? 일단 부채꼴은 원의 일부분이므로, 부채꼴의 호의 길이는 원주의 일부분이며, 부채꼴의 넓이는 원의 넓이의 일부분입니다. 그렇죠? 여기서 잠깐! 원의 반지름이 r이고 원주율이 π일 때, 원주의 길이는 $2\pi r$이며 원의 넓이는 πr^2이라는 사실, 다들 알고 계시죠? 그럼 여기서 퀴즈입니다. 원주율 π는 무엇을 의미하는 상수일까요? 다음 문장을 천천히 읽어보면서 원주율 π가 어떤 숫자인지 유추해 보시기 바랍니다.

- 원의 지름이 1($=2r$)일 때, 원주의 길이는 약 3.14($=2\pi r$)가 된다.
- 원의 지름이 2($=2r$)일 때, 원주의 길이는 약 6.28($=2\pi r$)이 된다.
- 원의 지름이 3($=2r$)일 때, 원주의 길이는 약 9.42($=2\pi r$)가 된다.

어렵지 않죠? 주어진 내용으로부터 우리는 원의 지름 $2r$에 원주율 π를 곱한 값이 바로 원주의 길이가 된다는 것을 쉽게 확인할 수 있습니다.

$$(\text{원주의 길이}) = (\text{원의 지름}) \times (\text{원주율}) = (2r) \times \pi = 2\pi r$$

즉, 원주율 π는 원주의 길이를 원의 지름으로 나눈 값으로서, 원주의 길이와 그 지름의 비율(약 3.14)을 의미한다는 뜻이지요.

- (원의 지름)$=1$, (원주의 길이)$≒(3.14)$
- (원의 지름)$=2$, (원주의 길이)$≒(6.28)$ $\rightarrow$ $\dfrac{(\text{원주의 길이})}{(\text{원의 지름})} ≒ 3.14$
- (원의 지름)$=3$, (원주의 길이)$≒(9.42)$

이 참에 원주율의 역사에 대해 조금 살펴볼까요?

사실 원은 둥글기 때문에 그 둘레(원주)의 길이를 자로 측정하기가 상당히 어렵습니다. 그래서 옛날 사람들은 실이나 끈을 이용하여 대략적인 원의 둘레를 재곤 했는데요. 여러 가지 원의 둘레를 측정하면서, '모든 원에 대하여 원주의 길이가 지름의 약 3배 정도가 된다'는 사실을 알게 되었다고 합니다. 이는 원의 지름에 대한 원주의 길이의 비를 정확히 알고 있다면, 원의 지름으로부터 손쉽게 원주의 길이를 계산해 낼 수 있다는 것을 의미합니다. 예를 들어, 원주의 길이가 지름의 3배라고 가정하고, 지름이 1, 2, 3인 원의 둘레(원주)의 길이를 구해보면 다음과 같습니다.

$$\text{(원의 지름에 대한 원주의 길이의 비)} = \frac{\text{(원주의 길이)}}{\text{(원의 지름)}} = 3$$

- $\text{(원의 지름)} = 1 : \dfrac{\text{(원주의 길이)}}{\text{(원의 지름)}} = \dfrac{\text{(원주의 길이)}}{1} = 3 \;\rightarrow\; \text{(원주의 길이)} = 3$

- $\text{(원의 지름)} = 2 : \dfrac{\text{(원주의 길이)}}{\text{(원의 지름)}} = \dfrac{\text{(원주의 길이)}}{2} = 3 \;\rightarrow\; \text{(원주의 길이)} = 6$

- $\text{(원의 지름)} = 3 : \dfrac{\text{(원주의 길이)}}{\text{(원의 지름)}} = \dfrac{\text{(원주의 길이)}}{3} = 3 \;\rightarrow\; \text{(원주의 길이)} = 9$

어떠세요? 원주율의 값을 활용하면, 원의 지름으로부터 정확히 원주의 길이를 계산해 낼 수 있죠? 이 때문에 수많은 고대 수학자들은 원주율(원의 지름에 대한 원주의 길이의 비)의 값을 정확히 찾기 위해 무단히 노력했다고 합니다. 그들은 다양한 방법으로 원주율을 구하곤 했는데요, 그 중 측정이 아닌 수학적 계산을 통해 처음으로 원주율의 값을 계산한 사람이 있었습니다. 이 사람이 바로 그 유명한 아르키메데스입니다. 아르키메데스? 혹시 처음 듣는 이름인가요? 욕조에서 흘러넘치는 물을 보고 벌거벗은 채 밖으로 뛰어나와, '유레카'를 마구 외쳐댔다는 그 사람이, 바로 고대 그리스의 수학자 아르키메데스입니다. 자세한 내용은 심화학습에서 따로 읽어보시기 바랍니다. 여하튼 아르키메데스는 원의 안쪽과 바깥쪽으로 접하는 정다각형의 둘레를 이용하여 원주율의 값을 계산했다고 합니다.

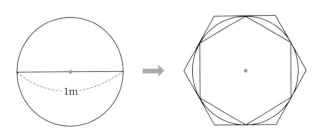

좀 더 구체적으로 말하자면, 원주의 길이는 안쪽 정다각형의 둘레보다 크고, 바깥쪽 정다각형의 둘레보다 작다는 원리로부터 원주율의 근삿값을 계산했다고 하네요. 그는 지름이 1m인 원의 안쪽과 바깥쪽에 접하는 정다각형을 정12각형, 정24각형, 정48각형, …과 같이 변의 개수를 2배씩 늘려 그리기 시작했습니다. 최종적으로 정96각형을 그린 다음 그 둘레를 측정해 보니, 안쪽과 바깥쪽에 있는 정96각형의 둘레가 각각 3.1408…m와 3.1428…m가 되었다고 합니다. 즉, 원주의 길이는 이 두 값의 사이에 있는 어떤 값이 될 것입니다. 이렇게 계산하여 얻은 수가 바로 원주율 3.1418이라고 합니다. 이것은 현재 원주율의 값인 3.14159…와 약 0.0002 밖에 차이가 나지 않을 정도로 매우 정확한 계산이었습니다. 이러한 계산방법을 '다각형법'이라고 부르는데, 현재까지도 매우 훌륭한 계산법으로 전해지고 있습니다.

이제 본격적으로 부채꼴의 호의 길이와 넓이를 구하는 방법에 대해 알아보도록 하겠습니다. 사실 부채꼴의 호의 길이와 넓이공식은 원주의 길이와 원의 넓이공식으로부터 도출됩니다. 왜냐하면 부채꼴은 원의 일부분이기 때문이죠. 다들 아시는 바와 같이 원주율이 π일 때, 반지름이 r인 원의 둘레의 길이(l)와 넓이(S)는 다음과 같습니다.

$$l = 2\pi r, \quad S = \pi r^2$$

다음 그림을 보고 색칠한 부채꼴의 호의 길이와 넓이가 원의 몇 배인지 각 보기별로(①,②,③) 확인해 보시기 바랍니다.

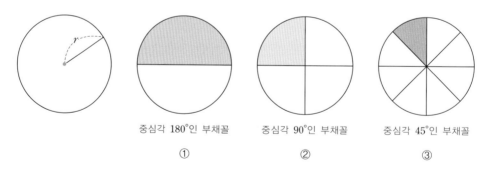

중심각 180°인 부채꼴 ①   중심각 90°인 부채꼴 ②   중심각 45°인 부채꼴 ③

잠시 질문의 답을 스스로 찾아보는 시간을 가져보세요.

어렵지 않죠? 그럼 ① 중심각이 180°인 부채꼴의 호의 길이와 넓이, ② 중심각이 90°인 부채꼴의 호의 길이와 넓이, ③ 중심각이 45°인 부채꼴의 호의 길이와 넓이가, 원(반지름 : r)의 몇 배인지 확인해 보면 다음과 같습니다.

① 중심각이 180°인 부채꼴의 호의 길이와 넓이는 원의 $\frac{1}{2}$ 배입니다.

② 중심각이 90°인 부채꼴의 호의 길이와 넓이는 원의 $\frac{1}{4}$ 배입니다.

③ 중심각이 45°인 부채꼴의 호의 길이와 넓이는 원의 $\frac{1}{8}$ 배입니다.

이제 원에 대한 부채꼴의 배수를 $\frac{x}{360}$ 꼴로 표현해 보시기 바랍니다.

 잠시 질문의 답을 스스로 찾아보는 시간을 가져보세요.

① 중심각이 180°인 부채꼴의 호의 길이와 넓이는 원의 $\frac{1}{2}$ 배이다. → $\frac{1}{2} = \frac{180}{360}$

② 중심각이 90°인 부채꼴의 호의 길이와 넓이는 원의 $\frac{1}{4}$ 배이다. → $\frac{1}{4} = \frac{90}{360}$

③ 중심각이 45°인 부채꼴의 호의 길이와 넓이는 원의 $\frac{1}{8}$ 배이다. → $\frac{1}{8} = \frac{45}{360}$

뭔가 감이 오시나요? 그렇습니다. x는 바로 부채꼴의 중심각의 크기입니다. 즉, 반지름이 r 인 원에 대하여 중심각의 크기가 $x°$인 부채꼴의 호의 길이(l)는 원주의 길이의 $\frac{x}{360}$ 배, 부채꼴의 넓이(S)는 원의 넓이의 $\frac{x}{360}$ 배와 같습니다. 이해되시죠?

$$l = 2\pi r \times \frac{x}{360}, \quad S = \pi r^2 \times \frac{x}{360} \ \text{(원주의 길이}: 2\pi r, \text{ 원의 넓이}: \pi r^2)$$

음... 보아하니, 부채꼴의 호의 길이와 넓이를 구하기 위해서는, 반지름의 길이(r)와 중심각의 크기($x°$)만 정확히 확인하면 되는군요. 그렇죠?

부채꼴의 호의 길이와 넓이

반지름이 r이고 중심각의 크기가 $x°$인 부채꼴의 호의 길이와 넓이는 다음과 같습니다.
  ① 호의 길이 : $l = 2\pi r \times \frac{x}{360}$ ② 넓이 : $S = \pi r^2 \times \frac{x}{360}$

부채꼴의 호의 길이와 넓이에 관한 문제를 풀어볼까요? 다음 그림에서 ① $\overset{\frown}{AB}$의 길이와 ② 부채 꼴 BOC의 넓이를 구해보시기 바랍니다. 단, 원주율은 π이며, 부채꼴 AOC는 반원입니다.

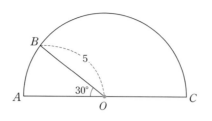

 잠시 질문의 답을 스스로 찾아보는 시간을 가져보세요.

일단 ① $\widehat{AB}$의 길이를 구하기 위해서는 부채꼴 AOB의 중심각의 크기를 알아야 합니다. 그림을 보아하니 부채꼴 AOB의 중심각의 크기는 30°군요. 그럼 부채꼴의 호의 길이공식을 활용하여 $\widehat{AB}$의 길이를 구해보도록 하겠습니다. 누차 얘기했지만 억지로 공식을 외우려 하지 말고, 자주 보면서 자연스럽게 기억할 수 있도록 노력하시기 바랍니다.

$$\text{반지름이 } r \text{이고 중심각의 크기가 } x° \text{인 부채꼴의 호의 길이}(l) : 2\pi r \times \frac{x}{360}$$

$$r=5,\ x=30 : l=2\pi r \times \frac{x}{360} \ \rightarrow \ l=2\pi \times 5 \times \frac{30}{360} = \frac{5}{6}\pi$$

가끔 원주율 π가 변수인양 뭔가를 대입하려고 하는 학생들이 있는데, 원주율 π는 3.14...에 해당하는 어떤 숫자(상수)일 뿐입니다. 절대 변수로 생각하면 안 됩니다. 이제 ② 부채꼴 BOC의 넓이를 구해볼까요? 마찬가지로 부채꼴 BOC의 중심각의 크기를 알면 쉽게 답을 구할 수 있습니다. 여러분~ 반원을 부채꼴로 보면, 그 중심각의 크기가 180°라는 사실, 다들 아시죠? 즉, 부채꼴 BOC의 중심각의 크기는 150°가 된다는 말입니다. 그럼 부채꼴의 넓이공식을 활용하여 부채꼴 BOC의 넓이를 구해보도록 하겠습니다. 한 번 더 말하지만 억지로 공식을 외우려 하지 말고, 자주 보면서 자연스럽게 기억할 수 있도록 노력하시기 바랍니다.

$$\text{반지름이 } r \text{이고 중심각의 크기가 } x° \text{인 부채꼴의 넓이}(S) : \pi r^2 \times \frac{x}{360}$$

$$r=5,\ x=150 : S=\pi r^2 \times \frac{x}{360} \ \rightarrow \ S=\pi \times 5^2 \times \frac{150}{360} = \frac{125}{12}\pi$$

쉽죠? 따라서 ① $\widehat{AB}$의 길이는 $\frac{5}{6}\pi$이고 ② 부채꼴 BOC의 넓이는 $\frac{125}{12}\pi$입니다.

다음 색칠한 부분의 넓이를 구해보시기 바랍니다. 단, 그림 ①에서 도형 AOB는 부채꼴이며, O'는 세 점 P, Q, R를 지나는 원의 중심입니다. 그리고 그림 ②에서 사각형 $CDEF$는 정사각형이며, 도형 CDE와 XFY는 부채꼴입니다.

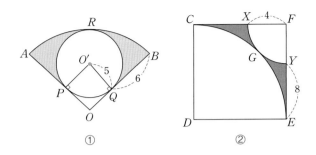

①　　　　　　　②

 잠시 질문의 답을 스스로 찾아보는 시간을 가져보세요.

조금 어렵나요? 함께 풀어보도록 하겠습니다. 일단 ①의 색칠한 부분의 넓이는 부채꼴 AOB 의 넓이에서 사각형 $PO'QO$의 넓이와 부채꼴 $PRQO'$의 넓이를 뺀 값과 같습니다. 그렇죠?

문제에서 사각형 $PO'QO$가 정사각형이라고 했으므로, 부채꼴 AOB의 반지름 $\overline{OB}$는 11이 되며, 중심각 $\angle POQ$의 크기는 90°입니다.

$$\overline{OB}=\overline{OQ}+\overline{QB}=5+6=11, \quad \angle POQ=(직각)=90°$$

또한 부채꼴 $PRQO'$의 반지름은 5이며, 그 중심각 $\angle PO'Q$(큰 쪽)의 크기는 270°입니다. 여 기서 90°로 오해하지 않길 바랍니다.

$$(반지름)=\overline{O'Q}=5, \ (중심각)=\angle PO'Q=360°-90°=270°$$

이제 색칠한 부분의 넓이를 구해볼까요? 잠깐! 반지름이 r이고 중심각의 크기가 x°인 부채꼴 의 넓이가 $\pi r^2 \times \dfrac{x}{360}$인 거, 다들 아시죠?

(색칠한 부분의 넓이)
= (부채꼴 AOB의 넓이) − (정사각형 $PO'QO$의 넓이) − (부채꼴 $PRQO'$의 넓이)
= $\pi(11)^2 \times \dfrac{90}{360} - 25 - \pi(5)^2 \times \dfrac{270}{360} = \dfrac{23}{2}\pi - 25$

어렵지 않죠? ②의 경우, 색칠한 부분의 넓이는 정사각형 $CDEF$의 넓이에서 부채꼴 CDE의 넓이와 부채꼴 XFY의 넓이를 뺀 값과 같습니다. 그렇죠?

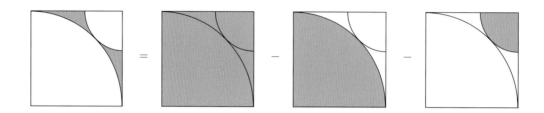

일단 정사각형 $CDEF$의 한 변 $\overline{FE}$의 길이는 선분 $\overline{FY}$와 $\overline{YE}$의 길이를 합한 값과 같습니다. 여기서 $\overline{FY}$는 부채꼴 XFY의 반지름이므로 $\overline{XF}$의 길이 4와 같습니다. 즉, 정사각형 $CDEF$의 한 변 $\overline{FE}$의 길이는 $\overline{XF}$의 길이 4와 선분 $\overline{YE}$의 길이 8의 합인 12가 된다는 말입니다.

$$(\text{정사각형 } CDEF \text{의 한 변의 길이})=\overline{FE}=\overline{FY}+\overline{YE}=\overline{XF}+\overline{YE}=4+8=12$$

부채꼴 CDE의 반지름은 정사각형 $CDEF$의 한 변의 길이와 같으므로 12가 되며, 중심각의 크기는 90°입니다. 또한 부채꼴 XFY의 반지름은 4이며, 중심각의 크기는 90°입니다. 이제 색칠한 부분의 넓이를 구해볼까요? 잠깐! 반지름이 r이고 중심각의 크기가 $x°$인 부채꼴의 넓이가 $\pi r^2 \times \dfrac{x}{360}$인 거, 다들 아시죠?

(색칠한 부분의 넓이)
$=(\text{정사각형 } CDEF \text{의 넓이})-(\text{부채꼴 } CDE \text{의 넓이})-(\text{부채꼴 } XFY \text{의 넓이})$
$=(12)^2-\pi(12)^2 \times \dfrac{90}{360}-\pi(4)^2 \times \dfrac{90}{360}=144-40\pi$

따라서 정답은 ① $\dfrac{23}{2}\pi-25$, ② $144-40\pi$입니다. 어렵지 않죠?

★ 개념을 정확히 이해했는지 확인하고 싶다면, 학교 교과서에 나오는 개념확인 문제를 풀어 보거나 스스로 개념 확인문제를 출제하여 풀어보면 큰 도움이 될 것입니다.

【맨홀 뚜껑의 비밀】

여러분~ 맨홀 뚜껑이 왜 동그랗게 생겼는지 알고 계시나요? 맨홀이 뭐냐고요? 맨홀이란 노면 지하로 사람이 출입할 수 있도록 만든 구멍을 말합니다. 맨홀을 영어로 풀어쓰면 그 의미를 좀 더 쉽게 이해할 수 있을 것입니다.

$$\text{manhole(맨홀)} = \text{man(사람)} + \text{hole(구멍)}$$

현재 우리가 다니는 길 아래 상·하수도관 등이 매설되어 있다는 거, 다들 아시죠? 그곳을 출입할 수 있도록 만들어 놓은 구멍이 바로 맨홀입니다.

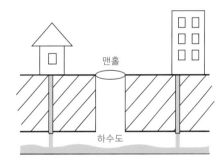

만약 정사각형 모양으로 맨홀 뚜껑을 만들었다면 어떤 상황이 벌어질까요? 다음과 같이 맨홀 뚜껑이 맨홀(구멍)의 대각선 방향으로 세워질 경우를 상상해 보시기 바랍니다.

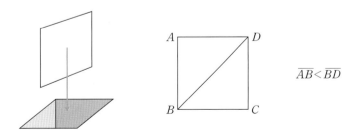

$$\overline{AB} < \overline{BD}$$

 잠시 질문의 답을 스스로 찾아보는 시간을 가져보세요.

네, 맞아요. 맨홀 뚜껑이 맨홀 아래로 빠지게 될 것입니다. 왜냐하면 정사각형의 대각선의 길이는 정사각형의 한 변의 길이보다 크기 때문이죠. 맨홀 뚜껑을 동그랗게 만들 경우는 어떨까요? 즉, 원형으로 맨홀 뚜껑을 만들어보자는 말이지요.

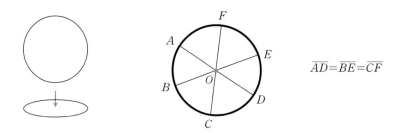

$$\overline{AD}=\overline{BE}=\overline{CF}$$

어떠세요? 맨홀 뚜껑이 어떻게 세워지더라도, 맨홀 아래로 뚜껑이 빠지게 되는 일은 절대 없겠죠? 그 이유는 바로 맨홀과 맨홀 뚜껑의 지름이 서로 같기 때문입니다. 이러한 이유로 대다수의 나라에서는 맨홀 뚜껑을 원형으로 만든답니다.

【아르키메데스의 유레카】

'유레카(eureka)'가 무엇일까요?

 잠시 질문의 답을 스스로 찾아보는 시간을 가져보세요.

유레카라는 용어는 '알아냈어~, 바로 이거야!' 등을 의미하는 그리스어로서, 어떤 질문에 대한 답을 찾았을 때 그 기쁨을 표현하는 감탄사입니다. 영어로 말하자면 'I got it!' 정도가 되겠네요. 이 말은 고대 그리스의 유명한 과학자인 아르키메데스의 일화를 통해 유명해졌습니다. 그는 천문학자인 피라쿠스의 아들이었는데요. 어느 날 피라쿠스는 이집트로 유학을 갔다 돌아온 아들 아르키메데스를 왕에게 인사시키러 갔다고 합니다. 때마침 왕은 새로 만든 왕관이 진짜 순금으로 만들어졌는지 아니면 다른 물질과 섞여있는지 궁금해 하던 차, 아르키메데스에게 이 문제를 해결해 달라고 요청했습니다. 집으로 돌아온 아르키메데스는, 며칠 째 방 안에서 꼼짝도 하지 않고 왕이 내준 숙제를 풀고 있었습니다. 아버지 피라쿠스는 방 안에서 골똘히 고민하고 있는 아들이 너무 안쓰러워, 쉬엄쉬엄 하라며 목욕탕에 데려 갔습니다. 목욕탕에 간 두 사람은 차례로 욕조에 들어가 몸을 축였는데요. 아버지가 욕조에 들어갔을 때에는 물이 넘치지 않았는데, 아르키메데스가 욕조에 들어갔을 때에는 욕조의 물이 조금 넘쳤다고 합니다. 욕조의 물이 넘치는 것을 보자마자 갑자기 아르키메데스는 '유레카'를 외치며 밖으로 뛰쳐 나갔습니다. 거리에 있던 사람들은 벌거벗은 채 유레카를 외치며 돌아다니는 아르키메데스를 정신병자라고 놀려댔습니다. 하지만 아르키메데스는 그 말을 듣지 못했는지, 계속해서 유레카를 외치며 기뻐했다고 합니다. 그 이유는 바로 왕이 내준 숙제를 해결할 수 있는 방법을 찾았기 때문이라고 하네요.

다음 날 아침 왕에게 찾아간 아르키메데스는 물이 가득 차 있는 그릇을 준비하여, 그 속에 왕관을 넣은 후 넘친 물의 양을 측정했습니다. 그리고 동일한 크기의 또 다른 그릇에 물을 가득 채우고, 왕관과 무게가 같은 순금 덩어리를 넣어 넘치는 물의 양을 측정했습니다. 만약 각 그릇에서 흘러나온 물의 양이 서로 같다면 왕관과 순금 덩어리는 동일한 물질로 이루어졌을 것이며, 흘러나온 물의 양이 서로 다르다면 왕관은 순금이 아닌 가짜 금(또는 불순물이 들어간 금)으로 만든 왕관이 되는 것이지요. 즉, 아르키메데스는 중량과 부피를 비교하여 왕관이 진짜 순금인지 아닌지를 판별한 것입니다.

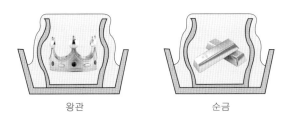

| 왕관 | 순금 |

결국 아르키메데스는 왕 앞에서 왕관이 가짜 금으로 만들어졌다는 사실을 확인시켜 주었습니다. 왕은 그 즉시 왕관을 만든 장인을 불러 감옥에 가두었다고 합니다.

여기서 '밀도'라는 개념이 등장합니다. 밀도는 어떤 물질의 분자들이 빽빽하게 모여 있는 정도를 뜻하는 용어로, 물질의 질량을 부피로 나눈 값으로 정의합니다. 참고로 밀도의 밀은 '빽빽할 밀(密)'자를 씁니다. 예를 들어, 어떤 물질 A의 질량이 300g이고 부피가 1200cm³라면 물질 A의 밀도는 다음과 같습니다.

$$(밀도) = \frac{(질량)}{(부피)} \rightarrow (물질 \ A의 \ 밀도) = \frac{300g}{1200cm^3} = 0.25(g/cm^3)$$

밀도는 물질의 고유한 값이기 때문에, 밀도를 비교하면 두 물질이 서로 같은 물질인지 아닌지를 확실히 알아낼 수 있습니다. 앞서 아르키메데스가 왕관이 진짜 순금으로 만들어졌는지 확인할 때 사용한 개념이 바로 밀도인 것이지요. 너무 어렵나요? 그렇다면 그냥 아르키메데스의 유레카 일화만 기억하고 넘어가시기 바랍니다.

【원의 넓이와 직사각형의 넓이】

원주율이 π일 때, 반지름이 r인 원의 원주의 길이(l)와 원의 넓이(S)는 다음과 같습니다.

$$l=2\pi r, \quad S=\pi r^2$$

여기서 등식 $l=2\pi r$을 $\pi r=\dfrac{l}{2}$로 변형하여 $S=\pi r^2$에 대입하면 $S=\dfrac{1}{2}lr$이 됩니다.

$$l=2\pi r \;\rightarrow\; \pi r=\left(\dfrac{l}{2}\right)$$
$$\rightarrow\; S=\pi r^2=(\pi r)\times r \;\rightarrow\; S=\dfrac{1}{2}lr$$

여기서 퀴즈입니다. 원의 넓이 공식 $S=\dfrac{1}{2}lr$을 직사각형의 넓이 공식으로 설명해 보시기 바랍니다. 무슨 말이냐고요? 어떻게 원의 넓이를 직사각형의 넓이 공식으로 설명할 수 있냐고요? 일단 머릿속에 반지름이 r인 원을 상상한 후, 이 원을 아주 얇은 부채꼴(중심각이 아주 작은 부채꼴)로 잘라봅니다.

원을 아주 얇은 부채꼴로 자른다?

음... 실처럼 가느다란 부채꼴이 무수히 많이 만들어지겠네요. 그럼 잘려진 부채꼴을 다음과 같이 지그재그로 붙여 직사각형 모양을 만들어 봅니다.

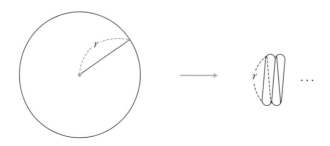

이제 지그재그로 잘라 붙인 도형을 직사각형이라고 상상해 보십시오. 과연 이 직사각형의 가로와 세로의 길이는 얼마일까요? 그렇습니다. 가로의 길이는 원주의 길이의 절반인 $\frac{1}{2}l$이 될 것이며, 세로의 길이는 반지름 r이 될 것입니다.

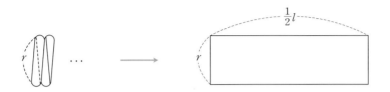

여기까지 이해가 되시죠? 여러분~ 직사각형의 넓이는 어떻게 구하죠? 네, 맞아요. 가로와 세로의 길이를 곱하면 됩니다. 즉, 반지름이 r인 원을 직사각형으로 변형하면, 그 넓이 공식 $S=\frac{1}{2}lr$에서 $\frac{1}{2}l$을 직사각형의 가로의 길이로, 반지름 r을 직사각형의 세로의 길이로 볼 수 있다는 말입니다.

$$S=\left(\frac{1}{2}l\right)\times r=(\text{가로})\times(\text{세로})$$

어떠세요? 정말 원의 넓이 공식이 직사각형의 넓이 공식으로 설명되었죠? 이것이 바로 고등학교에서 배우는 '미분과 적분'의 개념입니다. 미분은 '작을 미(微)', '나눌 분(分)'자를 써서 '아주 작게 나누는 것'을 의미하며, 적분은 '쌓을 적(積)', '나눌 분(分)'자를 써서 '나누어진 것들을 쌓는 것'을 의미하는 수학 개념입니다. 앞서 원을 잘라 직사각형으로 표현한 것처럼, 미분과 적분의 개념을 활용하면 어떤 모양의 도형이라도 아주 작게 나누어 직사각형 및 삼각형 등 우리가 쉽게 다룰 수 있는 도형으로 재구성할 수 있습니다. 즉, 미적분의 개념을 활용하면 임의의 도형의 길이, 넓이 등을 쉽게 구할 수 있다는 말이지요. 너무 어렵나요? 여기서는 그냥 미분과 적분이라는 용어의 사전적인 뜻만 기억하고 넘어가시기 바랍니다.

- 미분 : '작을 미(微)', '나눌 분(分)' → 아주 작게 나누는 것
- 적분 : '쌓을 적(積)', '나눌 분(分)' → 나누어진 것들을 쌓는 것

2 개념정리하기

1 다각형

여러 개의 선분으로 둘러싸인 평면도형을 다각형이라고 말합니다. 더불어 선분의 개수가 3개, 4개, ..., n개인 다각형을 각각 삼각형, 사각형, ..., n각형이라고 부릅니다. 또한 다각형의 각 선분을 다각형의 변, 선분의 끝점을 다각형의 꼭짓점이라고 칭합니다. (숨은 의미 : 다각형의 개념을 정의함으로써, 여러 가지 도형을 다루는 기본 토대를 마련해 줍니다)

2 다각형의 내각과 외각

다각형에서 이웃하는 두 변으로 이루어진 각, 즉 다각형의 내부에 있는 각을 다각형의 내각이라고 말하며, 다각형의 각 꼭짓점에 이웃하는 두 변 중 한 변과 다른 한 변의 연장선이 이루는 각을 다각형의 외각이라고 부릅니다. 더불어 다각형의 한 꼭짓점에 대한 내각과 외각(1개)의 합은 평각(180°)이 됩니다. (숨은 의미 : 다각형의 내각과 외각을 정의함으로써, 다각형의 각과 관련된 개념을 파악하는 데 도움을 줍니다)

3 삼각형의 내각과 외각의 성질

삼각형의 내각과 외각의 성질은 다음과 같습니다.
  ① 삼각형의 세 내각의 크기의 합은 180°입니다.
  ② 삼각형의 한 외각의 크기는 그와 이웃하지 않는 두 내각의 크기의 합과 같습니다.
(숨은 의미 : 다각형의 기본이 되는 도형인 삼각형의 내각과 외각의 성질을 확인함으로써, 다각형의 각과 관련된 개념을 파악하는 데 도움을 줍니다)

4 다각형과 관련된 각종 공식

다각형과 관련된 각종 공식을 정리하면 다음과 같습니다.

① n각형의 대각선의 총 개수 : $\dfrac{n(n-3)}{2}$ 개

② 다각형의 한 꼭짓점에 대한 내각과 외각(1개)의 크기의 합 : 평각(180°)

③ 삼각형의 세 내각의 크기의 합 : 180°

④ 삼각형의 한 외각의 크기는 그와 이웃하지 않는 두 내각의 크기의 합과 같다.

⑤ n각형의 내각의 크기의 합 : $180(n-2)°$

⑥ 정n각형의 한 내각의 크기 : $\left\{\dfrac{180\times(n-2)}{n}\right\}°$

⑦ n각형의 외각의 크기의 합 : 360°

⑧ 정n각형의 한 외각의 크기 : $\left(\dfrac{360}{n}\right)°$

⑨ 빈틈없이 평면을 채울 수 있는 도형(정다각형) : 정삼각형, 정사각형, 정육각형

(숨은 의미 : 다각형과 관련된 각종 공식을 정리함으로써, 그와 관련된 계산문제를 쉽게 해결할 수 있도록 도와줍니다)

5 호와 현 그리고 부채꼴

호와 현 및 부채꼴의 정의는 다음과 같습니다.

• 호 : 원 위에 있는 서로 다른 두 점에 의해 나누어진 두 개의 곡선(원의 일부분)

• 현 : 원 위에 있는 서로 다른 두 점을 연결한 선분

• 부채꼴 : 원의 두 반지름과 그 사이에 있는 호로 둘러싸인 도형

(숨은 의미 : 호와 현 그리고 부채꼴의 개념을 정의함으로써, 원과 관련된 도형을 다루는 기본 토대를 마련해 줍니다)

6 부채꼴의 결정조건과 합동조건

부채꼴의 결정조건은 다음과 같습니다.

① 부채꼴의 반지름의 길이와 호의 길이가 주어졌을 때

② 부채꼴의 반지름의 길이와 중심각의 크기가 주어졌을 때

③ 부채꼴의 호의 길이와 중심각의 크기가 주어졌을 때

부채꼴의 합동조건은 다음과 같습니다.

　① 두 부채꼴의 반지름의 길이와 호의 길이가 같을 때

　② 두 부채꼴의 반지름의 길이와 중심각의 크기가 같을 때

　③ 두 부채꼴의 호의 길이와 중심각의 크기가 같을 때

(숨은 의미 : 부채꼴의 결정조건과 합동조건을 정리함으로써, 두 개 이상의 부채꼴과 관련된 개념을 비교·분석할 수 있도록 도와줍니다)

7 부채꼴의 성질

한 원 또는 합동인 두 원에 대한 부채꼴의 성질은 다음과 같습니다.

　① 중심각의 크기가 같은 두 부채꼴의 호의 길이와 넓이는 같습니다.

　② 호의 길이가 같은 두 부채꼴의 중심각의 크기와 넓이는 같습니다.

　③ 넓이가 같은 두 부채꼴의 호의 길이와 중심각의 크기는 같습니다.

　④ 부채꼴의 호의 길이, 중심각의 크기, 부채꼴의 넓이는 서로 정비례합니다.

정비례 관계인 것	정비례 관계가 아닌 것
• 부채꼴의 호의 길이와 중심각 • 부채꼴의 중심각과 넓이 • 부채꼴의 넓이와 호의 길이	• 부채꼴의 호의 길이와 현 • 부채꼴의 넓이와 현 • 부채꼴의 중심각과 현

(숨은 의미 : 부채꼴의 성질을 정리함으로써, 부채꼴 및 원과 관련된 도형을 쉽게 다룰 수 있도록 도와줍니다)

8 부채꼴의 호의 길이와 넓이

반지름이 r이고 중심각의 크기가 $x°$인 부채꼴의 호의 길이와 넓이는 다음과 같습니다.

　① 호의 길이 : $l = 2\pi r \times \dfrac{x}{360}$　　② 넓이 : $S = \pi r^2 \times \dfrac{x}{360}$

(숨은 의미 : 부채꼴의 호의 길이와 넓이에 관한 공식을 정리함으로써, 부채꼴과 관련된 계산 문제를 쉽게 해결할 수 있도록 도와줍니다)

3 문제해결하기

■ 개념도출형 학습방식

개념도출형 학습방식이란 단순히 수학문제를 계산하여 푸는 것이 아니라, 문제로부터 필요한 개념을 도출한 후 그 개념을 떠올리면서 문제의 출제의도 및 문제해결방법을 찾는 학습방식을 말합니다. 문제를 통해 스스로 개념을 도출할 수 있으므로, 한 문제를 풀더라도 유사한 많은 문제를 풀 수 있는 능력을 기를 수 있으며 더 나아가 스스로 개념을 변형하여 새로운 문제를 만들어 낼 수 있어, 좀 더 수학을 쉽고 재미있게 공부할 수 있도록 도와줍니다.

시간에 쫓기듯 답을 찾으려 하지 말고, 어떤 개념을 어떻게 적용해야 문제를 풀 수 있는지 천천히 생각한 후에 계산하시기 바랍니다. 문제해결방법을 찾는다면 답을 구하는 것은 단순한 계산과정일 뿐이라는 사실을 명심하시기 바랍니다. (생각을 많이 하면 할수록, 생각의 속도는 빨라집니다)

문제해결과정

① 이 문제를 풀기 위해 어떤 개념을 알아야 하는가?
② 그 개념을 간단히 설명해 보아라.
③ 문제의 출제의도를 말하고 어떻게 풀지 간단히 설명해 보아라.
④ 그럼 문제의 답을 찾아라.

※ 책 속에 있는 붉은색 카드를 사용하여 힌트 및 정답을 가린 후, ①~④까지 순서대로 질문의 답을 찾아보시기 바랍니다.

Q1. 다음 그림과 같이 8명의 학생이 팔각형 모양으로 둘러 서 있다. 모든 학생이 이웃하지 않은 학생들과 가위바위보 게임하려고 할 때, 한 학생이 시행한 가위바위보 게임의 횟수는 몇 회인가? 그리고 전체 학생들이 시행한 가위바위보 게임의 횟수는 총 몇 회인가?

① 이 문제를 풀기 위해 어떤 개념을 알아야 하는가?

Hint(1) 학생들을 선분으로 이어 8각형을 만들어 본다.

Hint(2) 이웃하지 않는 학생들을 선분으로 이어본다.

Hint(3) 이웃하지 않는 학생들을 이은 선분은 다각형(8각형)의 대각선과 같다.

② 그 개념을 머릿속에 떠올려 보아라.

③ 문제의 출제의도를 말하고 어떻게 풀지 간단히 설명해 보아라. (잘 모를 경우, 아래 Hint를 보면서 질문의 답을 찾아본다)

Hint(1) n각형의 한 꼭짓점에서 그을 수 있는 대각선 수는 $(n-3)$개이다.

Hint(2) n각형의 모든 대각선 수는 $\dfrac{n(n-3)}{2}$개이다.

④ 그럼 문제의 답을 찾아라.

A1.

① 대각선의 개념, n각형의 대각선 개수

② 개념정리하기 참조

③ 이 문제는 주어진 내용으로부터 대각선의 개념을 떠올릴 수 있는지 더불어 대각선의 개수를 구할 수 있는지 묻는 문제이다. 일단 학생들을 선분으로 이어 팔각형을 만들어 본다. 그리고 이웃하지 않는 학생들을 선분으로 이어본다. 여기서 이웃하지 않는 학생들을 이은 선분은 다각형(8각형)의 대각선과 같다. 즉, n각형의 대각선 개수공식을 활용하면 손쉽게 구하고자 하는 값을 찾을 수 있을 것이다.

④ 한 학생이 시행한 가위바위보 게임의 횟수 : 5회
전체 학생들이 시행한 가위바위보 게임의 총 횟수 : 20회

[정답풀이]

일단 학생들을 선분으로 이어 8각형을 만들어 본다. 그리고 이웃하지 않는 학생들을 선분으로 이어본다. 여기서 이웃하지 않는 학생들을 이은 선분은 다각형(8각형)의 대각선과 같다. 즉, 한 학생이 시행한 가위바위보 게임의 횟수는 8각형의 한 꼭짓점에서 그을 수 있는 대각선 수와 같다. 대각선의 개수공식을 활용하여 그 값을 구해보자.

n각형의 한 꼭짓점에서 그을 수 있는 대각선 수 : $(n-3)$개

→ 8각형의 한 꼭짓점에서 그을 수 있는 대각선 수 : 5개

다음으로 전체 학생들이 시행한 가위바위보 게임의 횟수는 8각형의 모든 대각선의 개수와 같다. 대각선의 개수공식을 활용하여 그 값을 구해보자.

n각형의 모든 대각선의 개수 : $\dfrac{n(n-3)}{2}$개

→ 8각형의 모든 대각선의 개수 : $\dfrac{8(8-3)}{2}=20$개

따라서 한 학생이 시행한 가위바위보 게임의 횟수는 5회이며, 전체 학생들이 시행한 가위바위보 게임의

횟수는 총 20회가 된다.

 스스로 유사한 문제를 여러 개 만들어(출제하여) 답을 찾아보시기 바랍니다.

Q2. 다음 그림에서 ∠x의 크기를 구하여라.

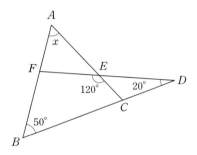

① 이 문제를 풀기 위해 어떤 개념을 알아야 하는가?

② 그 개념을 머릿속에 떠올려 보아라.

③ 문제의 출제의도를 말하고 어떻게 풀지 간단히 설명해 보아라. (잘 모를 경우, 아래 Hint를 보면서 질문의 답을 찾아본다)

    Hint(1) △ABC에서 ∠ACB의 외각(∠ECD)의 크기는 ∠A와 ∠B의 합과 같다.
        ☞ ∠ECD＝∠A＋∠B＝∠x＋50°

    Hint(2) △ECD에서 ∠DEC의 외각(∠FEC)의 크기는 ∠ECD와 ∠D의 합과 같다.
        ☞ ∠FEC＝∠ECD＋∠D＝∠ECD＋20°＝120° → ∠ECD＝100°

④ 그럼 문제의 답을 찾아라.

A2.

> ① 다각형의 내각과 외각, 삼각형의 내각과 외각의 관계
>
> ② 개념정리하기 참조
>
> ③ 이 문제는 다각형의 내각과 외각의 정의 그리고 삼각형의 내각과 외각의 관계를 알고 있는지 묻는 문제이다. △ABC에서 ∠ACB의 외각(∠ECD)의 크기는 ∠A와 ∠B의 합과 같으므로, ∠ECD＝∠A＋∠B＝∠x＋50°가 된다. 그리고 △ECD에서 ∠DEC의 외각(∠FEC)의 크기는 ∠ECD와 ∠D의 합과 같으므로, ∠FEC＝∠ECD＋∠D가 된다. 두 식을 연립하면 어렵지 않게 ∠x의 크기를 구할 수 있을 것이다.
>
> ④ ∠x＝50°

[정답풀이]

$\triangle ABC$에서 $\angle ACB$의 외각($\angle ECD$)의 크기는 $\angle A$와 $\angle B$의 합과 같다.

$\angle ECD = \angle A + \angle B = \angle x + 50°$

$\triangle ECD$에서 $\angle DEC$의 외각($\angle FEC$)의 크기는 $\angle ECD$와 $\angle D$의 합과 같다.

$\angle FEC = \angle ECD + \angle D = \angle ECD + 20° = 120° \rightarrow \angle ECD = 100°$

$\angle ECD = 100°$의 값을 등식 $\angle ECD = \angle A + \angle B = \angle x + 50°$에 대입하여 $\angle x$를 구하면 다음과 같다.

$\angle ECD = \angle A + \angle B = \angle x + 50° \rightarrow 100° = \angle x + 50° \rightarrow \angle x = 50°$

 스스로 유사한 문제를 여러 개 만들어(출제하여) 답을 찾아보시기 바랍니다.

Q3. 한 꼭짓점에서 그을 수 있는 대각선의 개수가 10개인 다각형은 무엇이며, 그 다각형의 모든 내각의 크기의 합은 얼마인가?

① 이 문제를 풀기 위해 어떤 개념을 알아야 하는가?

② 그 개념을 머릿속에 떠올려 보아라.

③ 문제의 출제의도를 말하고 어떻게 풀지 간단히 설명해 보아라. (잘 모를 경우, 아래 Hint를 보면서 질문의 답을 찾아본다)

Hint(1) n각형의 한 꼭짓점에서 그을 수 있는 대각선 수는 $(n-3)$개이다.

Hint(2) n각형의 내각의 크기의 합은 $180(n-2)°$이다.

④ 그럼 문제의 답을 찾아라.

A3.

① n각형의 대각선 개수 및 내각의 크기의 합

② 개념정리하기 참조

③ 이 문제는 n각형의 대각선 개수 및 내각의 크기의 합에 관한 공식을 알고 있는지 묻는 문제이다. 일단 n각형의 한 꼭짓점에서 그을 수 있는 대각선 수는 $(n-3)$개이며, n각형의 내각의 크기의 합은 $180(n-2)°$이다. 문제에서 한 꼭짓점에서 그을 수 있는 대각선의 개수가 10개인 다각형을 찾으라고 했으므로, 방정식 $(n-3)=10$을 도출할 수 있다. 방정식을 풀어 n값을 찾은 후, 내각의 크기의 합에 관한 공식 $180(n-2)°$에 대입하면 어렵지 않게 답을 구할 수 있다.

④ 13각형, 내각의 크기의 합 : $1980°$

[정답풀이]

일단 n각형의 한 꼭짓점에서 그을 수 있는 대각선 수는 $(n-3)$개이며, n각형의 내각의 크기의 합은 $180(n-2)°$이다. 문제에서 한 꼭짓점에서 그을 수 있는 대각선의 개수가 10개인 다각형을 찾으라고 했으므로, 방정식 $(n-3)=10$을 도출할 수 있다. 방정식을 풀어 n값을 찾으면 다음과 같다.

$(n-3)=10 \rightarrow n=13$

따라서 한 꼭짓점에서 그을 수 있는 대각선의 개수가 10개인 다각형은 13각형이 된다. 13각형의 내각의 크기의 합을 구하면 다음과 같다.

13각형의 내각의 크기의 합 : $180(n-2)°$에 $n=13$ 대입 $\rightarrow 180(13-2)°=180×11=1980°$

 스스로 유사한 문제를 여러 개 만들어(출제하여) 답을 찾아보시기 바랍니다.

Q4. 내각의 크기의 합이 $1260°$인 정다각형은 무엇이며, 이 정다각형의 한 내각의 크기와 한 외각의 크기는 각각 얼마인가?

① 이 문제를 풀기 위해 어떤 개념을 알아야 하는가?

② 그 개념을 머릿속에 떠올려 보아라.

③ 문제의 출제의도를 말하고 어떻게 풀지 간단히 설명해 보아라. (잘 모를 경우, 아래 Hint를 보면서 질문의 답을 찾아본다)

Hint(1) n각형의 내각의 크기의 합은 $180(n-2)°$이다.

Hint(2) 정n각형에는 n개의 내각이 존재하며, 그 크기는 모두 같다.

Hint(3) 다각형의 한 꼭짓점에 대한 내각과 외각(1개)의 합은 평각($180°$)이다.

④ 그럼 문제의 답을 찾아라.

A4.

① n각형의 내각의 크기의 합, 정n각형의 내각과 외각의 크기

② 개념정리하기 참조

③ 이 문제는 n각형의 내각의 크기의 합과 정n각형의 내각과 외각의 크기 등을 알고 있는지 묻는 문제이다. 일단 내각의 크기의 합이 $1260°$인 정n각형을 찾으라고 했으므로, n각형의 내각의 크기의 합에 관한 공식 $180(n-2)°$의 값을 $1260°$와 같다고 놓을 수 있다. 여기서 n값을 찾으면, 구하고자 하는 정다각형이 어떤 다각형인지 쉽게 확인할 수 있다. 더불어 정n각형에는 크기가 같은 n개의 내각이 존재하므로, 주어진 값 $1260°$를 n으로 나누면 쉽게 정n각형의 한 내각의 크기를 구할 수 있다. 또한 다각형의 한 꼭짓점에 대한 내각과 외각(1개)의 합이 평각($180°$)이라는 사실을 활용하면 정n각형의 한 외각의 크기도 구할 수 있다.

④ 정9각형, 정9각형의 한 내각의 크기 : $140°$, 정9각형의 한 외각의 크기 : $40°$

[정답풀이]

일단 내각의 크기의 합이 $1260°$인 정n각형을 찾으라고 했으므로, n각형의 내각의 크기의 합에 관한 공식 $180(n-2)°$를 $1260°$와 같다고 놓은 후, n값을 구하면 다음과 같다.

$$180(n-2)° = 1260° \rightarrow (n-2) = \frac{1260}{180} = 7 \rightarrow n = 9$$

따라서 내각의 크기의 합이 1260°인 정다각형은 정9각형이다. 정9각형에는 9개의 내각이 존재하며, 그 크기는 모두 같다. 즉, 주어진 값 1260°를 9로 나누면 정9각형의 한 내각의 크기를 쉽게 구할 수 있다.

$$(정9각형의 한 내각의 크기) = \frac{1260}{9} = 140°$$

다각형의 한 꼭짓점에 대한 내각과 외각(1개)의 합이 평각 180°와 같으므로, 정9각형의 한 외각의 크기는 40°가 된다. 참고로 정n각형의 한 내각의 크기공식 $\left\{\frac{180 \times (n-2)}{n}\right\}°$와 정$n$각형의 한 외각의 크기공식 $\left(\frac{360}{n}\right)°$를 이용해도 손쉽게 답을 구할 수 있다.

 스스로 유사한 문제를 여러 개 만들어(출제하여) 답을 찾아보시기 바랍니다.

Q5. 어떤 오각형 $ABCDE$의 네 개의 내각($\angle A$, $\angle B$, $\angle C$, $\angle D$)의 크기의 합이 500°이다. 다음 물음에 답하여라.

(1) $\angle E$의 외각의 크기는 얼마인가?

(2) $\angle A$, $\angle B$, $\angle C$, $\angle D$의 외각의 크기의 합은 얼마인가?

① 이 문제를 풀기 위해 어떤 개념을 알아야 하는가?

② 그 개념을 머릿속에 떠올려 보아라.

③ 문제의 출제의도를 말하고 어떻게 풀지 간단히 설명해 보아라. (잘 모를 경우, 아래 Hint를 보면서 질문의 답을 찾아본다)

    Hint(1) n각형의 내각의 크기의 합이 $180(n-2)°$임을 활용하여 오각형의 내각의 크기의 합을 구해 본다.

          ☞ 오각형의 내각의 크기의 합은 $180(5-2)° = 180 \times 3 = 540°$이다.

    Hint(2) 오각형의 내각의 크기의 합(540°)에서 주어진 네 개의 내각의 크기의 합(500°)을 빼 $\angle E$의 크기를 구해본다.

          ☞ $\angle E = 540° - 500° = 40°$

    Hint(3) 다각형의 한 꼭짓점에 대한 내각과 외각의 크기의 합은 평각(180°)이다.

    Hint(4) 다각형의 모든 외각의 크기의 합은 360°이다.

④ 그럼 문제의 답을 찾아라.

A5.
  ① n각형의 내각의 크기의 합, 내각과 외각의 관계, 외각의 크기의 합
  ② 개념정리하기 참조
  ③ 이 문제는 다각형의 내각과 외각의 개념을 전반적으로 알고 있는지 그리고 n각

형의 내각 및 외각의 크기의 합을 계산할 수 있는지 묻는 문제이다. n각형의 내각의 크기의 합이 $180(n-2)°$라는 사실을 활용하여 오각형의 내각의 크기의 합을 구한 후, 그 값에서 주어진 네 개의 내각의 크기의 합(500°)을 빼면 쉽게 $\angle E$의 크기를 구할 수 있다. 여기에 다각형의 한 꼭짓점에 대한 내각과 외각의 크기의 합이 평각(180°)이라는 사실과 함께 다각형의 외각의 크기의 합이 360°라는 사실을 적용하면 어렵지 않게 $\angle A$, $\angle B$, $\angle C$, $\angle D$의 외각의 크기의 합을 찾을 수 있다.

④ (1) 140°　(2) 220°

[정답풀이]

n각형의 내각의 크기의 합이 $180(n-2)°$라는 사실을 활용하여 오각형의 내각의 크기의 합을 구하면 다음과 같다.

　(오각형의 내각의 크기의 합)$=180(5-2)°=180\times3=540°$

오각형의 내각의 크기의 합 540°에서, 네 내각 $\angle A$, $\angle B$, $\angle C$, $\angle D$의 크기의 합 500°을 빼 $\angle E$의 크기를 구하면 다음과 같다.

　$\angle E=540°-500°=40°$

다각형의 한 꼭짓점에 대한 내각과 외각의 크기의 합은 평각 180°와 같으므로, $\angle E$의 외각의 크기는 140°가 된다. 다각형의 외각의 크기의 합이 360°이므로, 360°에서 $\angle E$의 외각의 크기 140°를 빼면 손쉽게 네 내각 $\angle A$, $\angle B$, $\angle C$, $\angle D$의 외각의 크기의 합을 구할 수 있다.

　(오각형의 외각의 크기의 합)$=(\angle A$, $\angle B$, $\angle C$, $\angle D$, $\angle E$의 외각의 크기의 합)

　(오각형의 외각의 크기의 합)$-(\angle E$의 외각의 크기)

　$=$(네 내각 $\angle A$, $\angle B$, $\angle C$, $\angle D$의 외각의 크기의 합)

　$=360°-140°=220°$

따라서 (1) $\angle E$의 외각의 크기는 140°이며, (2) $\angle A$, $\angle B$, $\angle C$, $\angle D$의 외각의 크기의 합은 220°이다.

 스스로 유사한 문제를 여러 개 만들어(출제하여) 답을 찾아보시기 바랍니다.

Q6. 다음 그림과 같이 원의 중심을 꼭짓점으로 하는 $\triangle ABC$가 있다. 만약 현 $\overline{BC}$와 원의 반지름의 길이가 같다면, $\overset{\frown}{BC}$의 중심각의 크기는 얼마인가?

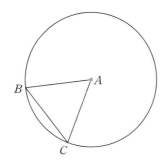

① 이 문제를 풀기 위해 어떤 개념을 알아야 하는가?

② 그 개념을 머릿속에 떠올려 보아라.

③ 문제의 출제의도를 말하고 어떻게 풀지 간단히 설명해 보아라. (잘 모를 경우, 아래 Hint를 보면서 질문의 답을 찾아본다)

> **Hint(1)** 현 $\overline{BC}$와 원의 반지름의 길이가 같다는 사실로부터 △ABC가 어떤 삼각형인지 추론해 본다.
>
> ☞ △ABC는 정삼각형이다.
>
> **Hint(2)** $\overarc{BC}$의 중심각의 크기는 정삼각형 ABC의 한 내각의 크기와 같다.
>
> **Hint(3)** 정n각형의 한 내각의 크기공식 $\left\{\dfrac{180 \times (n-2)}{n}\right\}^{\circ}$를 활용하여 정삼각형의 한 내각의 크기를 구해본다.
>
> ☞ 정삼각형은 한 내각의 크기는 $\left\{\dfrac{180 \times (3-2)}{3}\right\}^{\circ}$이다.

④ 그럼 문제의 답을 찾아라.

A6.

> ① 호, 현, 중심각의 정의, 정n각형의 한 내각의 크기
>
> ② 개념정리하기 참조
>
> ③ 이 문제는 호, 현, 중심각의 정의와 정n각형의 한 내각의 크기 공식을 알고 있는지 묻는 문제이다. 일단 현 $\overline{BC}$와 원의 반지름의 길이가 같다고 했으므로 △ABC는 정삼각형이 된다. 더불어 $\overarc{BC}$의 중심각의 크기는 정삼각형 ABC의 한 내각의 크기와 같으므로, 정n각형의 한 내각의 크기공식 $\left\{\dfrac{180 \times (n-2)}{n}\right\}^{\circ}$로부터 정삼각형 ABC의 한 내각의 크기를 구하면 쉽게 $\overarc{BC}$의 중심각의 크기를 찾을 수 있을 것이다.
>
> ④ 60°

[정답풀이]

현 $\overline{BC}$와 원의 반지름의 길이가 같다고 했으므로 △ABC는 정삼각형이 된다. $\overarc{BC}$의 중심각의 크기는 △ABC의 한 내각의 크기와 같으므로, 정n각형의 한 내각의 크기공식 $\left\{\dfrac{180 \times (n-2)}{n}\right\}^{\circ}$를 활용하여 정삼각형의 한 내각의 크기를 구하면 다음과 같다.

(정삼각형은 한 내각의 크기)$=\left\{\dfrac{180 \times (3-2)}{3}\right\}^{\circ}=60^{\circ}$

따라서 $\overarc{BC}$의 중심각의 크기는 60°이다.

 스스로 유사한 문제를 여러 개 만들어(출제하여) 답을 찾아보시기 바랍니다.

Q7. 다음 그림을 보고 물음에 답하여라. (단, $\overarc{AB}=6$이며, 부채꼴 $EO'F$와 부채꼴 $FO'G$의 넓이의 비는 7:2이다. 또한 두 부채꼴 $EO'F$와 $FO'G$의 중심각의 크기의 합은 162°이다)

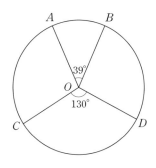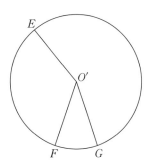

(1) $\overarc{CD}$의 길이를 구하여라.

(2) 부채꼴 $EO'F$와 부채꼴 $FO'G$의 중심각의 크기를 각각 구하여라.

① 이 문제를 풀기 위해 어떤 개념을 알아야 하는가?

② 그 개념을 머릿속에 떠올려 보아라.

③ 문제의 출제의도를 말하고 어떻게 풀지 간단히 설명해 보아라. (잘 모를 경우, 아래 Hint를 보면서 질문의 답을 찾아본다)

> **Hint(1)** 한 원에서 부채꼴의 호의 길이는 중심각의 크기에 비례한다. 두 부채꼴 AOB와 COD에 대하여 호의 길이와 중심각의 크기에 대한 비례식을 작성해 본다.
> ☞ (부채꼴 AOB의 중심각의 크기) : (부채꼴 COD의 중심각의 크기)$=\overarc{AB} : \overarc{CD}$
> → $39° : 130°=6 : \overarc{CD}$
>
> **Hint(2)** 한 원에서 부채꼴의 넓이는 중심각의 크기에 비례한다.
>
> **Hint(3)** 부채꼴 $FO'G$의 중심각의 크기를 $x°$라고 놓고, 두 부채꼴 $EO'F$와 $FO'G$에 대한 넓이의 비 (7:2)로부터 $x°$가 포함된 비례식을 작성해 본다.
> ☞ (부채꼴 $EO'F$의 넓이) : (부채꼴 $FO'G$의 넓이)$=7:2$
> (부채꼴 $EO'F$의 중심각의 크기) : (부채꼴 $FO'G$의 중심각의 크기)$=(162°-x°) : x°$
> → $7:2=(162°-x°) : x°$ [부채꼴의 넓이의 비와 중심각의 비는 같다]

④ 그럼 문제의 답을 찾아라.

A7.
> ① 부채꼴의 넓이, 중심각의 크기, 호의 길이의 관계
>
> ② 개념정리하기 참조
>
> ③ 이 문제는 부채꼴의 넓이, 중심각의 크기, 호의 길이의 관계를 알고 있는지 묻는 문제이다. 한 원에서 부채꼴의 호의 길이는 중심각의 크기에 비례하므로, 두 부채꼴 AOB와 COD에 대하여 호의 길이와 중심각의 크기에 대한 비례식을 세우면

어렵지 않게 $\widehat{CD}$의 길이를 구할 수 있다. 더불어 한 원에서 부채꼴의 넓이는 중심각의 크기에 비례하므로 부채꼴 $FO'G$의 중심각의 크기를 $x°$로 놓고, 두 부채꼴 $EO'F$와 $FO'G$에 대한 넓이의 비(7:2)로부터 $x°$가 포함된 비례식을 작성하면 어렵지 않게 두 부채꼴 $EO'F$와 $FO'G$의 중심각의 크기를 구할 수 있을 것이다.

④ $\widehat{CD}=20$, 부채꼴 $EO'F$의 중심각의 크기 : $126°$
　　부채꼴 $FO'G$의 중심각의 크기 : $36°$

[정답풀이]

(1) 한 원에서 부채꼴의 호의 길이와 중심각의 크기는 비례하므로, 두 부채꼴 AOB와 COD에 대하여 호의 길이와 중심각의 크기에 대한 비례식을 세우면 다음과 같다.

(부채꼴 AOB의 중심각) : (부채꼴 COD의 중심각)$=\widehat{AB}:\widehat{CD}$ → $39°:130°=6:\widehat{CD}$

비례식을 풀어 $\widehat{CD}$의 길이를 구해보자. (비례식의 내항의 곱과 외항의 곱은 같다)

$$39°:130°=6:\widehat{CD} \ \rightarrow \ \widehat{CD}=\frac{130°\times6}{39°}=20$$

(2) 한 원에서 부채꼴의 넓이는 중심각의 크기와 비례하므로 부채꼴 $FO'G$의 중심각의 크기를 $x°$로 놓고, 두 부채꼴 $EO'F$와 $FO'G$에 대한 넓이의 비(7:2)로부터 $x°$가 포함된 비례식을 작성하면 다음과 같다.

(부채꼴 $EO'F$의 넓이) : (부채꼴 $FO'G$의 넓이)$=7:2$

(부채꼴 $EO'F$의 중심각) : (부채꼴 $FO'G$의 중심각)$=(162°-x°):x°$

→ $7:2=(162°-x°):x°$

$x°$가 포함된 비례식을 풀어 $x°$의 값을 구하면 다음과 같다. (비례식의 내항의 곱과 외항의 곱은 같다)

$7:2=(162°-x°):x° \ \rightarrow \ 2\times(162°-x°)=7x° \ \rightarrow \ 9x°=324° \ \rightarrow \ x°=36°$

따라서 부채꼴 $FO'G$의 중심각의 크기는 $36°$이며, 부채꼴 $EO'F$의 중심각의 크기는 $126°$이다.

 스스로 유사한 문제를 여러 개 만들어(출제하여) 답을 찾아보시기 바랍니다.

Q8. $\widehat{AB}=\dfrac{10}{3}\pi$일 때, 다음 부채꼴 AOB의 중심각의 크기와 넓이를 구하여라. (단, π는 원주율이다)

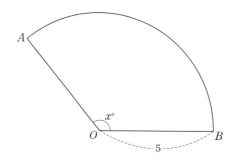

① 이 문제를 풀기 위해 어떤 개념을 알아야 하는가?

② 그 개념을 머릿속에 떠올려 보아라.

③ 문제의 출제의도를 말하고 어떻게 풀지 간단히 설명해 보아라. (잘 모를 경우, 아래 Hint를 보면서 질문의 답을 찾아본다)

　　Hint(1) 반지름이 r이고 중심각의 크기가 $x°$인 호의 길이는 $\left(2\pi r \times \dfrac{x}{360}\right)$이다.

　　Hint(2) 주어진 조건 $\overset{\frown}{AB} = \dfrac{10}{3}\pi$로부터 중심각 x에 대한 방정식을 도출해 본다.

$$☞ \ \overset{\frown}{AB} = \frac{10}{3}\pi = 2\pi \times 5 \times \frac{x}{360}$$

　　Hint(3) 반지름이 r이고 중심각의 크기가 $x°$인 부채꼴의 넓이는 $\pi r^2 \times \dfrac{x}{360}$ 이다.

④ 그럼 문제의 답을 찾아라.

A8.

> ① 부채꼴의 호와 넓이 공식
>
> ② 개념정리하기 참조
>
> ③ 이 문제는 부채꼴의 호와 넓이 공식을 알고 있는지 묻는 문제이다. 반지름이 5이고 중심각의 크기가 $x°$인 호의 길이는 $2\pi \times 5 \times \dfrac{x}{360}$이므로, 주어진 조건 $\overset{\frown}{AB} = \dfrac{10}{3}\pi$와 결합하여 x에 대한 방정식을 세우면 손쉽게 부채꼴의 중심각의 크기를 구할 수 있다. 또한 부채꼴의 넓이공식$\left(\pi r^2 \times \dfrac{x}{360}\right)$을 활용하면 어렵지않게 부채꼴 AOB의 넓이를 계산할 수 있다.
>
> ④ 부채꼴 AOB의 중심각의 크기 : $120°$,　부채꼴 AOB의 넓이 : $\dfrac{25}{3}\pi$

[정답풀이]

그림에서 보는 바와 같이 반지름이 5이고 중심각의 크기가 x인 호의 길이는 $\left(2\pi \times 5 \times \dfrac{x}{360}\right)$이다. 주어진 조건 $\overset{\frown}{AB} = \dfrac{10}{3}\pi$와 결합하여 x(중심각)에 대한 방정식을 세우면 다음과 같다.

$$\overset{\frown}{AB} = \frac{10}{3}\pi = 2\pi \times 5 \times \frac{x}{360} \ \rightarrow \ x = 120°$$

즉, 부채꼴 AOB의 중심각의 크기는 $120°$이다. 이제 부채꼴 AOB의 넓이를 구해보자.

　(부채꼴 AOB의 넓이)$= 5^2\pi \times \dfrac{120}{360} = \dfrac{25}{3}\pi$ (반지름 : 5, 중심각 $120°$)

따라서 부채꼴 AOB의 중심각의 크기는 $120°$이며, 부채꼴 AOB의 넓이는 $\dfrac{25}{3}\pi$이다.

 스스로 유사한 문제를 여러 개 만들어(출제하여) 답을 찾아보시기 바랍니다.

Q9. 다음 그림과 같이 사각형 $ABCD$ 안에 두 개의 합동인 반원(AEB, BEC)이 서로 겹쳐 있다. 색칠한 부분의 넓이와 둘레의 길이를 구하여라.

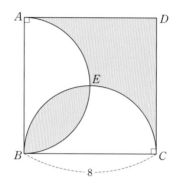

① 이 문제를 풀기 위해 어떤 개념을 알아야 하는가?

② 그 개념을 머릿속에 떠올려 보아라.

③ 문제의 출제의도를 말하고 어떻게 풀지 간단히 설명해 보아라. (잘 모를 경우, 아래 Hint를 보면서 질문의 답을 찾아본다)

> **Hint(1)** 사각형 $ABCD$가 어떤 사각형인지 생각해 본다. (사각형 내부에 있는 두 반원은 합동이다)
> ☞ 사각형 $ABCD$는 한 변의 길이가 8인 정사각형이다.

> **Hint(2)** 주어진 그림에 $\overline{AC}$와 $\overline{BE}$를 그어본다.

> **Hint(3)** $\overline{BE}$에 의해 나누어진 부분(두 개의 활꼴)을 $\overline{AC}$에 의해 생긴 빈 공간에 붙여본다.
> ☞ 색칠한 부분의 넓이는 $\triangle ACD$의 넓이와 같다.

> **Hint(4)** 색칠한 부분의 둘레의 길이는 두 반원의 호의 길이($\overarc{AEB}$, $\overarc{BEC}$)와 사각형 $ABCD$의 두 변의 길이($\overline{AD}$, $\overline{DC}$)를 합한 것과 같다.

> **Hint(5)** 합동인 두 반원(반지름 : 4)의 호의 길이의 합은 반지름이 4인 원의 둘레의 길이와 같다.

④ 그럼 문제의 답을 찾아라.

A9.

> ① 부채꼴의 호와 넓이 공식
>
> ② 개념정리하기 참조
>
> ③ 이 문제는 부채꼴의 호와 넓이 공식을 활용하여 구하고자 하는 값을 찾을 수 있는지 묻는 문제이다. 일단 사각형 내부에 있는 두 개의 반원이 합동이므로, 사각형 $ABCD$는 한 변의 길이가 8인 정사각형이 된다. 그림에 $\overline{AC}$와 $\overline{BE}$를 긋고 $\overline{BE}$에 의해 나누어진 부분(두 개의 활꼴)을 $\overline{AC}$에 의해 생긴 빈 공간에 붙이게 되면, 색칠한 부분의 넓이가 $\triangle ACD$의 넓이와 같다는 사실을 쉽게 확인할 수 있다. 즉, $\triangle ACD$의 넓이를 계산하면 간단히 색칠한 부분의 넓이를 구할 수 있다는 말

이다. 색칠한 부분의 둘레의 길이는 두 반원의 호의 길이($\overset{\frown}{AEB}$, $\overset{\frown}{BEC}$)와 사각
형의 두 변의 길이($\overline{AD}$, $\overline{DC}$)를 합한 것과 같으므로, 주어진 조건으로부터 해당
길이를 계산하면 쉽게 답을 구할 수 있다. 참고로 반원을 중심각이 180°인 부채꼴
로 생각하여 호의 길이를 구할 수도 있으며, 합동인 두 반원(반지름 : 4)의 호의
길이의 합을 반지름이 4인 원의 둘레로 보아, 원주의 길이로 계산할 수도 있다.
여기서 반원의 반지름은 8이 아닌 4라는 사실을 명심해야 한다. 이 밖에도 정답
을 구하는 방법에는 여러 가지가 있음을 참고하기 바란다.

④ 색칠한 부분의 넓이 : 32, 색칠한 부분의 둘레의 길이 : $8\pi + 16$

[정답풀이]

일단 사각형 내부에 있는 두 개의 반원은 합동이므로, 사각형 $ABCD$는 한 변의 길이가 8인 정사각형
이 된다. 그림에 $\overline{AC}$와 $\overline{BE}$를 긋고 $\overline{BE}$에 의해 나누어진 부분(두 개의 활꼴)을 $\overline{AC}$에 의해 생긴 빈 공
간에 붙이게 되면, 색칠한 부분의 넓이가 △ACD의 넓이와 같다는 사실을 쉽게 확인할 수 있다.

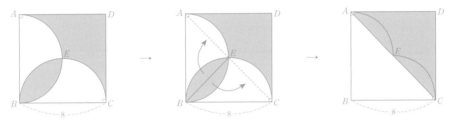

즉, △ACD의 넓이를 계산하면 간단히 색칠한 부분의 넓이를 구할 수 있다.

(색칠한 부분의 넓이)=(△ACD의 넓이)=$\dfrac{1}{2} \times 8 \times 8 = 32$

색칠한 부분의 둘레의 길이는 두 반원의 호의 길이($\overset{\frown}{AEB}$, $\overset{\frown}{BEC}$)와 사각형의 두 변의 길이($\overline{AD}$, $\overline{DC}$)
를 합한 것과 같으므로, 주어진 조건으로부터 해당 길이를 계산하면 쉽게 답을 구할 수 있다. 여기서 두
반원을 중심각이 180°인 부채꼴로 생각하여 호의 길이를 구할 수도 있으며 합동인 두 반원(반지름 : 4)
의 호의 길이의 합을 반지름이 4인 원의 둘레로 보아, 원주의 길이로 계산할 수도 있다.

(색칠한 부분의 둘레의 길이)

=(두 반원의 호의 길이)+(정사각형의 두 변의 길이)

=(반지름이 4인 원의 둘레)+(정사각형의 두 변의 길이)

=($2 \times \pi \times 4$)+($8+8$)=$8\pi + 16$

따라서 색칠한 부분의 넓이는 32이며, 색칠한 부분의 둘레의 길이는 ($8\pi + 16$)이다.

 스스로 유사한 문제를 여러 개 만들어(출제하여) 답을 찾아보시기 바랍니다.

Q10. 다음 그림을 보고 $(x+y)$의 값을 구하여라.

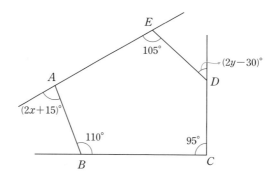

① 이 문제를 풀기 위해 어떤 개념을 알아야 하는가?

② 그 개념을 머릿속에 떠올려 보아라.

③ 문제의 출제의도를 말하고 어떻게 풀지 간단히 설명해 보아라. (잘 모를 경우, 아래 Hint를 보면서 질문의 답을 찾아본다)

> **Hint(1)** 다각형의 한 꼭짓점에 대한 내각과 외각의 크기의 합은 평각(180°)이다.
>
> **Hint(2)** 주어진 다각형의 외각을 모두 찾아본다.
> ☞ 점 A의 외각 : $(2x+15)°$, 점 B의 외각 : $70°(=180°-110°)$
> 점 C의 외각 : $85°(=180°-95°)$, 점 D의 외각 : $(2y-30)°$
> 점 E의 외각 : $75°(=180°-105°)$
>
> **Hint(3)** 다각형의 외각의 합이 360°라는 사실을 이용하여 x, y에 대한 등식을 도출해 본다.
> ☞ $(2x+15)°+70°+85°+(2y-30)°+75°=360°$

④ 그림 문제의 답을 찾아라.

A10.

> ① 다각형의 내각과 외각의 관계, 다각형의 외각의 크기의 합
> ② 개념정리하기 참조
> ③ 이 문제는 다각형의 내각과 외각의 관계, 다각형의 외각의 크기의 합에 대하여 알고 있는지 묻는 문제이다. 다각형의 한 꼭짓점에 대한 내각과 외각의 크기의 합이 평각(180°)이라는 사실을 활용하여 주어진 다각형의 외각을 모두 찾은 다음, 그 합이 360°가 되도록 등식을 세우면 어렵지 않게 답을 구할 수 있다.
> ④ $x+y=72.5°$

[정답풀이]

다각형의 한 꼭짓점에 대한 내각과 외각의 크기의 합이 평각(180°)이라는 사실을 이용하여 주어진 다각형의 외각을 모두 찾으면 다음과 같다.

점 A의 외각 : $(2x+15)°$, 점 B의 외각 : $70°(=180°-110°)$

점 C의 외각 : $85°(=180°-95°)$, 점 D의 외각 : $(2y-30)°$

점 E의 외각 : $75°(=180°-105°)$

다각형의 외각의 크기의 합이 $360°$가 되도록 등식을 세우면 다음과 같다.

(오각형 $ABCDE$의 외각의 합)

$=(2x+15°)+70°+85°+(2y-30°)+75°=2x+2y+215°=360°$

이제 등식을 정리하여 $(x+y)$의 값을 구해보자.

$2x+2y+215°=360°$ → $2(x+y)=145°$ → $x+y=72.5°$

 스스로 유사한 문제를 여러 개 만들어(출제하여) 답을 찾아보시기 바랍니다.

Q11. 다음 그림을 보고 $\overset{\frown}{AB}$와 $\overset{\frown}{BC}$의 길이를 구하여라. (단, $\overset{\frown}{CD}=2\pi$이며, $\overline{AB}$와 $\overline{OC}$는 서로 평행하다)

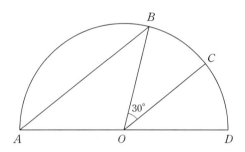

① 이 문제를 풀기 위해 어떤 개념을 알아야 하는가?

② 그 개념을 머릿속에 떠올려 보아라.

③ 문제의 출제의도를 말하고 어떻게 풀지 간단히 설명해 보아라. (잘 모를 경우, 아래 Hint를 보면서 질문의 답을 찾아본다)

Hint(1) $\overline{AB}$와 $\overline{OC}$가 평행하다고 했으므로, $\angle BOC$와 $\angle OBA$는 엇각으로 그 크기가 같다.

☞ $\angle BOC=\angle OBA=30°$

Hint(2) $\overline{OA}=\overline{OB}$(반지름)이므로 $\triangle OBA$는 이등변삼각형이다. (이등변삼각형의 두 밑각의 크기는 같다)

☞ $\angle OBA=\angle OAB=30°$

Hint(3) $\triangle OBA$의 내각의 합이 $180°$라는 사실을 이용하여, 부채꼴 AOB의 중심각의 크기를 구해본다.

☞ ($\triangle OBA$의 내각의 합)

$=\angle OAB+\angle OBA+\angle AOB=30°+30°+\angle AOB=180°$ → $\angle AOB=120°$

Hint(4) $\overline{AD}$에 평각의 원리를 적용하여 $\angle COD$의 크기를 구해본다.

☞ (평각)$=\angle AOB+\angle BOC+\angle COD=180°$ → $120°+30°+\angle COD=180°$

→ $\angle COD=30°$

Hint(5) $\overarc{CD}$의 중심각의 크기에 대한 $\overarc{AB}$와 $\overarc{BC}$의 중심각의 크기의 배수관계를 확인해 본다.

☞ $\overarc{CD}$의 중심각 : 30°, $\overarc{AB}$의 중심각 : 120°(4배), $\overarc{BC}$의 중심각 : 30°(1배)

④ 그럼 문제의 답을 찾아라.

A11.

① 평행선의 엇각, 부채꼴의 중심각과 호의 길이 관계, 이등변삼각형의 성질

② 개념정리하기 참조

③ 이 문제는 평행선의 엇각, 부채꼴의 중심각과 호의 길이 관계, 이등변삼각형의 성질 등을 활용하여 구하고자 하는 값을 찾을 수 있는지 묻는 문제이다. $\overline{AB}$와 $\overline{OC}$가 평행하다고 했으므로, $\angle BOC$와 $\angle OBA$는 엇각으로 그 크기가 같다. 즉, $\angle BOC = \angle OBA = 30°$가 된다. 또한 $\overline{OA} = \overline{OB}$(반지름)이므로 $\triangle OBA$는 이등변삼각형이다. 즉, 이등변삼각형의 두 밑각 $\angle OBA$와 $\angle OAB$는 30°로 그 크기는 같다. 여기에 $\triangle OBA$의 내각의 합이 180°라는 사실을 적용하면, 어렵지 않게 부채꼴 AOB의 중심각의 크기를 구할 수 있다. 더불어 $\overline{AD}$에 평각의 원리를 적용하면 $\angle COD$의 크기도 쉽게 구할 수 있다. $\overarc{CD}$의 중심각의 크기에 대한 $\overarc{AB}$와 $\overarc{BC}$의 중심각의 크기의 배수관계를 확인한 후, 여기에 부채꼴의 중심각과 호의 길이 관계(정비례)를 적용하면 어렵지 않게 $\overarc{AB}$와 $\overarc{BC}$의 길이를 구할 수 있을 것이다.

④ $\overarc{AB} = 8\pi$, $\overarc{BC} = 2\pi$

[정답풀이]

$\overline{AB}$와 $\overline{OC}$가 평행하다고 했으므로, $\angle BOC$와 $\angle OBA$는 엇각으로 그 크기가 같다.

$\angle BOC = \angle OBA = 30°$

$\overline{OA} = \overline{OB}$(반지름)이므로 $\triangle OBA$는 이등변삼각형이다. 즉, 이등변삼각형의 두 밑각의 크기는 같으므로 다음이 성립한다.

$\angle OBA = \angle OAB = 30°$

$\triangle OBA$의 내각의 합이 180°라는 사실을 이용하여, 부채꼴 AOB의 중심각의 크기를 구해본다.

($\triangle OBA$의 내각의 합)

$= \angle OAB + \angle OBA + \angle AOB = 30° + 30° + \angle AOB = 180°$ → $\angle AOB = 120°$

$\overline{AD}$에 평각의 원리를 적용하여 $\angle COD$의 크기를 구해본다.

(평각) $= \angle AOB + \angle BOC + \angle COD = 180°$ → $120° + 30° + \angle COD = 180°$

→ $\angle COD = 30°$

$\overarc{CD}$의 중심각의 크기에 대한 $\overarc{AB}$와 $\overarc{BC}$의 중심각의 크기의 배수관계를 확인한 후, 여기에 부채꼴의 중심각과 호의 길이 관계(정비례)를 적용하여 $\overarc{AB}$와 $\overarc{BC}$의 길이를 구하면 다음과 같다.

$\overarc{CD}$의 중심각 : 30°, $\overarc{AB}$의 중심각 : 120°(4배), $\overarc{BC}$의 중심각 : 30°(1배)

$\overarc{CD} = 2\pi$ → $\overarc{AB} = 8\pi$, $\overarc{BC} = 2\pi$

 스스로 유사한 문제를 여러 개 만들어(출제하여) 답을 찾아보시기 바랍니다.

★ 개념의 이해도가 충분하지 않다면, 일단 PASS하시기 바랍니다. 그리고 개념정리가 마무리 되었을 때 심화학습 내용을 따로 읽어보는 것을 권장합니다.

Q1. 한 내각의 크기와 한 외각의 크기가 5:1인 정다각형은 무엇일까?

① 이 문제를 풀기 위해 어떤 개념을 알아야 하는가?

② 그 개념을 머릿속에 떠올려 보아라.

③ 문제의 출제의도를 말하고 어떻게 풀지 간단히 설명해 보아라. (잘 모를 경우, 아래 Hint를 보면서 질문의 답을 찾아본다)

Hint(1) 정n각형의 한 내각의 크기는 $\left\{\dfrac{180 \times (n-2)}{n}\right\}^\circ$이며, 한 외각의 크기는 $\left(\dfrac{360}{n}\right)^\circ$이다.

Hint(2) 정n각형의 한 내각 및 외각의 크기 공식과 주어진 조건을 결합하여 n에 대한 비례식을 세워 본다.

☞ [비례식] $\left\{\dfrac{180 \times (n-2)}{n}\right\}^\circ : \left(\dfrac{360}{n}\right)^\circ = 5:1$

④ 그럼 문제의 답을 찾아라.

A1.

① 정n각형의 내각과 외각의 크기

② 개념정리하기 참조

③ 이 문제는 정n각형의 내각과 외각의 크기에 대해 알고 있는지 그리고 주어진 조건과 결합하여 n에 대한 방정식을 도출할 수 있는지 묻는 문제이다. 정n각형의 한 내각의 크기는 $\left\{\dfrac{180 \times (n-2)}{n}\right\}^\circ$이며, 한 외각의 크기는 $\left(\dfrac{360}{n}\right)^\circ$이다. 정$n$각형의 한 내각 및 외각의 크기 공식과 주어진 조건을 결합하여 n에 대한 비례식을 세우면 쉽게 답을 구할 수 있다.

④ 정십이각형

[정답풀이]

문제에서 정n각형의 한 내각의 크기와 한 외각의 크기가 5:1이라고 했으므로, 이로부터 n에 대한 비례식을 세우면 다음과 같다.

정n각형의 한 내각의 크기 : $\left\{\dfrac{180 \times (n-2)}{n}\right\}^\circ$

정n각형의 한 외각의 크기 : $\left(\dfrac{360}{n}\right)^\circ$

[비례식] $\left\{\dfrac{180 \times (n-2)}{n}\right\}^\circ : \left(\dfrac{360}{n}\right)^\circ = 5:1 \rightarrow 5 \times \left(\dfrac{360}{n}\right)^\circ = \left\{\dfrac{180 \times (n-2)}{n}\right\}^\circ$

$\rightarrow \dfrac{10}{n} = \dfrac{(n-2)}{n} \rightarrow 10 = (n-2) \rightarrow n = 12$

따라서 한 내각의 크기와 한 외각의 크기가 5:1인 정다각형은 정십이각형이다.

 스스로 유사한 문제를 여러 개 만들어(출제하여) 답을 찾아보시기 바랍니다.

Q2. 정오각형 $ABCDE$에 대하여 한 변을 $\overline{AB}$로 하는 정삼각형 ABG를 다음과 같이 그려 넣었다. 이때 $\angle AHB$를 $x°$, $\angle AFD$를 $y°$라고 할 때, $(y-x)$의 값을 구하여라.

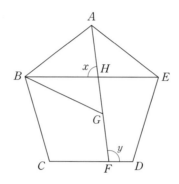

① 이 문제를 풀기 위해 어떤 개념을 알아야 하는가?

② 그 개념을 머릿속에 떠올려 보아라.

③ 문제의 출제의도를 말하고 어떻게 풀지 간단히 설명해 보아라. (잘 모를 경우, 아래 Hint를 보면서 질문의 답을 찾아본다)

Hint(1) 정삼각형과 정오각형의 한 내각의 크기를 확인해 본다. 참고로 정n각형의 한 내각의 크기는 $\left\{\dfrac{180 \times (n-2)}{n}\right\}°$이다.

☞ 정삼각형 : $60°(=\angle BAG=\angle ABG=\angle AGB)$, 정오각형 : $108°$

Hint(2) $\overline{AB}=\overline{AE}$(정오각형의 두 변)이므로 $\triangle ABE$는 이등변삼각형이다. 이등변삼각형 $\triangle ABE$의 내각을 모두 구해본다. 참고로 두 밑각 $\angle ABE$와 $\angle AEB$의 크기는 서로 같다.

☞ $\angle A$는 정오각형의 한 내각이므로 $108°$이다. 삼각형의 내각의 합이 $180°$라는 사실을 적용하면 두 밑각 $\angle ABE$와 $\angle AEB$의 크기는 $36°$가 된다.

Hint(3) $\triangle ABH$의 내각 $\angle BAH$, $\angle ABH$, $\angle AHB$의 크기를 구해본다.

☞ $\angle BAH=60°$(정삼각형 ABG의 한 내각), $\angle ABH=36°$(이등변삼각형 ABE의 한 밑각), $\angle AHB=180°-(\angle BAH+\angle ABH)=180°-(60°+36°)=84°$

Hint(4) $\angle EHG$는 $\angle AHB(\angle x)$와 맞꼭지각으로 그 크기가 같다.

☞ $\angle EHG=\angle AHB(\angle x)=84°$

Hint(5) $\square HFDE$의 내각의 크기의 합이 $360°$임을 활용하여 $\square HFDE$의 내각의 크기를 모두 구해본다. 여기서 $\angle HED$는 $\angle AED$(정오각형의 내각)에서 $\angle AEH$(이등변삼각형의 한 밑각)의 크기를 뺀 값과 같다.

④ 그럼 문제의 답을 찾아라.

A2.

① 정n각형의 한 내각의 크기, 이등변삼각형의 성질, n각형의 내각의 합

② 개념정리하기 참조

③ 이 문제는 정n각형의 한 내각의 크기, 이등변삼각형의 성질, n각형의 내각의 합 등을 문제에 적용하여 구하고자 하는 값을 찾을 수 있는지 묻는 문제이다. 정n각형의 한 내각의 크기, 이등변삼각형의 성질, 다각형의 내각의 합 등을 활용하여 △ABH와 □$HFDE$의 내각을 하나씩 찾으면 어렵지 않게 ∠AHB와 ∠AFD의 크기를 구할 수 있을 것이다.

④ $y-x=12°$

[정답풀이]

정삼각형과 정오각형의 한 내각의 크기를 확인해 보면 다음과 같다. 참고로 정n각형의 한 내각의 크기는 $\left\{\dfrac{180 \times (n-2)}{n}\right\}°$이다.

　　정삼각형 : $60°(=∠BAG=∠ABG=∠AGB)$

　　정오각형 : $108°$

$\overline{AB}=\overline{AE}$(정오각형의 두 변)이므로 △$ABE$는 이등변삼각형이다. 이등변삼각형 △$ABE$의 내각을 모두 찾으면 다음과 같다. 참고로 두 밑각 ∠ABE와 ∠AEB의 크기는 서로 같다. ($∠ABE=∠AEB$)

　　$∠A$: 정오각형의 한 내각 　→　$∠A=108°$

　　(△ABE의 내각의 합)$=∠A+∠ABE+∠AEB=108°+2∠ABE=180°$

　　두 밑각 ∠ABE와 ∠AEB의 크기 : $∠ABE=∠AEB=36°$

△ABH의 내각 ∠BAH, ∠ABH, ∠AHB의 크기를 구해본다.

　　$∠BAH=60°$(정삼각형 ABG의 한 내각)

　　$∠ABH=36°$(이등변삼각형 ABE의 한 밑각)

　　$∠AHB=180°-(∠BAH+∠ABH)=180°-(60°+36°)=84°$

∠EHG는 ∠AHB와 맞꼭지각으로 그 크기가 같다.

　　$∠EHG=∠AHB(∠x)=84°$

□$HFDE$의 내각의 크기의 합이 $360°$임을 활용하여 □$HFDE$의 내각의 크기를 모두 구해보자. 여기서 ∠HED는 ∠AED(정오각형의 내각)에서 ∠AEH(이등변삼각형의 한 밑각)의 크기를 뺀 값과 같다.

　　□$HFDE$의 내각 : ∠EHF, ∠HFD, ∠FDE, ∠DEH

　　$∠EHF=∠AHB=84°$, $∠DEH=∠AED-∠AEH=108°-36°=72°$

　　$∠HFD=∠y$, $∠FDE=108°$

　　(□$HFDE$의 내각)$=∠EHF+∠HFD+∠FDE+∠DEH=360°$

　　　　　　　　　　$=84°+∠y+108°+72°=360°$　→　$∠y=96°$

따라서 $∠x=84°$이고 $∠y=96°$이므로 $∠y-∠x=96°-84°=12°$이다.

 스스로 유사한 문제를 여러 개 만들어(출제하여) 답을 찾아보시기 바랍니다.

Q3. 다음 그림과 같이 정사각형 모양의 개집의 한 꼭짓점에 개 한 마리가 끈에 묶여 있다. 이 개가 움직일 수 있는 최대 범위(개집의 내부 포함)를 그림으로 표현하고, 그 넓이를 구하여라. 단, 색칠한 부분은 벽을 나타내고 개집의 한 변의 길이는 1m이며, 끈의 길이는 3m이다.

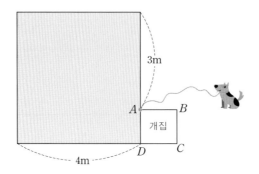

① 이 문제를 풀기 위해 어떤 개념을 알아야 하는가?

② 그 개념을 머릿속에 떠올려 보아라.

③ 문제의 출제의도를 말하고 어떻게 풀지 간단히 설명해 보아라. (잘 모를 경우, 아래 Hint를 보면서 질문의 답을 찾아본다)

    Hint(1) 끈이 묶여 있는 지점(점 A)을 중심으로 반지름이 3m인 부채꼴을 개집에 의해 걸릴 때까지 그려본다.

    Hint(2) 점 B를 중심으로 반지름이 2m인 부채꼴을 개집에 의해 걸릴 때까지 그려본다.

    Hint(3) 점 C를 중심으로 반지름이 1m인 부채꼴을 개집에 의해 걸릴 때까지 그려본다.

    Hint(4) 그려진 도형의 넓이를 구해본다.

④ 그럼 문제의 답을 찾아라.

A3.

① 부채꼴의 정의와 넓이공식

② 개념정리하기 참조

③ 이 문제는 주어진 내용으로부터 부채꼴의 개념을 도출할 수 있는지 그리고 도출된 부채꼴의 넓이를 계산할 수 있는지 묻는 문제이다. 먼저 끈이 묶여 있는 지점(점 A)을 중심으로 반지름이 3m인 부채꼴을 개집에 의해 걸릴 때까지 그린다. 다음으로 점 B를 중심으로 반지름이 2m인 부채꼴을 개집에 의해 걸릴 때까지 그리고, 점 C를 중심으로 반지름이 1m인 부채꼴을 개집에 의해 걸릴 때까지 그린 후, 개집을 포함하여 그려진 도형의 넓이(부채꼴 3개, 정사각형 1개)를 계산하면 어렵지 않게 답을 구할 수 있다.

④ $\dfrac{7}{2}\pi + 1 (\text{m}^2)$

[정답풀이]

개가 움직일 수 있는 최대 범위를 그림으로 표현하면 다음과 같다.

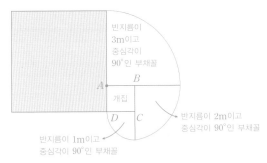

개가 움직일 수 있는 최대 범위를 표현한 도형은, 세 개의 부채꼴과 한 개의 정사각형(개집)을 합한 도형
이다. 이 도형의 넓이를 구하면 다음과 같다.

　　(반지름이 3m이고 중심각이 90°인 부채꼴)

　+(반지름이 2m이고 중심각이 90°인 부채꼴)

　+(반지름이 1m이고 중심각이 90°인 부채꼴)

　+(가로, 세로의 길이가 1m인 정사각형)

$$=3^2\pi\times\frac{90}{360}+2^2\pi\times\frac{90}{360}+1^2\pi\times\frac{90}{360}+1\times1=\frac{7}{2}\pi+1(\text{m}^2)$$

따라서 개가 움직일 수 있는 최대 범위에 대한 넓이는 $\frac{7}{2}\pi+1(\text{m}^2)$이다.

 스스로 유사한 문제를 여러 개 만들어(출제하여) 답을 찾아보시기 바랍니다.

입체도형

1 입체도형

1 다면체와 회전체

우리가 사용하는 각종 물건들의 모양은 어떤 도형일까요?

공간에서 일정한 크기(부피)를 차지하는 도형을 입체도형이라고 정의합니다. 즉, 길이·폭·두께를 가진 도형을 입체도형이라고 부르죠. 그림에서 보는 바와 같이 냉장고, 밥솥, 냄비 등이 바로 입체도형에 해당합니다.

입체도형이 공간에서 차지하는 크기, 즉 부피란 정확히 무엇을 말할까요?

 잠시 질문의 답을 스스로 찾아보는 시간을 가져보세요.

여러분~ 부피라는 단어를 보면 제일 먼저 풍선이 떠오르지 않으세요?

그렇습니다. 풍선이 차지하고 있는 공간의 크기가 바로 풍선 속에 들어있는 공기의 부피입니다. 앞 단원에서도 언급했던 사람이지만, 고대 그리스의 수학자 아르키메데스는 욕조의 물이 넘치는 것을 보고 물체의 부피에 대해 연구했다고 합니다. 물이 가득 채워진 욕조 속에 사람이 들어갔을 때, 욕조에서 넘친 물의 양이 바로 욕조 속에 들어간 사람의 부피라고 생각했던 것이지요.

(욕조에서 넘친 물의 양)＝(욕조 속에 들어간 사람의 부피)

사람의 부피만큼 물이 넘치는군...
즉, 흘러넘친 물의 양이 바로 사람의 부피인거야...

다음은 부피의 정의입니다. 내용이 조금 난해할 수도 있으니, 천천히 생각하면서 읽어보시기 바랍니다.

> **부피**
>
> 입체가 점유하고 있는 공간의 크기를 부피라고 부르며, 한 변의 길이가 단위길이 1cm, 1m, …인 정육면체가 차지하는 공간을 단위부피 $1cm^3$, $1m^3$, …로 정의합니다.

이처럼 부피의 개념을 정확히 정의함으로써, 여러 가지 입체도형의 성질 등을 체계적으로 다룰 수 있는 기본 토대를 마련할 수 있습니다. (부피의 숨은 의미)

부피의 정의에 따르면, 한 변의 길이가 1cm인 정육면체의 부피는 1cm³입니다. 그렇다면 한 변의 길이가 10cm인 정육면체의 부피는 얼마일까요? 다음 그림을 잘 살펴보면서, 한 변의 길이가 10cm인 정육면체 속에 단위부피 1cm³인 정육면체가 몇 개 들어있는지 천천히 세어보시기 바랍니다.

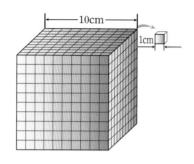

 잠시 질문의 답을 스스로 찾아보는 시간을 가져보세요.

네, 맞습니다. 한 변의 길이가 10cm인 정육면체에는 단위부피 1cm³인 정육면체가 1000개 들어있네요. 이는 한 변의 길이가 10cm인 정육면체의 부피가 1000cm³가 된다는 말과 같습니다. 다음 직육면체의 부피는 얼마일까요?

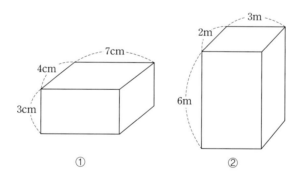

① ②

 잠시 질문의 답을 스스로 찾아보는 시간을 가져보세요.

마찬가지로 ①의 경우 단위부피 1cm³인 정육면체가 몇 개 들어있는지, ②의 경우 단위부피 1m³인 정육면체가 몇 개 들어있는지 세어보면 쉽게 두 직육면체의 부피를 계산해 낼 수 있습니다.

① 단위부피 1cm³인 정육면체가 84개 들어있다. → 84cm³

② 단위부피 1m³인 정육면체가 36개 들어있다. → 36m³

따라서 직육면체 ①의 부피는 84cm³이며 직육면체 ②의 부피는 36m³입니다. 여기서 잠깐! ①의 84와 ②의 36이라는 숫자는 과연 어떤 숫자일까요? 그렇습니다. 직육면체의 가로, 세로, 높이의 길이를 곱한 값입니다. 맞죠? 즉, 직육면체의 가로, 세로, 높이의 길이를 그냥 곱하기만 하면 손쉽게 직육면체의 부피를 계산할 수 있다는 말이 됩니다.

(직육면체의 부피)＝(가로의 길이)×(세로의 길이)×(높이의 길이)

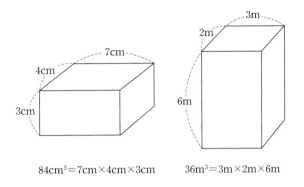

84cm³＝7cm×4cm×3cm   36m³＝3m×2m×6m

이제 부피에 대해 감이 잡히시나요? 참고로 평면도형의 경우, 평면에서 점유하는 공간을 넓이라고 말하며 부피는 존재하지 않습니다.

부피의 단위는 왜 길이의 단위(cm, m, ...)를 세제곱(cm³, m³, ...)하여 사용할까요?

 잠시 질문의 답을 스스로 찾아보는 시간을 가져보세요.

우선 넓이의 단위가 길이의 단위(cm, m, ...)를 제곱(cm², m², ...)하여 사용한다는 사실, 다들 알고 계시죠? 넓이란 도형이 점유하고 있는 평면공간의 크기를 말하며, 한 변의 길이가 단위길이 1cm, 1m, ...인 정사각형이 차지하는 공간을 단위넓이 1cm², 1m², ...로 정의합니다. 이는 정사각형의 가로와 세로의 길이를 곱한 값과도 같습니다.

(한 변의 길이가 1m인 정사각형의 넓이)＝(가로의 길이 1m)×(세로의 길이 1m)＝1m²

다들 짐작하셨겠지만, 넓이의 단위 m²(제곱미터)는 길이의 단위 m(미터)를 하나의 문자로 보고 곱셈식을 계산한 결과값(거듭제곱)입니다.

$$m \times m = m^2$$

마찬가지로 한 변의 길이가 1m인 정육면체의 부피는 가로·세로·높이를 곱한 값으로, 부피의 단위 m³(세제곱미터)는 길이의 단위 m(미터)를 하나의 문자로 보고 곱셈식을 계산한 결과값(거듭제곱)과 같습니다.

$$m \times m \times m = m^3$$

참고로 1000cm³에 해당하는 부피를 1L(리터)로 정의합니다. 왜 갑자기 단위를 바꾸냐고요? 그것은 바로 실생활의 편의를 위해서입니다. 거듭제곱으로 표현된 단위, 즉 cm³(세제곱센티미터), m³(세제곱미터)를 매번 쓰기가 참 귀찮거든요. 더불어 L(리터)라는 단위 앞에 접두사 m (밀리 : $\frac{1}{1000}$을 의미하는 문자)를 사용하여 더 작은 단위 mL(밀리리터)를 만들 수 있다는 사실도 함께 기억하시기바랍니다. 사실 cm(센티미터)의 c(센티)도 $\frac{1}{100}$을 의미하는 접두사입니다.

$$1L = 1000mL = 1000 \times \frac{1}{1000}L \qquad 1m = 100cm = 100 \times \frac{1}{100}m$$

단위에 대해서는 심화학습 부분에서 좀 더 자세히 다루도록 하겠습니다.

여러분, 혹시 영화 좋아하세요? 가끔 영화를 보다 보면 재미있는 수학퀴즈가 등장하곤 합니다. 다음은 1988년도에 개봉한 영화 '다이하드' 속에 나온 수학퀴즈입니다.

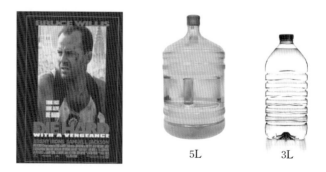

5L　　　　　3L

분수대에 5L와 3L 물통 두 개가 있다. 두 물통을 이용하여 4L의 물을 만들어라.

영화에 등장하는 악당은 주인공 형사를 골탕 먹이기 위해 지하철에 폭탄을 설치합니다. 그리고 앞서 주어진 내용의 미션을 제시하죠. 만약 5분 안에 미션을 해결하지 못할 경우, 폭탄은 자동으로 터지게 됩니다. 과연 주인공 형사는 어떻게 이 미션을 수행할 수 있을까요?

 잠시 질문의 답을 스스로 찾아보는 시간을 가져보세요.

조금 어렵나요? 힌트를 드리도록 하겠습니다.

4L의 물은 3L와 1L의 물을 합한 양과 같습니다.

분수대에 3L의 물통이 있으므로, 우리는 1L의 물만 만들어 내면 됩니다. 그렇죠? 음... 그런데 주어진 물통(3L와 5L의 물통)을 가지고 어떻게 1L의 물을 만들어야 할지 막막하네요. 여기서 결정적인 힌트를 드리도록 하겠습니다. 다음에 주어진 수식의 의미를 잘 해석해 보시기 바랍니다.

$$(1L의\ 물) = \{(3L의\ 물) \times 2 - (5L의\ 물)\}$$

그렇습니다. '(3L의 물)×2'라는 말은, 3L의 물통을 두 번 사용하여 6L의 물을 만들라는 말과 같습니다. 그런 다음에 6L의 물에서 5L의 물만큼 빼면 1L의 물이 만들어집니다. 이해되시죠?

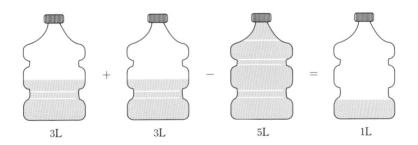

어라...? 그런데 3L의 물통이 하나밖에 없잖아요. 어떻게 해야 3L의 물을 두 번이나 사용할 수 있을까요? 네, 맞아요~ 우선 3L의 물통에 물을 가득 채웁니다. 그리고 3L의 물통에 들어있는 물을 모두 5L의 물통에 붓습니다. 다시 3L의 물통에 물을 가득 채우면, 3L의 물통을 두 번 사용한 것이 됩니다. 그렇죠? 또 다시 3L의 물통에 들어있는 물을 5L의 물통에 붓습니다. 잠깐! 이미 5L의 물통에 3L의 물이 들어있다는 사실, 다들 아시죠? 즉 5L의 물통을 가득 채우면 3L의 물통에 1L의 물만 남게 될 것입니다. 여기까지 이해가 되시나요?

1L의 물을 만들어 냈으니, 이제 게임 끝이네요. 1L의 물과 3L의 물을 합하면 우리가 구하고자 하는 4L의 물이 만들어지니까요. 당연히 4L의 물이 담겨질 곳은 5L의 물통이 되겠죠? 즉, 기존 5L의 물통에 가득 채워져 있는 물을 모두 버린 후, 3L의 물통에 들어있는 1L의 물을 모두 5L의 물통에 붓습니다. 그리고 다시 3L의 물통에 물을 가득 채운 후 그 물을 5L의 물통에 붓게 되면, 결국 5L의 물통에는 4L만큼의 물이 채워지게 되는 셈이지요. 이해되시죠? 정리하면 다음과 같습니다.

【5L와 3L의 물통을 이용하여 4L의 물을 만드는 방법】

활동내용	3L의 물통	5L의 물통
① 3L의 물통에 물을 가득 채운다.	3L	0L
② 3L의 물통에 들어있는 물을 모두 5L의 물통에 붓는다.	0L	3L
③ 다시 3L의 물통에 물을 가득 채운다.	3L	3L
④ 3L의 물통에 들어있는 물을 5L의 물통이 가득 차도록 붓는다.	1L	5L
⑤ 5L의 물통에 들어있는 물을 모두 버린다.	1L	0L
⑥ 3L의 물통에 들어있는 물을 모두 5L의 물통에 붓는다.	0L	1L
⑦ 다시 3L의 물통을 가득 채운다.	3L	1L
⑧ 3L의 물통에 들어있는 물을 모두 5L의 물통에 붓는다.	0L	4L

이 방법 외에 또 다른 방식으로 미션을 해결할 수는 없을까요?

 잠시 질문의 답을 스스로 찾아보는 시간을 가져보세요.

왜 없겠어요? 여러 가지 방법이 있을 수 있습니다. 그 중 하나만 더 소개하도록 하겠습니다.

【5L와 3L의 물통을 이용하여 4L의 물을 만드는 또 다른 방법】

활동내용	3L 물통	5L 물통
① 5L의 물통에 물을 가득 채운다.	0L	5L
② 5L의 물통에 들어있는 물을 3L의 물통이 가득 차도록 붓는다.	3L	2L
③ 3L의 물통의 물을 모두 버린다.	0L	2L
④ 5L의 물통에 남아있는 물을 모두 3L의 물통에 붓는다.	2L	0L
⑤ 다시 5L의 물통에 물을 가득 채운다.	2L	5L
⑥ 5L의 물통에 들어있는 물을 3L의 물통이 가득 차도록 붓는다.	3L	4L

두 번째 방식이 좀 더 간단하죠? 여기에 사용된 수식을 정리하면 다음과 같습니다.

$$(4\text{L의 물})=(5\text{L의 물})-(1\text{L의 물})$$

$$(1\text{L의 물})=(3\text{L의 물})-(2\text{L의 물})$$

$$(2\text{L의 물})=(5\text{L의 물})-(3\text{L의 물})$$

잠깐! 여기서 뭐~ 느끼는 거 없으신가요? 그렇습니다. 무턱대고 물을 여기저기 부으면서 4L의 물을 만들고자 했다면, 분명 주어진 시간 내에 미션을 수행하지 못했을 것입니다. 사실 이 미션을 해결하기 위해서는 우리가 구하고자 하는 숫자(4)를, 주어진 숫자(3,5)에 대한 연산식으로 표현할 수 있어야 합니다. 무슨 말인고 하니, 3L와 5L의 물통을 가지고 4L의 물을 만들기 위해서는, 4라는 숫자를 3과 5라는 숫자에 관한 식으로 표현해야 한다는 뜻입니다. 만약 한 번에 연산식을 도출할 수 없다면, 다음과 같이 두세 번에 걸친 연산식이라도 도출해야 할 것입니다.

① $4\text{L}=3\text{L}-1\text{L}$ ← $1\text{L}=(3\text{L}\times2)-5\text{L}$
② $4\text{L}=5\text{L}-1\text{L}$ ← $1\text{L}=3\text{L}-2\text{L}$ ← $2\text{L}=5\text{L}-3\text{L}$

①의 경우, 1L의 물만 만들 수 있다면 4L의 물을 만들 수 있게 됩니다. 그리고 ②의 경우, 2L의 물만 만들 수 있다면 4L의 물을 만들 수 있게 됩니다. 이해되시죠? 이러한 방식으로 미션을 해결하다보면, 우리는 7L, 8L, 9L, 10L, … 등 모든 리터수의 물을 만들어 낼 수 있을 것입니다. 예를 들어, 7L의 물의 경우 3L를 2번 부은 후에 1L를 만들어 합치면 될 것이며, 8L의 물의 경우 3L와 5L의 물을 더하면 됩니다. 마찬가지로 9L의 물의 경우, 3L의 물을 3번 부으면 되고, 10L의 물의 경우 5L의 물을 두 번 부으면 됩니다. 잠깐! 여기서 우리가 알아야 할 중요한 사실이 있습니다. 바로 기본 개념을 바탕으로 문제를 해결하게 되면, '한 문제만 풀었음에도 불구하고 그와 유사한 모든 문제를 해결할 수 있는 능력'을 갖출 수 있다는 것입니다. 이것이 바로 '개념도출형 학습방식'의 힘입니다.

개념도출형 학습방식...?

개념도출형 학습방식이란 단순히 수학문제를 계산하여 푸는 것이 아니라, 문제로부터 필요한 개념을 도출한 후 그 개념을 떠올리면서 문제의 출제의도 및 문제해결방법을 찾아가는 학습방식을 말합니다. 방금 전 우리가 영화 속 미션을 해결하기 위해 떠올린 개념... 즉, 구하고자 하는 숫자를 주어진 숫자에 대한 연산식으로 표현해야 한다는 것처럼 말입니다. 개념도출형 학습방식으로 여러 문제를 풀다보면, 문제를 통해 스스로 관련 개념을 도출할 수 있게 되어, 한 문제를 풀더라도 유사한 많은 문제를 풀 수 있는 능력을 갖출 수 있습니다. 더 나아가 스스로 개념을 변형하여 새로운 문제를 출제할 수도 있어, 수학을 좀 더 쉽고 재미있게 공부할 수 있도록 도와줍니다. 시간에 쫓기듯 답을 찾으려 하지 말고, 어떤 개념을 어떻게 적용해야 문제를 풀 수 있을지 천천히 생각한 후에 정답을 찾길 바랍니다. 문제해결방법을 찾았다면 답을 구하는 것은 단순한 계산과정일 뿐입니다. 마지막으로 하나 더! 생각을 많이 하면 할수록, 생각의 속도가 빨라진다는 사실도 함께 기억하시기 바랍니다.

다음 중 면의 모양이 다각형인 입체도형을 찾아보시기 바랍니다.

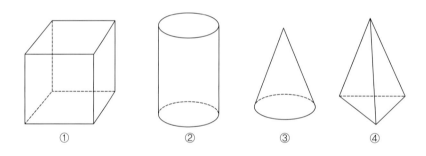

 잠시 질문의 답을 스스로 찾아보는 시간을 가져보세요.

일단 다각형이란 3개 이상의 선분으로 둘러싸인 도형을 말합니다. 그렇죠? 더불어 다각형에는 삼각형, 사각형, ..., n각형이 있다는 것도 이미 알고 있는 사실입니다. 이제 질문의 답을 찾아볼까요? 그렇습니다. 면의 모양이 다각형인 입체도형은 ①과 ④뿐입니다. ①과 ④처럼 면의 모양이 다각형인 입체도형을 다면체라고 부릅니다. 참고로 ②와 ③의 경우, 밑면의 모양이 원이 되어 질문의 답이 될 수 없습니다. 여러분~ 원은 다각형이 아니라는 거, 다들 아시죠?

다면체의 명칭은 어떻게 결정될까요?

 잠시 질문의 답을 스스로 찾아보는 시간을 가져보세요.

우선 다각형의 명칭에 대해 생각해 보겠습니다. 다각형은 선분의 개수에 따라 삼각형, 사각형, ..., n각형으로 불립니다. 이와 유사하게 다면체의 경우, 면의 개수에 따라 그 명칭이 결정되는데요, 즉 면의 개수가 4개, 5개, ..., n개인 다면체를 사면체, 오면체, ..., n면체로 부른다는 말입니다. 참고로 다면체를 만들기 위해서는 면의 개수가 최소 4개 이상이 되어야 합니다.

다면체

면의 모양이 다각형인 입체도형을 다면체라고 부르며, 면의 개수에 따라 사면체, 오면체, …, n면체로 정의합니다. 다면체를 둘러싸고 있는 다각형을 다면체의 면이라고 칭하며, 면(다각형)의 변을 다면체의 모서리, 면(다각형)의 꼭짓점을 다면체의 꼭짓점이라고 일컫습니다.

이처럼 다면체의 개념을 정확히 정의함으로써, 다면체와 관련된 개념을 체계적으로 다룰 수 있는 기본 토대를 마련할 수 있습니다. (다면체의 숨은 의미)

다음 그림을 살펴보면 이해하기가 좀 더 수월할 것입니다. 참고로 도형과 관련된 문제의 경우, 기본 개념의 내용만 제대로 알고 있으면 어려울 게 하나도 없다는 사실, 반드시 명심하시기 바랍니다.

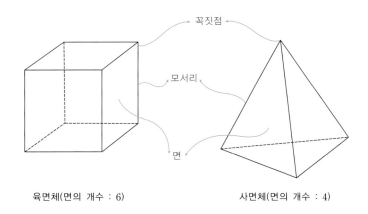

육면체(면의 개수 : 6)   사면체(면의 개수 : 4)

다음 입체도형이 몇 면체인지 말하고, 모서리와 꼭짓점의 개수를 각각 구해보시기 바랍니다.

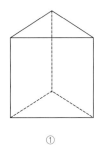   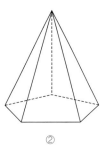

①   ②

 잠시 질문의 답을 스스로 찾아보는 시간을 가져보세요.

우선 주어진 입체도형의 면의 개수를 세어봐야겠죠? 입체도형 ①은 면의 개수가 5개이므로 오면체가 됩니다. 더불어 그림에서 보는 바와 같이 모서리는 9개, 꼭짓점은 6개입니다. 입체도형 ②는 면의 개수가 6개이므로 육면체가 됩니다. 그림에서 보는 바와 같이 모서리는 10개, 꼭짓점은 6개입니다. 쉽죠? 거 봐요~ 기본 개념의 내용만 제대로 알고 있으면 어려울 게 하나도 없다고 했잖아요.

다면체의 종류에는 어떤 것들이 있을까요? 음... 다면체의 종류라...? 뭐라고 답을 해야 할지 막막하다고요? 힌트를 드리자면, 다면체의 생긴 모양에 따라 그리고 밑면이 어떤 다각형으로 구성되어 있는지에 따라, 다면체의 세부적인 명칭이 결정됩니다. 그렇다면 다음 입체도형의 세부 명칭이 무엇인지 추측해 보시기 바랍니다.

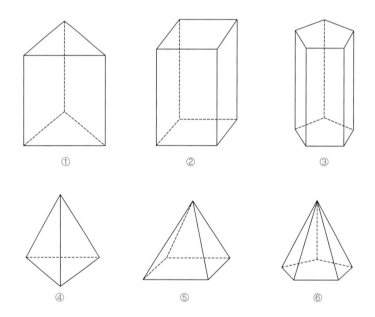

일단 주어진 입체도형은 ① 오면체, ② 육면체, ③ 칠면체, ④ 사면체, ⑤ 오면체, ⑥ 육면체입니다. 그렇죠? 이는 면의 개수를 세어보면 쉽게 확인할 수 있는 사항입니다. 이제 본격적으로 주어진 다면체의 세부 명칭을 추측해 보도록 하겠습니다. 힌트를 다시 한 번 되새겨 보면 다음과 같습니다.

다면체의 생긴 모양에 따라, 그리고 밑면이 어떤 다각형으로
구성되어 있는지에 따라 다면체의 세부적인 명칭이 결정된다.

우선 각 다면체가 어떻게 생겼는지 생각해 볼까요? 음... 그림을 보아하니 ①, ②, ③의 경우 기둥처럼 생겼고, ④, ⑤, ⑥의 경우 뿔처럼 생겼네요. 이제 각 다면체의 밑면의 모양을 확인해 보겠습니다. 참고로 입체도형의 밑면은 아랫면 또는 윗면 모두를 가리킵니다.

다면체의 모습	①	②	③	④	⑤	⑥
생긴 모양	기둥모양			뿔모양		
밑면의 모양	삼각형	사각형	오각형	삼각형	사각형	오각형

이제 슬슬 감이 오시나요? 그렇다면 주어진 다면체를 각각 뭐라고 부르는지 말해보시기 바랍니다.

 잠시 질문의 답을 스스로 찾아보는 시간을 가져보세요.

음... 대충은 알겠는데... 정확히 말하기가 어렵다고요? 결정적인 힌트를 드리겠습니다.

①, ②, ③ : ○○기둥   ④, ⑤, ⑥ : ○○뿔

네, 맞습니다. 바로 ① 삼각기둥, ② 사각기둥, ③ 오각기둥, ④ 삼각뿔, ⑤ 사각뿔, ⑥ 오각뿔 이라고 부릅니다. 어렵지 않죠? 사실 기둥 또는 뿔 모양이 아닌 다면체의 경우, 별도의 세부 명칭이 있는 것은 아닙니다. 그냥 면의 개수에 따라 ○면체라고만 칭합니다. 모든 입체도형에 대한 세부 명칭을 일일이 다 정할 수는 없잖아요. 그렇죠?

각기둥, 각뿔

> 다면체 중 아랫면과 윗면이 동일한 다각형으로 구성되어 있으며 기둥 형태로 된 입체도형을 일컬어 각기둥이라고 말합니다. 더불어 아랫면이 다각형이며 윗면이 뿔 형태로 된 입체도형을 각뿔이라고 부릅니다.

각기둥의 경우 밑면(아랫면과 윗면)의 모양에 따라 삼각기둥, 사각기둥, 오각기둥, ... 등으로 불리며, 각뿔의 경우 밑면(아랫면)의 모양에 따라 삼각뿔, 사각뿔, 오각뿔, ... 등으로 불립니다. 다음 그림을 보면 이해하기가 좀 더 수월할 것입니다.

명칭	삼각기둥	사각기둥	오각기둥	삼각뿔	사각뿔	오각뿔
다면체의 모습	①	②	③	④	⑤	⑥
생긴 모양	기둥모양			뿔모양		
밑면의 모양	삼각형	사각형	오각형	삼각형	사각형	오각형

다음과 같이 어떤 각뿔을 밑면에 평행한 평면으로 잘라 보시기 바랍니다. 어떠세요? 두 개의 다면체로 분리되었죠? 여기서 퀴즈입니다. 분리된 두 입체도형 중 각뿔이 아닌 입체도형(아랫쪽 입체도형)을 뭐라고 부르는지 추론해 보시기 바랍니다.

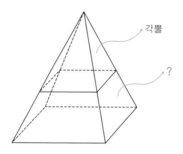

조금 어렵나요? 힌트를 드리도록 하겠습니다. 이 입체도형의 명칭은 '각뿔○'입니다. 과연 ○에 들어갈 말은 무엇일까요? 음... 아직도 잘 모르겠다고요? 이 글자는 높고 평평한 건축물을 뜻하는 한자입니다.

높고 평평한 건축물...?

여러분~ 구하고자 하는 입체도형의 모양이 마치 공연장의 무대처럼 생기지 않았나요?

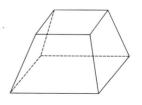

여기서 무대를 한자로 풀어쓰면, '춤출 무(舞)', '대 대(臺)'입니다. 어떠세요? 이제 ○에 들어갈 글자가 무엇인지 알겠죠? 그렇습니다. 바로 '대(臺)'입니다. 즉, 각뿔을 그 밑면에 평행한 평면으로 잘랐을 때 생기는 입체도형 중 각뿔이 아닌 입체도형을 각뿔대라고 부릅니다. '대(臺)'가 바로 높고 평평한 건축물을 뜻하는 한자거든요. 무대, 받침대, 축대 등이 모두 '대 대(臺)'자를 쓰는 단어입니다.

각뿔대

각뿔을 그 밑면에 평행한 평면으로 잘랐을 때 생기는 두 입체도형 중 각뿔이 아닌 입체도형을 각뿔대라고 부릅니다. 각뿔대에서 평행한 두 면을 밑면(아랫면과 윗면), 두 밑면에 수직인 선분의 길이를 높이, 밑면이 아닌 면을 옆면이라고 하며, 각뿔대는 밑면의 모양에 따라 삼각뿔대, 사각뿔대, 오각뿔대, ...라고 칭합니다.

이처럼 각기둥, 각뿔, 각뿔대의 개념을 정확히 정의함으로써, 다면체와 관련된 개념을 체계적으로 다룰 수 있는 기본 토대를 마련할 수 있습니다. (각기둥, 각뿔, 각뿔대의 숨은 의미)

다음 그림을 보면 이해하기가 좀 더 수월할 것입니다. 참고로 각뿔대의 옆면의 모양은 사다리꼴입니다. 여기서 잠깐! 각기둥, 각뿔대의 경우 아랫면과 윗면 모두를 가리켜 밑면이라고 말하며, 각뿔의 경우 아랫면을 가리켜 밑면이라고 말한다는 사실, 잊지 마시기 바랍니다.

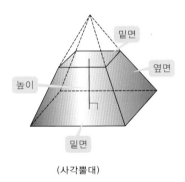

(사각뿔대)

그렇다면 다음 각뿔대의 명칭을 말해볼까요?

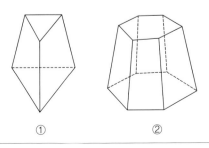

①   ②

네, 그렇습니다. 각뿔대의 밑면의 모양이 어떤 다각형인지 확인해 보면 쉽게 ① 삼각뿔대, ② 육각뿔대라는 것을 알 수 있습니다.

다면체(각기둥, 각뿔, 각뿔대)를 전체적으로 정리해 보는 시간을 갖겠습니다. 각자 머릿속으로 사각기둥, 사각뿔, 사각뿔대를 떠올려 보시기 바랍니다. 이제 떠올린 도형의 보면서 다음 표의 빈칸을 하나씩 채워보십시오.

	사각기둥	사각뿔	사각뿔대
면의 개수			
모서리의 개수			
꼭짓점의 개수			
밑면의 모양			
옆면의 모양			
밑면의 개수			

 잠시 질문의 답을 스스로 찾아보는 시간을 가져보세요.

어렵지 않죠? 정답은 다음과 같습니다.

	사각기둥	사각뿔	사각뿔대
면의 개수	6	5	6
모서리의 개수	12	8	12
꼭짓점의 개수	8	5	8
밑면의 모양	사각형	사각형	사각형
옆면의 모양	직사각형	삼각형	사다리꼴
밑면의 개수	2	1	2

참고로 종류에 관계없이 각기둥, 각뿔, 각뿔대의 옆면의 모양과 밑면의 개수는 다음 표와 같습니다. 앞서도 언급했지만 각기둥, 각뿔대의 경우 아랫면과 윗면 모두를 가리켜 밑면이라고 부르며, 각뿔의 경우 아랫면을 가리켜 밑면이라고 일컫는다는 사실, 절대 잊지 마시기 바랍니다. 학생들이 가장 혼동하는 용어 중 하나입니다.

	각기둥	각뿔	각뿔대
옆면의 모양	직사각형	삼각형	사다리꼴
밑면의 개수	2	1	2

정육면체란 어떤 도형을 말할까요?

정육면체? 6개의 정사각형으로 이루어진 입체도형?

뭐~ 틀린 말은 아닙니다. 하지만 정육면체를 구성하는 면이 몇 개인지 그리고 각 면이 어떤 다각형으로 이루어졌는지 뿐만 아니라 각 면을 구성하는 다각형이 서로 합동인지, 각 꼭짓점에 모인 면의 개수가 서로 같은지도 확인해 봐야 제대로 된 정육면체의 수학적 정의를 내릴 수 있습니다.

정육면체 : 각 면이 6개의 합동인 정사각형으로 이루어져 있고,
각 꼭짓점에 모인 면의 개수가 모두 같은 육면체

와우~ 상상한 것보다 훨씬 복잡하군요. 그렇다면 정육면체의 정의를 참고하여 '정다면체'가 어떤 도형인지 말해보시기 바랍니다.

 잠시 질문의 답을 스스로 찾아보는 시간을 가져보세요.

어렵지 않죠? 정다면체의 정의는 다음과 같습니다.

정다면체

각 면이 모두 합동인 정다각형으로 이루어져 있고, 각 꼭짓점에 모인 면의 개수가 같은 다면체를 정다면체라고 부릅니다.

이처럼 정다면체의 개념을 정확히 정의함으로써, 정다면체와 관련된 개념을 체계적으로 다룰 수 있는 기본 토대를 마련할 수 있습니다. (정다면체의 숨은 의미)

그럼 정다면체 중 가장 면의 개수가 적은 '정사면체'를 연습장에 직접 그려보시기 바랍니다. 잠깐! 입체도형을 구성하기 위해서는 면의 개수가 최소 4개 이상이 되어야 한다는 사실, 다들

알고 계시죠?

조금 어렵나요? 힌트를 드리도록 하겠습니다. 정사면체는 4개의 합동인 정삼각형으로 구성되어 있으며, 각 꼭짓점에 모인 면의 개수는 3개입니다. 감이 오시나요? 이제 정사면체를 그려볼까요?

- 면의 모양 : 정삼각형
- 면의 개수 : 4개
- 각 꼭짓점에 모이는 면의 개수 : 3개

참고로 **입체도형**을 표현하는 그림에는 두 종류가 있습니다. 바로 **겨냥도**와 **전개도**입니다.

겨냥도? 전개도?

일단 용어의 사전적인 정의를 확인해 보겠습니다. 먼저 겨냥이란 ① 목표물을 겨눔, ② 어떤 물건에 겨누어 정한 치수와 양식을 뜻합니다. 그리고 전개란 '펼 전(展), 열 개(開)'자를 써서 어떤 것을 펴고 여는 것을 뜻합니다. 이제 좀 감이 오시나요? 그렇습니다. 겨냥도란 입체도형의 모양을 잘 알 수 있도록 실선과 점선으로 나타낸 그림으로, 물체의 모양을 변형하지 않고 있는 그대로 그린 그림을 말합니다. 다음에서 보는 바와 같이 눈에 보이는 모서리를 실선으로, 눈에 보이지 않는 모서리를 점선으로 그린 것이 특징입니다.

삼각기둥	사각기둥	오각기둥	삼각뿔	사각뿔	오각뿔

반면에 전개도란 겨냥도와는 다르게 입체도형을 완전히 펼쳐서(모서리를 따라 자른 후 펼침), 평면으로 그린 그림을 말합니다. 이때 테두리를 제외한 모서리는 점선으로 그립니다.

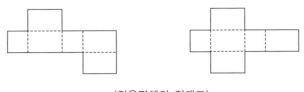

(직육면체의 전개도)

일반적으로 입체도형을 표현할 때 겨냥도를 주로 사용하지만, 표면과 관련된 문제(겉넓이, 면의 개수, 면의 모양 등)를 해결할 때에는 전개도를 활용한다는 사실, 명심하시기 바랍니다.

다시 정다면체로 돌아와서, **정다면체의 종류에는 어떤 것들이 있을까요?**

정사면체, 정오면체, 정육면체, 정칠면체, ...?

이처럼 단순하게 면의 개수에 따라 정다면체를 생각하면 큰 오산입니다. 왜냐하면 어떤 입체도형이 정다면체가 되기 위해서는, ① 각 면이 모두 합동인 정다각형으로 이루어져 있어야 하며, ② 각 꼭짓점에 모인 면의 개수가 같아야 한다는 조건을 모두 만족해야하기 때문이죠. 결론부터 말씀드리자면, 정다면체는 정사면체, 정육면체, 정팔면체, 정십이면체, 정이십면체 다섯 가지뿐입니다.

겨냥도					
전개도					
명칭	정사면체	정육면체	정팔면체	정십이면체	정이십면체

면의 모양에 따른 정다면체를 구분하면 다음과 같습니다.

면의 모양	정다면체의 종류
정삼각형	정사면체, 정팔면체, 정이십면체
정사각형	정육면체
정오각형	정십이면체

어라...? 뭔가 좀 이상하네요. **정다면체의 한 면이 될 수 있는 도형이 정삼각형, 정사각형, 정오각형 뿐이라뇨.** 여기서 퀴즈입니다. 정육각형, 정칠각형, ... 등은 왜 정다면체의 한 면의 모양이 될 수 없을까요? (내용이 상당히 난해하므로 가급적 천천히 생각하며 읽으시기 바랍니다)

 잠시 질문의 답을 스스로 찾아보는 시간을 가져보세요.

일단 입체도형이 만들어지기 위해서는 한 꼭짓점에 모인 면의 개수가 최소 3개 이상이어야 합니다. 왜냐하면 2개의 평면이 교차할 때에는 점이 아닌 선으로 만나기 때문이죠.

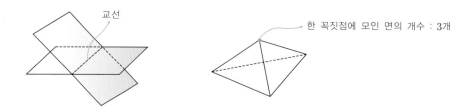

그리고 다면체의 한 꼭짓점에 모이는 면의 내각의 크기의 합은 360° 보다 작아야 합니다. 만약 한 꼭짓점에 모이는 면의 내각의 크기의 합이 360°일 경우, 평면이 되기 때문에 입체도형이 만들어지지 않습니다. 당연히 한 꼭짓점에 모이는 면의 내각의 크기의 합이 360° 보다 큰 도형은 상상할 수조차 없습니다. 다음 그림을 보면 이해하기가 조금 더 수월할 것입니다.

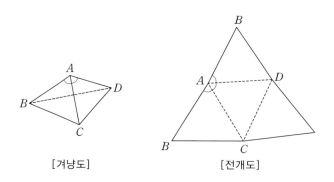

즉, 입체도형의 꼭짓점을 구성하기 위해서는 다음 두 가지 조건을 모두 만족해야 합니다.

[입체도형의 꼭짓점 구성조건]
　① 한 꼭짓점에 모인 면의 개수는 최소 3개 이상이어야 한다.
　② 한 꼭짓점에 모이는 면의 내각의 크기의 합은 360° 보다 작아야 한다.

이제 정다면체의 한 면이 될 수 있는 도형이 왜 정삼각형, 정사각형, 정오각형뿐인지 그 이유에 대해 자세히 설명해 보도록 하겠습니다. 일단 정삼각형, 정사각형, 정오각형, 정육각형 각각 3개를 가지고 하나의 꼭짓점을 구성해 보면 다음과 같습니다. 잠깐! 정n각형의 한 내각의 크기가 $\left\{\dfrac{180 \times (n-2)}{n}\right\}^\circ$ 라는 거, 다들 알고 계시죠? 즉, 정삼각형, 정사각형, 정오각형, 정육각형의 한 내각의 크기는 각각 60°, 90°, 108°, 120°가 된다는 말입니다.

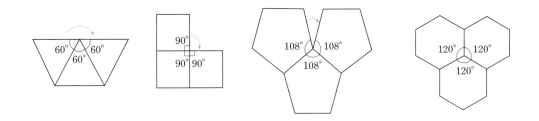

어떠세요? 대충 감이 오시나요? 정삼각형, 정사각형, 정오각형의 경우, 그려진 도형을 오린 후 화살표 방향으로 접게 되면, 한 꼭짓점에 대한 입체도형의 일부분이 만들어집니다. 하지만 정육각형의 경우에는 접을 수 있는 틈이 없기 때문에 입체도형이 만들어지지 않습니다. 그렇죠? 앞서도 언급했지만 그 이유는 바로 한 꼭짓점에 모이는 면의 내각의 크기의 합이 360° 보다 작아야 하기 때문입니다. 더불어 정칠각형, 정팔각형, ...의 경우 한 내각의 크기가 120° 보다 크기 때문에 한 꼭짓점에 세 개의 다각형이 모일 수 없게 되어 정다면체의 한 면이 될 수 없습니다.

정다면체의 한 면이 될 수 있는 도형은 정삼각형, 정사각형, 정오각형뿐이다.

혹시 이해가 가지 않는 학생이 있다면 머릿속으로 입체도형을 상상하면서 다시 한 번 천천히 읽어보시기 바랍니다.

다음 빈 칸을 채워보면서 정다면체를 정리해 보는 시간을 갖도록 하겠습니다.

	정사면체	정육면체	정팔면체	정십이면체	정이십면체
면의 모양					
한 꼭짓점에 모인 면의 개수					

조금 어렵나요? 다음 정다면체의 겨냥도를 보면 손쉽게 빈 칸을 채울 수 있을 것입니다.

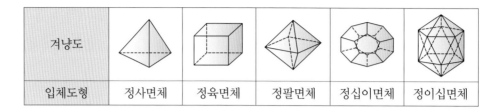

겨냥도					
입체도형	정사면체	정육면체	정팔면체	정십이면체	정이십면체

	정사면체	정육면체	정팔면체	정십이면체	정이십면체
면의 모양	정삼각형	정사각형	정삼각형	정오각형	정삼각형
한 꼭짓점에 모인 면의 개수	3	3	4	3	5

다음 입체도형은 모든 변의 길이가 같은 사면체입니다. 하지만 이것은 정다면체가 될 수 없습니다. 왜 그럴까요?

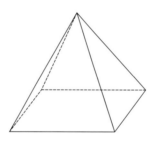

 잠시 질문의 답을 스스로 찾아보는 시간을 가져보세요.

정다면체의 정의만 제대로 기억하고 있으면 쉽게 질문의 답을 찾을 수 있습니다.

정다면체

각 면이 모두 합동인 정다각형으로 이루어져 있고, 각 꼭짓점에 모인 면의 개수가 같은 다면체를 정다면체라고 부릅니다.

네, 그렇습니다. 주어진 입체도형의 경우, 각 면이 모두 합동인 정다각형도 아니며, 각 꼭짓점에 모인 면의 개수도 모두 같지 않기 때문에 정다면체가 될 수 없습니다. 거 봐요~ 기본개념의 내용만 제대로 알고 있으면 어려울 게 하나도 없다고 했잖아요. 그렇다고 용어의 정의나 개념을 달달 암기하라는 말이 아닙니다. 필요할 때마다 교재나 인터넷 등을 통해 개념을 자주 찾다보면, 자연스럽게 그 내용을 기억할 수 있습니다. 이 점 반드시 명심하시기 바랍니다.

여러분 혹시 도자기를 만드는 원리에 대해서 알고 계십니까?

도자기는 흙으로 빚어 높은 온도에서 구워낸 제품을 말합니다. 일반적으로 도기 또는 자기라고 부르죠. 이제부터 도자기와 관련된 입체도형(회전에 의해 만들어진 도형)에 대해 자세히 배워보도록 하겠습니다. 다음 그림과 같이 직사각형, 직각삼각형, 반원 모양의 색종이를 막대젓가락에 붙여봅니다. 그리고 막대젓가락을 회전축으로 하여 색종이를 한 바퀴 회전시켰을 때 만들어지는 입체도형이 무엇인지 상상해 보시기 바랍니다.

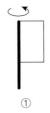

①

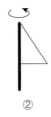

②

③

어렵지 않죠? 색종이를 한 바퀴 회전시켰을 때 만들어지는 입체도형은 다음과 같습니다.

①

②

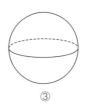

③

평면도형을 동일 평면 안에 있는 직선을 회전축으로 하여 한 바퀴 회전시켰을 때 생기는 입체도형을 회전체라고 부릅니다.

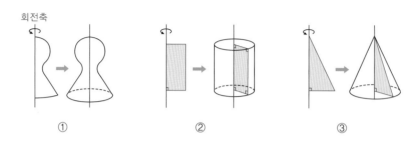

이처럼 회전체의 개념을 정확히 정의함으로써, 회전과 관련된 도형의 개념을 체계적으로 다룰 수 있는 기본 토대를 마련할 수 있습니다. (회전체의 숨은 의미)

다음 평면도형을 직선 l, m, n을 회전축으로 하여 1회전 시켰을 때 생기는 회전체를 그려보시기 바랍니다.

어렵지 않죠? 정답은 다음과 같습니다.

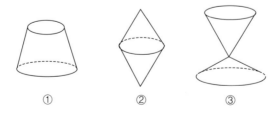

이제 회전체의 명칭에 대해 살펴볼까요? 다음과 같이 직사각형을 직선 l을 회전축으로 하여 1회전 시켰을 때 만들어지는 입체도형(회전체)의 명칭이 무엇인지 추론해 보시기 바랍니다.

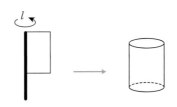

 잠시 질문의 답을 스스로 찾아보는 시간을 가져보세요.

일단 회전체의 밑면은 원이 되겠네요. 그렇죠? 더불어 두 밑면(아랫면과 윗면)이 서로 평행한 기둥 모양을 취하고 있습니다. 기둥 모양? 여기서 뭐 생각나는 도형 없으신가요? 그렇습니다. 각기둥이 생각나네요.

각기둥 : 다면체 중에서 아랫면과 윗면이 동일한 다각형으로
구성되어 있으며 기둥 형태로 된 입체도형

여기서 우리는 쉽게 원기둥이라는 용어를 떠올릴 수 있습니다. 밑면의 모양이 삼각형이고 기둥 모양의 형태를 띤 입체도형을 삼각기둥이라고 말하는 것처럼, 밑면의 모양이 원이고 기둥 모양의 형태를 띤 입체도형을 원기둥이라고 말하는 것이 아주 자연스럽잖아요. 이번엔 직각삼각형을 직선 l을 회전축으로 하여 1회전 시켰을 때 만들어지는 입체도형(회전체)의 명칭이 무엇인지 추론해 보시기 바랍니다.

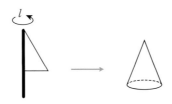

 잠시 질문의 답을 스스로 찾아보는 시간을 가져보세요.

어라...? 밑면이 원이면서, 뿔 모양을 취하고 있네요. 음... 뿔 모양이라...? 네, 그렇습니다. 각뿔이 생각나죠?

각뿔 : 아랫면이 다각형이며 윗면이 뿔 형태로 된 입체도형

여기서 우리는 쉽게 원뿔이라는 용어를 떠올릴 수 있습니다. 밑면의 모양이 삼각형이고 뿔 모양의 형태를 띤 입체도형을 삼각뿔이라고 말하는 것처럼, 밑면의 모양이 원이고 뿔 모양의 형태를 띤 입체도형을 원뿔이라고 말하는 것이 아주 자연스럽잖아요. 마지막으로 사다리꼴을 직선 l을 회전축으로 하여 1회전 시켰을 때 만들어지는 입체도형(회전체)의 명칭이 무엇인지 추론해 보시기 바랍니다.

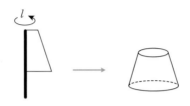

 잠시 질문의 답을 스스로 찾아보는 시간을 가져보세요.

이 회전체는 원뿔을 밑면에 평행한 평면으로 잘랐을 때 생기는 두 입체도형 중 원뿔이 아닌 입체도형에 해당됩니다. 그렇죠? 이 타이밍에 생각나는 입체도형은? 네, 그렇습니다. 바로 각뿔대입니다.

각뿔대 : 각뿔을 그 밑면에 평행한 평면으로 잘랐을 때 생기는
두 입체도형 중 각뿔이 아닌 입체도형

여기서 우리는 쉽게 원뿔대라는 용어를 떠올릴 수 있습니다. 삼각뿔을 밑면에 평행한 평면으로 자른 도형(각뿔이 아닌 것)을 삼각뿔대라고 말하는 것처럼, 원뿔을 밑면에 평행한 평면으로 자른 도형(원뿔이 아닌 것)을 원뿔대라고 말하는 것이 아주 자연스럽잖아요. 그렇죠? 원기둥, 원뿔, 원뿔대의 정의는 다음과 같습니다.

원기둥, 원뿔, 원뿔대

직사각형의 한 변, 직각삼각형의 높이, 사다리꼴(한 변이 높이를 나타내는 사다리꼴)의 높이를 회전축으로 하여 1회전 시켰을 때 만들어진 입체도형(회전체)을 각각 원기둥, 원뿔, 원뿔대라고 부릅니다.

이처럼 원기둥, 원뿔, 원뿔대의 개념을 정확히 정의함으로써, 회전체와 관련된 도형의 개념을 체계적으로 다룰 수 있는 기본 토대를 마련할 수 있습니다. (원기둥, 원뿔, 원뿔대의 숨은 의미)

참고로 원뿔대의 경우, 원뿔을 밑면에 평행한 평면으로 잘랐을 때 생기는 두 입체도형 중 원뿔이 아닌 입체도형으로 정의하기도 합니다. 또한 원뿔대에서 평행한 두 면(윗면과 아랫면)을 밑면, 두 면에 수직인 선분의 길이를 높이, 원뿔대의 옆면을 만드는 선분을 모선이라고 부릅니다. 더불어 각기둥, 각뿔대의 경우와 마찬가지로 원뿔대에서도 윗면과 아랫면, 즉 평행한 두 면을 모두 일컬어 밑면이라고 말한다는 사실, 절대 잊지 마시기 바랍니다.

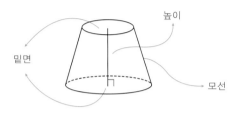

원기둥, 원뿔, 원뿔대의 전개도를 상상해 보시기 바랍니다. 참고로 원뿔과 원뿔대의 경우, 옆면의 모양(입체도형을 정면에서 봤을 때의 옆면의 모양)과 옆면을 펼친 모양이 서로 다르다는 사실에 주의하시기 바랍니다.

 잠시 질문의 답을 스스로 찾아보는 시간을 가져보세요.

여러분~ 전개도란 입체도형을 펼쳐서(모서리 또는 모선을 따라 잘라서 펼침) 평면에 나타낸 그림을 말하는 거, 다들 아시죠? 음... 다들 예상했겠지만 원기둥의 옆면을 펼친 도형은 직사각형이며, 원뿔의 옆면을 펼친 도형은 부채꼴입니다. 상상이 되시죠? 그런데 원뿔대는 조금 어렵네요. 도대체 원뿔대의 옆면을 펼친 도형은 무엇일까요?

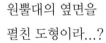 원뿔대의 옆면을
펼친 도형이라...?

많은 학생들이 원뿔대의 옆면을 펼친 도형을 가리켜 사다리꼴이라고 말하는 경향이 있는데, 물론 원뿔대를 정면에서 바라봤을 때 옆면의 모양이 사다리꼴인 것은 맞습니다. 하지만 옆면을 펼쳤을 때에도 사다리꼴이 유지될까요? 그렇지 않습니다. 원뿔대의 옆면을 펼친 도형은 바로 부채꼴의 일부분입니다.

원뿔대의 옆면을 펼친 도형이 부채꼴의 일부분이라고...?

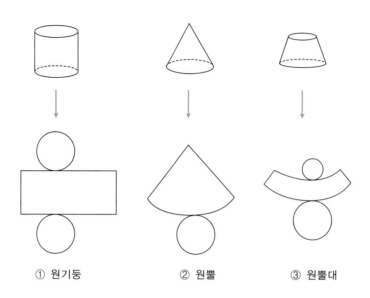

① 원기둥   ② 원뿔   ③ 원뿔대

다음은 반원을 직선 l을 회전축으로 하여 1회전 시켰을 때 만들어진 입체도형(회전체)입니다. 과연 이 입체도형의 명칭은 무엇일까요?

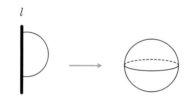

 잠시 질문의 답을 스스로 찾아보는 시간을 가져보세요.

딱 봐도 '공' 모양이란 것을 쉽게 알 수 있죠? 이렇게 공처럼 생긴 입체도형을 구라고 부릅니다. 다들 예상했겠지만, 구는 한자로 '공 구(球)'자를 씁니다. 즉, 반원을 직선 l을 회전축으로 하여 1회전 시켰을 때 만들어진 입체도형(회전체)을 '구'라고 칭합니다. 참고로 공으로 하는 운동을 구기종목이라고 말하는데, 여기서 구기종목의 구자가 바로 '공 구(球)'자입니다.

그렇다면 구는 어떤 특징을 가진 도형일까요?

 잠시 질문의 답을 스스로 찾아보는 시간을 가져보세요.

조금 어렵나요? 힌트를 드리도록 하겠습니다. 다음 내용을 착안하여 구의 특징을 상상해 보시기 바랍니다.

원 : 어떤 한 점으로부터 떨어진 거리가 일정한 점들이 모인 평면도형

대충 감이 오시죠? 그렇습니다. 원과 같이 구 또한 어떤 한 점(구의 중심)으로부터 떨어진 거리가 일정한 점들이 모인 도형입니다. 하나 다른 점이 있다면, 평면도형이 아닌 입체도형이라는 것이죠. 즉, 구의 중심(한 점)과 구 표면 위에 있는 임의의 한 점의 거리는 모두 일정하다는 뜻입니다. 다음 그림을 보면 이해하기가 조금 더 쉬울 것입니다.

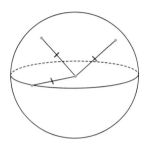

구의 특징을 살려 구를 다시 정의해 보도록 하겠습니다.

구

3차원 공간에서 어떤 한 점으로부터 일정한 거리에 있는 모든 점을 표시한 면으로 이루어진 입체도형을 구라고 부릅니다.

이처럼 구의 개념을 정확히 정의함으로써, 구와 관련된 도형의 개념을 체계적으로 다룰 수 있는 기본 토대를 마련할 수 있습니다. (구의 숨은 의미)

다음과 같이 사다리꼴 $ABCD$를 직선 l을 회전축으로 하여 1회전 시켰을 때 생기는 회전체에 대하여 물음에 답해보시기 바랍니다.

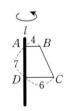

① 두 밑면의 넓이의 합은?
② 회전체의 높이의 길이는?

 잠시 질문의 답을 스스로 찾아보는 시간을 가져보세요.

일단 회전 후 만들어지는 입체도형은 원뿔대입니다. 그렇죠? 당연히 회전체의 밑면은 원이 될 것입니다. 문제에서 두 밑면(윗면과 아랫면)의 넓이의 합을 구하라고 했으므로, 우리는 두 밑면의 반지름이 얼마인지만 확인하면 됩니다. 왜냐하면 반지름으로부터 원의 넓이를 구하는 것은 '누워서 떡 먹기'에 불과하거든요.

과연 두 밑면의 반지름은 얼마일까요? 회전하기 전의 모습과 회전한 후의 모습을 서로 비교해 보면 다음과 같습니다.

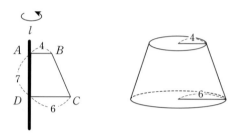

그렇습니다. 윗면의 반지름은 4이며, 아랫면의 반지름은 6입니다. 잠깐! 반지름이 r인 원의 넓이가 πr^2이라는 사실, 다들 알고 계시죠? 물론 여기서 π는 원주율을 의미합니다.

$$(\text{윗변의 넓이})+(\text{아랫면의 넓이})=(\pi\times4^2)+(\pi\times6^6)=16\pi+36\pi=52\pi$$

여러분~ 원뿔대의 두 밑면에 수직인 선분의 길이를 원뿔대의 높이로 정의했다는 사실, 다들 기억하시죠? 그림에서 보는 바와 같이 회전 후 만들어진 입체도형(회전체)의 높이는 7입니다. 그럼 정답을 적어볼까요?

① 52π ② 7

여러분~ 회전체가 어렵나요? 그렇지 않죠? 가끔 원뿔대의 전개도를 잘 그리지 못하는 학생들이 있던데, 다시 한 번 원뿔대의 전개도를 확인하고 넘어가도록 하겠습니다.

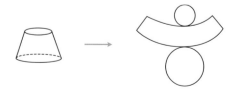

이제 회전체를 총정리해 보는 시간을 갖도록 하겠습니다. 다음 빈 칸을 채워보시기 바랍니다. 참고로 입체도형을 평면으로 잘랐을 때, 잘린 면을 단면이라고 말합니다.

도형의 명칭				
회전축과 수직인 평면으로 자른 단면의 모양				
회전축을 품은 평면으로 자른 단면의 모양				

다음 회전체의 겨냥도를 참고하여 정답을 확인해 보시기 바랍니다.

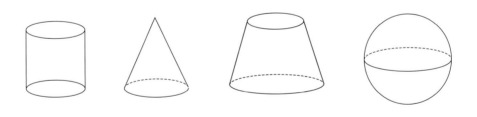

도형의 명칭	원기둥	원뿔	원뿔대	구
회전축과 수직인 평면으로 자른 단면의 모양	원	원	원	원
회전축을 품은 평면으로 자른 단면의 모양	직사각형	이등변삼각형	사다리꼴	원

회전체는 어떤 성질을 가지고 있을까요? 다음 문장 속 괄호 안에 알맞은 단어를 넣어보시기 바랍니다.

① 회전체를 회전축에 수직인 평면으로 자른 단면은 항상 ( )이 되며,
　　회전축은 이 원들의 (　　)을 지납니다.

② 회전체를 회전축을 포함하는 평면으로 자른 단면은 모두 ( )이며,
　　그 단면은 회전축에 대하여 (　　　)도형이 됩니다.

잠시 질문의 답을 스스로 찾아보는 시간을 가져보세요.

　너무 어렵나요? 그럼 함께 풀어보도록 하겠습니다. 일단 회전체를 회전축에 수직인 평면으로 자른 단면은 어떤 도형일까요? 그렇습니다. 원입니다. 보는 바와 같이 어느 면을 잘라도 그 단면은 모두 원이 될 것입니다.

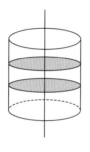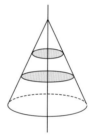

　음... ①의 첫 번째 괄호 안에 들어갈 단어는 바로 '원'이 되겠네요. 그렇다면 회전축은 이 원들의 어디를 지날까요? 네, 맞아요. 그림에서 보는 바와 같이 회전축은 이 원들의 중심을 지나고 있습니다. 따라서 ①의 두 번째 괄호 안에 들어갈 단어는 바로 '중심'입니다. 이해가 되시나요?

① 회전체를 회전축에 수직인 평면으로 자른 단면은 항상 (원)이 되며,
　　회전축은 이 원들의 (중심)을 지납니다.

　다음으로 회전체를 회전축을 포함하는 평면으로 자른 단면은 어떤 도형일까요? 잘 모르겠다고요? 함께 단면의 모양을 확인해 보도록 하겠습니다.

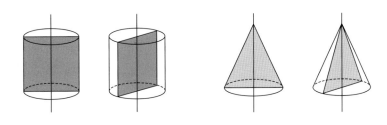

음... 원기둥의 경우 직사각형이 되며, 원뿔의 경우 삼각형이 됩니다. 어라... 자세히 보니 단면의 모양이 모두 같네요. 즉, 원기둥의 단면은 모두 직사각형으로 똑같이 생겼으며, 원뿔의 단면 또한 이등변삼각형으로 모두 똑같습니다. 즉, 합동이라는 말입니다. 더불어 회전축을 중심으로 양쪽이 대칭을 이루고 있습니다. 여기서 잠깐! 어떤 직선(대칭축)으로 접었을 때 완전히 겹쳐지는 도형을 뭐라고 부르는지 아세요? 초등학교 때 배운 용어인데... 음... 기억이 잘 나질 않나 보네요... 바로 선대칭 도형이라고 말합니다. 이제 정답을 찾은 거, 같죠?

② 회전체를 회전축을 포함하는 평면으로 자른 단면은 모두 (합동)이며,
그 단면은 회전축에 대하여 (선대칭)도형이 됩니다.

회전체의 성질

① 회전체를 회전축에 수직인 평면으로 자른 단면은 항상 원이 되며, 회전축은 이 원들의 중심을 지납니다.
② 회전체를 회전축을 포함하는 평면으로 자른 단면은 모두 합동이며, 그 단면은 회전축에 대하여 선대칭도형이 됩니다.

회전체의 성질을 통해 회전체와 관련된 도형의 개념을 체계적으로 다룰 수 있는 기본 토대를 마련할 수 있습니다. (회전체의 성질의 숨은 의미)

다음은 어떤 회전체를 회전축에 수직인 평면으로 자른 단면(①)과 회전축을 포함하는 평면으로 자른 단면(②)입니다. 이 회전체의 명칭을 말하고 단면 ②의 넓이를 구해보시기 바랍니다.

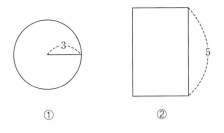

①   ②

조금 어렵나요? 어떤 회전체든지 간에, 회전체를 회전축에 수직인 평면으로 자른 단면은 모두 원입니다. 그렇죠? 그런데 ②의 경우에서처럼 회전축을 포함하는 평면으로 자른 단면이 직사각형이 되는 회전체... 네, 맞아요. 바로 원기둥입니다. 즉, 회전축에 수직인 평면으로 자른 단면이 원이고, 회전축을 포함하는 평면으로 자른 단면이 직사각형인 회전체는 '원기둥'뿐입니다. 다음 그림을 보면 이해하기가 조금 더 수월할 것입니다.

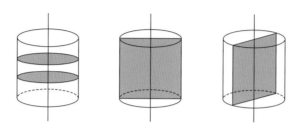

이제 단면 ②의 넓이를 구해볼까요? 원기둥에서 회전축을 포함하는 평면으로 자른 단면(직사각형)의 가로의 길이는 얼마일까요? 그렇습니다. 바로 원기둥의 밑면의 지름 6과 같습니다. 따라서 단면 ②의 넓이는 $30(=6 \times 5)$이 되겠네요. 이해가 잘 가지 않는 학생은 다음 그림을 참고하시기 바랍니다.

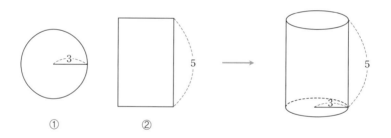

주위에서 볼 수 있는 물건 중 회전체인 것, 3가지만 말해볼까요?

 잠시 질문의 답을 스스로 찾아보는 시간을 가져보세요.

갑자기 물어보니까 잘 생각나지 않다고요? 힌트를 드리면 다음과 같습니다.

① 탄산음료를 넣는 용기
② 모래를 가지고 시간을 재는 도구
③ 국, 찌개를 끓이기 위해 사용하는 주방용품

네, 맞아요. 우리 주위에서 흔하게 볼 수 있는 물건 중 회전체인 것은 바로 캔(병), 모래시계, 냄비 등입니다. 이것 외에도 우리는 무수히 많은 회전체들을 사용하고 있습니다.

고대 그리스의 수학자들은 가장 아름답고 완벽한 도형으로 '구'를 꼽았다고 합니다. 그 이유는 바로 높은 대칭성에 있는데요. 물체에 존재하는 대칭성이란, 어떤 변환에 대하여 물체의 외형이 변하지 않는다는 것을 의미합니다. 쉽게 말하면, 어떤 물체를 회전하거나 자르거나 할 때, 그 물체가 가지고 있는 고유의 모양이 변하지 않는다는 것을 뜻하지요. 우리가 알고 있는 입체도형 중에서 가장 높은 대칭성을 보유한 도형이 바로 구입니다. 자~ 상상해 보십시오. 구의 경우, 어떤 방향으로 회전하더라도 한결같이 동일한 모양을 갖습니다. 그렇죠? 더불어 어떤 방향으로 잘라도(평면으로 자를 경우), 그 단면은 항상 원이 됩니다.

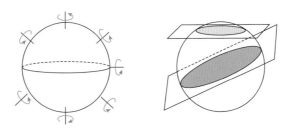

구의 회전축이 무엇인지 찾아보시기 바랍니다.

구의 회전축?

 잠시 질문의 답을 스스로 찾아보는 시간을 가져보세요.

앞서 반원을 지름을 회전축으로 하여 1회전 시켰을 때 만들어진 입체도형이 구라고 했던 거, 기억나시죠? 과연 구의 회전축은 무엇일까요? 그렇습니다. 구의 회전축은 구의 중심을 지나는 무수히 많은 직선입니다.

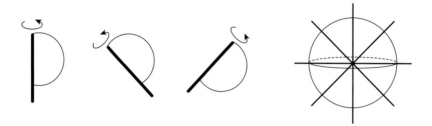

즉, 구의 중심을 지나는 모든 직선들이 바로 구의 회전축이 된다는 말입니다. 여러분~ 회전체를 회전축에 수직인 평면으로 자른 단면이 항상 원이 된다는 거, 알고 계시죠? 구도 마찬가지입니다. 하지만 구의 경우, 중심을 지나는 모든 직선들이 구의 회전축이 되므로 어느 방향의 평면으로 잘라도 그 단면은 항상 원이 될 것입니다. 여기서 퀴즈입니다. 구의 단면(원) 중 넓이가 가장 큰 단면이 나오는 경우는 무엇일까요?

 잠시 질문의 답을 스스로 찾아보는 시간을 가져보세요.

그렇습니다. 바로 구의 중심을 포함하는 평면으로 자를 때, 그 단면(원)의 넓이가 가장 크게 됩니다.

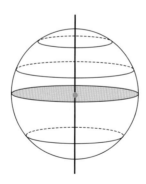

이 밖에도 구의 성질은 무궁무진 합니다. 시간이 허락된다면, 각자 구의 성질을 직접 찾아보시기 바랍니다.

★ 개념을 정확히 이해했는지 확인하고 싶다면, 학교 교과서에 나오는 개념확인 문제를 풀어 보거나 스스로 개념 확인문제를 출제하여 풀어보면 큰 도움이 될 것입니다.

다음 통조림의 겉넓이를 구해보시기 바랍니다. 단, 밑면(원)의 반지름은 3cm이고, 높이는 9cm라고 가정합시다.

통조림의 겉넓이라...?

 잠시 질문의 답을 스스로 찾아보는 시간을 가져보세요.

여러분~ 겉넓이가 입체도형을 감싸고 있는 겉면의 넓이를 말한다는 거, 다들 아시죠? 겉넓이를 구하기 위해서는 입체도형을 감싸고 있는 겉면을 모두 펼쳐야 합니다.

입체도형을 감싸고 있는 겉면을 모두 펼친다?

여기서 뭔가 떠오르는 용어 없으신가요? 그렇습니다. 바로 전개도입니다. 앞서도 언급했지만, 입체도형을 펼쳐서(모서리 또는 모선을 따라 잘라서 펼침) 평면에 나타낸 그림을 전개도라고 부릅니다. 통조림의 전개도를 그려보면 다음과 같습니다.

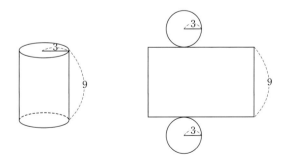

보아하니 통조림의 겉넓이는 두 밑면(원)의 넓이와 옆면을 펼친 도형(직사각형)의 넓이를 합한 값과 같네요. 그렇죠? 이제 통조림의 겉넓이를 구해볼까요? 잠깐! 반지름이 r인 원의 넓이가 πr^2이라는 것, 가로와 세로의 길이가 각각 a, b인 직사각형의 넓이가 ab라는 사실, 다들 아시죠?

$$(통조림의\ 겉넓이)=(두\ 밑면의\ 넓이)+(옆면의\ 넓이)$$
$$=(원의\ 넓이)\times2+(직사각형의\ 넓이)$$

음... 문제는 직사각형의 가로의 길이군요. 세로의 길이는 주어졌는데, 가로의 길이는 주어지지 않았잖아요. 과연 원기둥의 옆면을 펼친 도형(직사각형)의 가로의 길이는 얼마일까요? 네, 맞아요. 직사각형의 가로의 길이는 바로 밑면(원)의 원주와 같습니다. 다들 아시다시피, 반지름이 r인 원주의 길이는 $2\pi r$입니다. 통조림의 겉넓이를 구하면 다음과 같습니다.

$$(밑면의\ 넓이)\times2+(옆면의\ 넓이)=(\pi\times3^2)\times2+9\times(2\pi\times3)=18\pi+54\pi=72\pi$$

어떠세요? 그리 어렵지 않죠? 일반적으로 입체도형의 겉넓이를 구하기 위해서는 전개도를 활용합니다. 즉, 전개도만 정확히 그릴 수 있으면, 겉넓이를 구하는 것은 '누워서 떡 먹기'라는 말이지요. 그런데 대부분의 교재에서는 각종 입체도형의 겉넓이를 공식화하는 경향이 있습니다. 굳이 이렇게 겉넓이를 공식화하여 외울 필요가 있을까요? 뭐... 전개도를 그릴 수 없는 입체도형의 경우에는 그럴 수도 있겠네요. 하지만 수학개념을 공식화하는 것은 별로 좋은 습관이 아닙니다. 괜히 수학을 암기과목처럼 만들어 학생들이 수학을 싫어하게 만들어 버리니까요. 물론 이차방정식의 근의 공식처럼 계산상의 편의를 위해 알아두면 정말 좋은 공식들이 많이 있는 것은 사실입니다. 하지만 모든 것을 공식으로 암기해야 할 필요는 없다는 사실, 반드시 명심하시기 바랍니다. 한 술 더 뜨면, 요즘에는 IT기술이 발달하여 몇 몇 숫자만 대입하면 클릭 한 번에 여러 가지 수식의 값(도형의 넓이와 부피, 방정식의 근, 평균값, 표준편차 등)을 손쉽게 구할 수 있습니다. 즉, 우리가 직접 모든 수학공식을 암기할 필요가 없다는 말입니다. 더불어 도형의 관한 각종 공식은 언제든지 교과서나 인터넷 등을 통해 쉽게 찾아볼 수 있으므로, 공식을 암기하는 데 크게 열을 올리지는 마십시오. 자주 찾다보면 자연스럽게 기억할 수 있으니까요.

다음 여러 입체도형의 겉넓이를 구하는 방법에 대해 설명해 보시기 바랍니다.

① 삼각기둥   ② 사각뿔   ③ 사각뿔대

 잠시 질문의 답을 스스로 찾아보는 시간을 가져보세요.

일단 각 도형의 겨냥도와 전개도를 그려보면 다음과 같습니다.

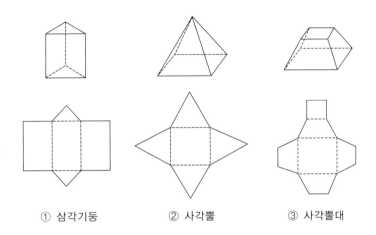

① 삼각기둥　　　② 사각뿔　　　③ 사각뿔대

　음... 삼각기둥의 경우, 두 밑면(삼각형)과 세 옆면(직사각형)으로 이루어져 있군요. 그렇죠? 아시다시피 삼각형의 넓이는 $\frac{1}{2}\times$(밑면)$\times$(높이)이며 직사각형의 넓이는 (가로)$\times$(세로)입니다. 어라...? 삼각기둥의 모서리의 길이와 밑면(삼각형)의 높이만 알면 손쉽게 삼각기둥의 겉넓이를 구할 수 있겠네요. 사각뿔의 경우, 한 밑면(사각형)과 네 옆면(삼각형)으로 이루어져 있습니다. 마찬가지로 사각뿔의 모서리의 길이와 옆면(삼각형)의 높이만 알면 간단히 사각뿔의 겉넓이를 계산할 수 있습니다. 마지막으로 사각뿔대는 두 밑면(사각형)과 네 옆면(사다리꼴)으로 이루어져 있습니다. 여러분~ 사다리꼴의 넓이공식 다들 알고 계시죠? 그렇습니다. 바로 $\frac{1}{2}\times$(윗변＋아랫변)$\times$(높이)입니다. 즉, 사각뿔대의 모서리의 길이와 옆면(사다리꼴)의 높이만 알면 쉽게 사각뿔대의 겉넓이를 구할 수 있다는 말입니다. 어렵지 않죠? 각자 여러 가지 각기둥, 각뿔, 각뿔대를 그려 겉넓이 문제를 만들어 풀어보시기 바랍니다.

　다시 한 번 말하지만, 입체도형의 특성(전개도 등)과 기본적인 평면도형의 넓이공식만 알고 있으면 어렵지 않게 입체도형의 겉넓이를 계산할 수 있습니다. 이 점 반드시 명심하시기 바랍니다. 즉, 전개도를 그릴 수 없는 입체도형을 제외하고는 따로 겉넓이에 대한 공식을 작성할 필요가 없다는 말입니다. 참고로 직사각형이나 정사각형이 아닌 일반적인 사각형의 넓이를 구하기 위해서는, 사각형을 삼각형으로 분리하여 계산하면 쉽습니다.

　다음 입체도형의 겉넓이를 구하는 방법에 대해 설명해 보시기 바랍니다.

① 원기둥　　② 원뿔　　③ 원뿔대

일단 주어진 도형의 겨냥도와 전개도를 그려보면 다음과 같습니다.

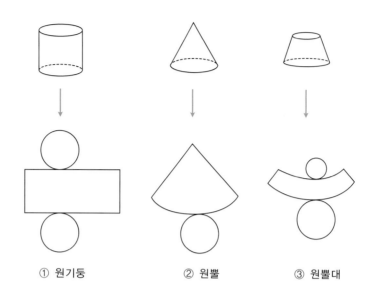

① 원기둥   ② 원뿔   ③ 원뿔대

 잠시 질문의 답을 스스로 찾아보는 시간을 가져보세요.

원기둥의 경우, 두 밑면(원)과 하나의 옆면(직사각형)으로 이루어져 있습니다. 그렇죠? 아시다시피 원의 넓이는 πr^2(반지름 r, 원주율 π)이며 직사각형의 넓이는 (가로)×(세로)입니다. 여기서 잠깐! 옆면을 펼친 도형(직사각형)의 가로의 길이는 밑면(원)의 원주와 같다는 사실, 다들 캐치하셨나요? 네, 그렇습니다. 원기둥의 밑면의 반지름과 높이(전개도상 직사각형의 세로의 길이)만 알면 손쉽게 원기둥의 겉넓이를 계산할 수 있습니다. 원뿔의 경우, 한 밑면(원)과 옆면(부채꼴)으로 이루어져 있습니다. 여러분~ 부채꼴의 넓이공식 다들 알고 계시죠? 그렇습니다. 바로 $\pi r^2 \times \dfrac{x}{360}$(반지름 r, 원주율 π, 중심각 $x°$)입니다. 즉, 원뿔의 밑면의 반지름과 모선(전개도상 부채꼴의 반지름)의 길이만 알면 어렵지 않게 원뿔의 겉넓이를 계산할 수 있습니다. 잠깐...? 그럼 부채꼴의 중심각 $x°$를 몰라도 된다는 말인가요?

모선의 길이(부채꼴의 반지름)와 밑면의 반지름의 길이만 알면,
부채꼴의 중심각을 몰라도 원뿔의 옆면(부채꼴)의 넓이를 구할 수 있다고?

간혹 원뿔과 원뿔대의 겉넓이를 구할 때, 부채꼴의 중심각의 크기가 주어져 있지 않아 당황해 하는 학생들이 있습니다. 하지만 걱정하지 마십시오. 전개도를 자세히 살펴보면, 옆면을 펼친 도형(부채꼴 또는 부채꼴의 일부분)의 호의 길이가 바로 밑면의 원주의 길이와 같다는 것을

쉽게 알 수 있습니다. 이는 중심각의 크기를 $x°$로 놓으면, x에 대한 방정식을 도출할 수 있다는 말과 같습니다. 즉, 어렵지 않게 모선의 길이와 밑면의 반지름의 길이로부터 중심각의 크기 $x°$를 계산해낼 수 있다는 말입니다. 음... 도무지 무슨 말을 하는지 모르겠다고요? 다음 그림을 보면 이해하기가 한결 수월할 것입니다.

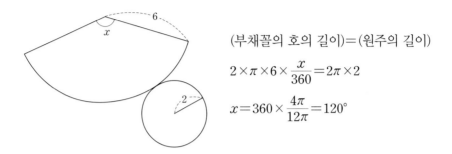

(부채꼴의 호의 길이)=(원주의 길이)

$$2 \times \pi \times 6 \times \frac{x}{360} = 2\pi \times 2$$

$$x = 360 \times \frac{4\pi}{12\pi} = 120°$$

마지막으로 원뿔대는 두 밑면(원)과 하나의 옆면(부채꼴의 일부분)으로 이루어져 있습니다. 원뿔과 마찬가지로 원뿔대의 밑면의 반지름과 모선의 길이만 알면 어렵지 않게 원뿔대의 겉넓이를 구할 수 있습니다.

설명으로만 들으니 감이 잘 오지 않는다고요? 아마도 그것은 원뿔과 원뿔대의 전개도에 익숙하지 않아서일 것입니다. 가끔 원뿔의 옆면을 펼친 도형을 삼각형으로, 원뿔대의 옆면을 펼친 도형을 사다리꼴로 착각하는 학생들이 있는데, 원뿔의 옆면을 펼친 도형은 삼각형이 아닌 부채꼴이며, 원뿔대의 옆면을 펼친 도형은 사다리꼴이 아닌 부채꼴의 일부분이라는 사실을 반드시 명심하시기 바랍니다. 시간 날 때 각자 여러 가지 원기둥, 원뿔, 원뿔대를 그려 겉넓이 문제를 만들어 풀어보시기 바랍니다.

다음 입체도형(원뿔대)의 겉넓이를 구해보시기 바랍니다.

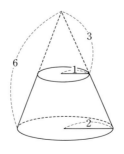

 잠시 질문의 답을 스스로 찾아보는 시간을 가져보세요.

일단 원뿔대의 전개도를 그려보면 다음과 같습니다. 편의상 전개도의 꼭짓점을 알파벳 A, B, C, D, O로 표시하겠습니다.

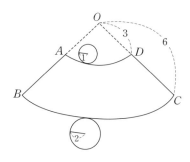

우선 원뿔대의 두 밑면(큰 원, 작은 원)의 넓이의 합을 구해봐야겠죠?

$$(\text{큰 원의 넓이})+(\text{작은 원의 넓이})=\pi\times 2^2+\pi\times 1^2=4\pi+\pi=5\pi$$

이제 옆면을 펼친 도형(부채꼴의 일부분)의 넓이를 구해봅시다. 옆면을 펼친 도형은 반지름이 6인 부채꼴(큰 부채꼴) OBC의 넓이에서 반지름이 3인 부채꼴(작은 부채꼴) OAD의 넓이를 뺀 값과 같습니다. 그렇죠? 부채꼴의 넓이공식 $\pi r^2\times\dfrac{x}{360}$(반지름 r, 원주율 π, 중심각 $x°$)를 활용하면 어렵지 않게 옆면을 펼친 도형의 넓이를 구할 수 있을 듯합니다. 어라...? 부채꼴의 중심각이 주어지지 않았네요. 하지만 걱정할 필요가 전혀 없습니다. 원뿔(원뿔대)의 모선의 길이와 밑면의 반지름의 길이로부터 전개도상에 그려지는 부채꼴의 중심각을 구할 수 있거든요. 즉, 부채꼴 OBC의 호 $\overset{\frown}{BC}$의 길이와 밑면(반지름이 2인 원)의 원주의 길이가 같다는 사실을 이용하면 어렵지 않게 부채꼴 OBC의 중심각의 크기를 계산해 낼 수 있습니다. 그럼 중심각의 크기를 $x°$로 놓은 후, x에 대한 방정식을 도출해 보도록 하겠습니다.

$$\overset{\frown}{BC}=2\pi\times 6\times\frac{x}{360}=\frac{x}{30}\pi,\ (\text{원주의 길이})=2\pi\times 2=4\pi\ \rightarrow\ \frac{x}{30}\pi=4\pi\ (x\text{에 대한 방정식})$$

음... 부채꼴 OBC의 중심각의 크기는 $120°(=x)$군요. 이제 옆면을 펼친 도형(부채꼴의 일부분)의 넓이를 구해봅시다.

$$(\text{부채꼴 }OBC\text{의 넓이})=\pi\times 6^2\times\frac{120}{360}=12\pi \quad (\text{부채꼴 }OAD\text{의 넓이})=\pi\times 3^2\times\frac{120}{360}=3\pi$$

$$(\text{옆면을 펼친 도형의 넓이})=(\text{부채꼴 }OBC\text{의 넓이})-(\text{부채꼴 }OAD\text{의 넓이})=12\pi-3\pi=9\pi$$

앞서 원뿔대의 두 밑면(큰 원, 작은 원)의 넓이의 합이 5π라고 했으므로, 주어진 원뿔대의 겉넓이는 다음과 같습니다.

(원뿔대의 겉넓이)＝(두 밑면의 넓이의 합)＋(옆면을 펼친 도형의 넓이)＝$5\pi＋9\pi＝14\pi$

조금 어렵나요? 사실 원뿔(원뿔대)의 겉넓이의 경우, 전개도상에 그려지는 부채꼴의 중심각을 구하는 것이 문제해결의 핵심 포인트입니다. 이것만 잘할 수 있으면, 쉽게 원뿔(원뿔대)의 겉넓이를 구할 수 있으니, 너무 걱정하지 마시기 바랍니다. 잠깐! 여기서 우리는 재미난 공식을 하나 유도할 수 있습니다. 여러분 혹시 모선의 길이가 a이고 밑면의 반지름이 b일 때, 옆면(부채꼴)의 중심각의 크기가 $360\times\dfrac{b}{a}$가 된다는 사실, 캐치하셨나요? 시간 날 때, 다음 풀이과정을 천천히 읽어보시기 바랍니다.

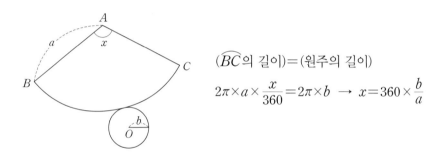

($\overarc{BC}$의 길이)＝(원주의 길이)

$2\pi\times a\times\dfrac{x}{360}=2\pi\times b \;\rightarrow\; x=360\times\dfrac{b}{a}$

입체도형의 겉넓이를 구하는 방법에 대해 정리하면 다음과 같습니다.

입체도형의 겉넓이

입체도형의 겉넓이는 전개도상에 그려진 평면도형의 넓이를 합하여 구할 수 있습니다.

이처럼 입체도형의 겉넓이를 구하는 방법을 정리함으로써, 우리는 좀 더 쉽게 입체도형의 겉넓이를 계산할 수 있습니다. (입체도형의 겉넓이의 숨은 의미)

이제 입체도형에 대한 개념으로 뭐가 더 남아 있을까요? 그렇습니다. 부피입니다. 앞서도 잠깐 언급했지만, 다시 한 번 부피의 개념을 살펴보고 넘어가도록 하겠습니다. 우선 부피란 입체가 점유하는 공간의 크기를 말합니다. 그렇죠? 그리고 한 변의 길이가 단위길이 1cm, 1m, ...인 정육면체가 차지하는 공간을 단위부피 1cm³, 1m³, ...로 정의합니다.

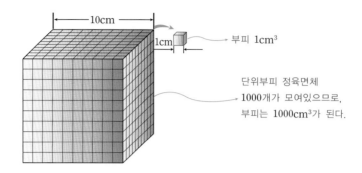

다음 사각기둥(직육면체)의 부피를 구하고, 직육면체의 부피공식을 유도해 보시기 바랍니다.

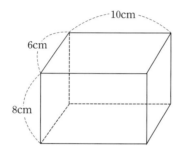

조금 어렵나요? 일단 주어진 도형을 가로·세로·높이가 모두 1cm인 정육면체(단위부피 : 1cm³)로 쪼개어 본 후, 총 몇 개의 단위부피(가로·세로·높이가 1cm인 정육면체의 부피 : 1cm³)로 구성되어 있는지 확인해 봅니다.

 잠시 질문의 답을 스스로 찾아보는 시간을 가져보세요.

네, 맞아요~ 주어진 입체도형은 총 480개의 단위부피로 구성되어 있습니다. 여기서 480이라는 숫자는 어떤 값일까요? 그렇습니다. 입체도형의 가로, 세로, 높이의 길이를 모두 곱한 값과 같습니다. 즉, 직육면체의 부피를 구하기 위해서는 그냥 가로, 세로, 높이의 길이를 곱하기만 하면 됩니다. 참고로 가로와 세로의 길이를 곱한 값은 입체도형(직육면체)의 밑면의 넓이(밑넓이)와 같다는 사실도 함께 기억하시기 바랍니다.

$$(직육면체의 부피) = (가로) \times (세로) \times (높이) = (밑넓이) \times (높이)$$

다음 그림에서 삼각기둥의 부피를 구하는 공식을 유추해 보시기 바랍니다.

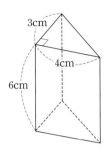

 잠시 질문의 답을 스스로 찾아보는 시간을 가져보세요.

조금 어렵나요? 일단 주어진 입체도형과 합동인 입체도형을 상상해 보시기 바랍니다. 그리고 그 둘을 서로 붙여, 직육면체를 만들어 보십시오.

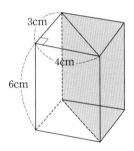

어라...? 가로·세로·높이가 각각 4cm, 3cm, 6cm인 직육면체가 되었네요. 앞서 직육면체의 부피가 (가로)×(세로)×(높이)라고 했던 거, 기억하시죠? 그렇습니다. 새롭게 만들어진 직육면체의 부피는 720cm³입니다. 따라서 우리가 구하고자 삼각기둥의 부피는 직육면체의 부피 720cm³의 절반인 360cm³가 될 것입니다. 여기까지 이해가 되시나요? 즉, 삼각기둥의 부피는 $\frac{1}{2}$×(가로)×(세로)×(높이)로 계산된다는 뜻입니다. 참고로 $\frac{1}{2}$×(가로)×(세로)의 값은 입체도형(삼각기둥)의 밑면의 넓이(밑넓이)와 같다는 사실도 함께 기억하시기 바랍니다.

$$(삼각기둥의 부피) = \frac{1}{2} \times (가로) \times (세로) \times (높이) = (밑넓이) \times (높이)$$

여기서 주의할 것이 하나 있습니다. 주어진 삼각기둥의 경우, 밑면의 모양이 직각삼각형이기 때문에 그 부피가 $\frac{1}{2}$×(가로)×(세로)×(높이)로 계산되지만, 일반적인 삼각기둥의 경우에는 그렇지 않습니다. 즉, 밑면의 모양이 직각삼각형이 아닌 삼각기둥의 경우에는 가로·세로의 길이가 아닌 밑넓이로 그 부피를 계산해야 한다는 사실, 잊지 마시기 바랍니다.

$$(삼각기둥의 부피)=(밑넓이)\times(높이)$$

사각기둥의 경우에도 마찬가지로 직육면체가 아닌 이상 가로·세로의 길이가 아닌 밑넓이로 그 부피를 계산합니다.

$$(사각기둥의 부피)=(밑넓이)\times(높이)$$

사실 이것을 수학적으로 증명하기 위해서는 고등학교 교과과정인 미적분에 대해 정확히 알아야 합니다. 그러나 지금은 그냥 각기둥의 부피공식만 기억하고 넘어가도록 하겠습니다. 참고로 미분은 '작을 미(微)', '나눌 분(分)'자를 써서 '작은 조각으로 나누는 것'을 의미하며, 적분은 '쌓을 적(積)', '나눌 분(分)'자를 써서 '나누어진 조각을 쌓는 것'을 의미합니다. 음... 도무지 무슨 말을 하는지 모르겠다고요? 좀 더 쉽게 말하자면, 임의의 어떤 도형의 넓이 또는 부피 등을 구하기 위해서는 주어진 도형을 아주 작은 조각으로 나눈 후(미분), 그 조각을 하나씩 쌓아(적분) 우리가 쉽게 다룰 수 있는 도형(정사각형, 정육면체 등)으로 재구성하면 구하고자 하는 도형의 넓이 또는 부피를 쉽게 계산해 낼 수 있다는 말입니다. 음... 너무 깊이 들어갔네요. 사실 미적분의 개념은 고등학생들도 이해하기 힘든 개념 중 하나입니다. 일단 그냥 넘어가는 게 좋겠습니다.

오각기둥, 육각기둥, ...의 넓이는 어떻게 구할 수 있을까요? 네, 맞아요~ 오각기둥, 육각기둥, ... 도 여러 개의 삼각기둥으로 쪼개어 그 부피를 계산할 수 있습니다. 이는 오각기둥, 육각기둥, ...의 부피를 삼각기둥처럼 밑넓이와 높이를 곱하여 계산할 수 있다는 것을 의미합니다.

$$(각기둥의 부피)=(밑넓이)\times(높이)$$

여기서도 미적분의 개념이 적용되었네요... 즉, 오각기둥, 육각기둥, ...을 여러 개의 삼각기둥으로 쪼갠 후(미분), 각각의 삼각기둥의 부피를 모두 더하면(적분), 오각기둥, 육각기둥, ...의 부피를 쉽게 구할 수 있다는 말입니다.

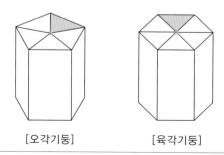

[오각기둥]   [육각기둥]

원기둥의 경우도 마찬가지입니다. 원기둥의 밑면 '원'을 변의 수가 무수히 많은 정다각형이라고 가정하면 원기둥의 부피 또한 (밑넓이)×(높이)로 계산할 수 있다는 추론이 가능합니다. 이 또한 미적분의 개념으로 증명할 사항이니, 지금은 그냥 원기둥의 부피공식만 기억하고 넘어가시기 바랍니다.

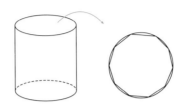

(원기둥의 부피)＝(밑넓이)×(높이)

결국 각기둥과 원기둥, 즉 기둥의 부피는 다음과 같이 계산되는군요.

(기둥의 부피)＝(밑넓이)×(높이)

다음 입체도형의 부피를 각각 구해보시기 바랍니다. 단, ②의 괄호 안의 도형은 밑면의 모양을 나타내며, 편의상 단위는 생략하도록 하겠습니다.

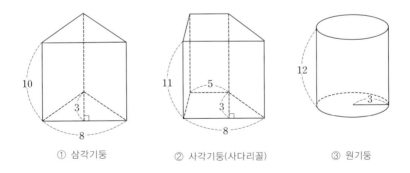

① 삼각기둥   ② 사각기둥(사다리꼴)   ③ 원기둥

잠시 질문의 답을 스스로 찾아보는 시간을 가져보세요.

어렵지 않죠? 기둥의 부피가 (밑넓이)×(높이)라는 사실만 알고 있으면 쉽게 주어진 입체도형의 부피를 계산해 낼 수 있습니다. 정답은 다음과 같습니다. (계산과정 생략)

① 120 ② $\dfrac{429}{2}$ ③ 108π

캔(음료를 담는 깡통)이나 통조림 등은 왜 원기둥 모양일까요?

 잠시 질문의 답을 스스로 찾아보는 시간을 가져보세요.

조금 어렵나요? 일단 캔이나 통조림 등을 제조하는 판매자는 회사의 수익이 최대가 되도록 상품을 만들 것입니다. 즉, 내용물의 양이 같다면 가장 적은 재료(철, 알루미늄 등)를 사용해서 용기(캔, 통조림)를 제조할 것이라는 말이죠.

가장 적은 재료(철, 알루미늄 등)를 사용해서 용기(캔, 통조림)를 제조한다...?

아직도 감이 잘 오지 않나 보네요. 여러분~ 둘레의 길이가 동일할 때, 가장 큰 넓이를 갖는 평면도형이 무엇인지 아십니까? 네, 그렇습니다. 바로 원입니다. 다음 둘레의 길이가 12인 세 도형(정삼각형, 정사각형, 원)의 넓이를 비교한 그림을 유심히 살펴보시기 바랍니다. 이해하기가 한결 수월할 것입니다. (단, 원의 반지름 및 삼각형과 원의 넓이는 근삿값입니다)

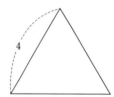

둘레의 길이 : 12
정삼각형의 넓이 : 6.92

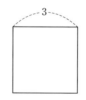

둘레의 길이 : 12
정사각형의 넓이 : 9

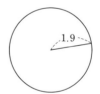

둘레의 길이 : 12
원의 넓이 : 11.33

마찬가지로 겉넓이가 동일할 때, 가장 큰 부피를 갖는 도형은 구가 될 것입니다. 여기까지 이해 되시죠? 하지만 구는 잘 세워지지 않기 때문에, 캔이나 통조림 등의 용기로는 적합하지 않습니다. 그렇다면 캔이나 통조림 등의 용기로 적합한 입체도형은 무엇일까요? 그렇습니다. 바로 기둥(각기둥, 원기둥)입니다. 기둥모양의 입체도형의 경우, 잘 세울 수 있기 때문에 캔이나 통조림 등의 용기로 흔하게 사용됩니다. 여기서 다음과 같은 질문을 던져볼 수 있겠네요.

겉넓이가 일정할 때, 가장 큰 부피를 갖는 입체도형(기둥)은 무엇일까요?

네, 맞습니다. 바로 원기둥입니다. 즉, 가장 적은 재료(철, 알루미늄 등)를 사용하여 가장 많은 내용물을 넣을 수 있는 용기(캔, 통조림)를 제조하기 위해서는, 용기의 모양을 원기둥으로 만들어야 한다는 뜻입니다. 이처럼 우리 생활 속 곳곳에 수학이 숨겨져 있다는 사실, 반드시 명심하시기 바랍니다.

뿔의 부피는 어떻게 구할 수 있을까요?

 잠시 질문의 답을 스스로 찾아보는 시간을 가져보세요.

힌트를 드리자면, 다음과 같이 밑면(모양, 넓이)과 높이가 같은 사각기둥과 사각뿔을 상상한 후, 사각기둥의 부피가 사각뿔의 몇 배가 될지 생각해 보시기 바랍니다. 어렵지 않게 질문의 답을 유추해 볼 수 있을 것입니다.

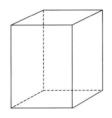 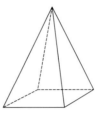

어떠세요? 사각기둥의 부피가 사각뿔의 몇 배인지 아시겠습니까? 음... 대충 감은 오지만, 정확한 수치는 잘 모르겠다고요? 고대 그리스의 수학자 아르키메데스는 물이 가득 채워진 욕조에 들어간 후, 물이 넘치는 것을 보고 넘친 물의 양이 본인의 몸의 부피라는 사실을 깨달았다고 합니다. 마찬가지로 사각기둥 모양의 욕조에 물을 가득 채우고, 사각기둥과 밑면(모양, 넓이) 그리고 높이가 같은 사각뿔을 집어넣었을 때, 넘치는 물의 양을 확인하는 실험을 해 보면 사각기둥의 부피가 사각뿔의 몇 배인지 어느 정도 직감할 수 있을 것입니다. 실제 실험한 결과, 넘치는 물의 양은 사각기둥 부피의 $\frac{1}{3}$이라고 하네요. 여기서 넘치는 물의 양이 사각뿔의 부피와 같다는 것, 다들 아시죠? 즉, 사각기둥의 부피는 사각뿔의 3배가 됩니다. 정리하자면 사각뿔의 부피를 구하기 위해서는 사각기둥의 부피에 $\frac{1}{3}$을 곱하면 된다는 뜻입니다. 삼각기둥과 삼각뿔, 오각기둥과 오각뿔, ..., 원기둥과 원뿔에 대해 동일한 실험을 할 경우에도, 넘치는 물의 양이 기둥의 부피의 $\frac{1}{3}$이 된다고 합니다. 즉, 뿔의 부피는 기둥의 부피에 $\frac{1}{3}$을 곱하면 쉽게 계산할 수 있다는 말입니다. 잠깐! 기둥의 부피가 (밑넓이)×(높이)라는 사실, 다들 알고 계시죠? 뿔의 부피공식을 정리하면 다음과 같습니다.

$$(뿔의\ 부피)=\frac{1}{3}\times(기둥의\ 부피)=\frac{1}{3}\times(밑넓이)\times(높이)$$

기둥의 부피와 마찬가지로 뿔의 부피공식 또한 고등학교 교과과정인 미적분을 통해서 증명할 수 있습니다. 세부적인 증명과정은 고등학교 가서 배우는 걸로 하고, 여기서는 뿔의 부피가

기둥의 부피의 $\frac{1}{3}$ 이라는 사실만 정확히 기억하시기 바랍니다.

다음 입체도형의 부피를 구해보시기 바랍니다. 단, 주어진 사각뿔의 밑면은 직사각형이며 사각뿔, 원뿔의 높이는 각각 9, 6이라고 합니다. 또한 삼각뿔대의 경우, 높이가 8인 삼각뿔을 높이의 중점을 지나고 밑면에 평행한 평면으로 잘라낸 도형이라고 가정하겠습니다.

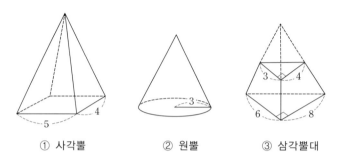

① 사각뿔   ② 원뿔   ③ 삼각뿔대

 잠시 질문의 답을 스스로 찾아보는 시간을 가져보세요.

뿔의 부피가 기둥의 부피의 $\frac{1}{3}$ 배라는 사실, 그리고 기둥의 부피가 밑넓이와 높이를 곱한 값이라는 사실, 다들 알고 계시죠? 더불어 뿔대의 부피는 처음 뿔의 부피에서 잘려나간 뿔의 부피를 뺀 값과 같습니다. 그렇죠? 그럼 하나씩 입체도형의 부피를 구해보겠습니다.

① (사각뿔의 부피)$=\frac{1}{3}\times$(밑넓이)$\times$(높이)$=\frac{1}{3}\times20\times9=60$

② (원뿔의 부피)$=\frac{1}{3}\times$(밑넓이)$\times$(높이)$=\frac{1}{3}\times(\pi\times3^2)\times6=18\pi$

삼각뿔대의 경우, 높이가 8인 삼각뿔을 높이의 중점을 지나고 밑면에 평행한 평면으로 잘라낸 도형이라고 가정했으므로, 삼각뿔대의 높이는 4가 될 것입니다. 삼각뿔대의 부피를 계산하면 다음과 같습니다.

③ (삼각뿔대의 부피)$=$(전체 삼각뿔의 부피)$-$(잘려나간 삼각뿔의 부피)

$$=\frac{1}{3}\times\left(\frac{1}{2}\times6\times8\right)\times8-\frac{1}{3}\times\left(\frac{1}{2}\times3\times4\right)\times4=56$$

어렵지 않죠? 기둥, 뿔의 부피를 정리하면 다음과 같습니다.

기둥, 뿔의 부피

기둥과 뿔의 부피는 다음과 같습니다.

① (기둥의 부피)=(밑넓이)×(높이)

② (뿔의 부피)=$\frac{1}{3}$×(기둥의 부피)=$\frac{1}{3}$×(밑넓이)×(높이)

수식에서 보는 바와 같이 뿔의 부피는 높이의 길이와 밑면의 모양이 동일한 기둥의 부피의 $\frac{1}{3}$배와 같습니다. 이처럼 기둥과 뿔의 부피를 구하는 방법을 공식화함으로써, 우리는 좀 더 쉽게 입체도형의 부피를 계산할 수 있습니다. (기둥, 뿔의 부피의 숨은 의미)

반지름이 r인 구의 부피는 얼마일까요? 이것도 실험을 통해 확인해 봐야겠죠? 다음 그림과 같이 밑면(원)의 반지름이 r이고 높이가 $2r$인 원기둥에 물을 가득 채운 후, 반지름이 r인 구를 원기둥 안에 집어넣었을 때, 넘치는 물의 양이 얼마인지 추측해 보시기 바랍니다.

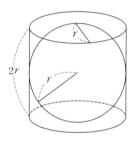

 잠시 질문의 답을 스스로 찾아보는 시간을 가져보세요.

음... 대충 감은 오지만, 정확한 수치는 잘 모르겠다고요? 실제 실험한 결과, 넘친 물의 양은 원기둥의 부피의 $\frac{2}{3}$라고 합니다. 여기서 넘친 물의 양이 구의 부피와 같다는 것, 다들 알고 계시죠? 따라서 반지름이 r인 구의 부피는 반지름이 r이고 높이가 $2r$인 원기둥의 부피의 $\frac{2}{3}$배가 됩니다. 잠깐! 여기서 원기둥의 높이가 $2r$이라는 사실, 절대 잊어서는 안 됩니다.

(반지름이 r인 구의 부피)=$\frac{2}{3}$×(밑면의 반지름이 r이고 높이가 $2r$인 원기둥의 부피)

그렇다면 반지름이 r이고 높이가 $2r$인 원기둥의 부피는 얼마일까요? 네, 맞습니다. 밑넓이 πr^2과 높이 $2r$을 곱한 값인 $2\pi r^3$입니다. 따라서 반지름이 r인 구의 부피는 $\frac{4}{3}\pi r^3\left(=\frac{2}{3}\times 2\pi r^3\right)$

이 되는 셈이지요.

$$(\text{반지름이 } r \text{인 구의 부피}) = \frac{4}{3}\pi r^3$$

기둥, 뿔의 부피와 마찬가지로 반지름이 r인 구의 부피공식 $\frac{4}{3}\pi r^3$ 또한 고등학교 교과과정인 미적분을 통해서 증명할 수 있습니다. 세부적인 증명과정은 고등학교 가서 배우는 걸로 하고, 여기서는 반지름이 r인 구의 부피가 밑면의 반지름이 r이고 높이가 $2r$인 원기둥의 부피의 $\frac{2}{3}$라는 사실만 정확히 기억하시기 바랍니다.

다음 도형의 부피를 구해보시기 바랍니다. 단, ①은 구이며, ②는 밑면의 반지름이 3인 원뿔과 단면의 반지름이 3인 반구를 붙인 입체도형입니다.

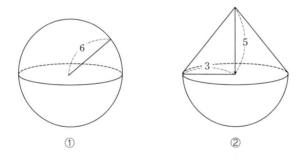

①   ②

어렵지 않죠? 일단 반지름이 r인 구의 부피는, 밑면의 반지름이 r이고 높이가 $2r$인 원기둥의 부피의 $\frac{2}{3}$이므로, 원기둥의 부피 $2\pi r^3$(밑넓이와 높이를 곱한 값)의 $\frac{2}{3}$배인 $\frac{4}{3}\pi r^3$과 같습니다. 그렇죠? 더불어 높이가 h이고 밑면의 반지름이 r인 원뿔의 부피는, 높이가 h이고 밑면의 반지름이 r인 원기둥의 부피에 $\frac{1}{3}$을 곱한 값과 같습니다. 그럼 주어진 입체도형의 부피를 하나씩 구해볼까요?

① (반지름이 6인 구의 부피)$= \frac{4}{3}\pi \times 6^3 = 288\pi$

② (주어진 입체도형의 부피)

    $=(\text{높이가 5이고 밑면의 반지름이 3인 원뿔의 부피}) + (\text{단면의 반지름이 3인 반구의 부피})$

    $= \frac{1}{3} \times (\pi \times 3^2) \times 5 + \frac{1}{2} \times \left(\frac{4}{3}\pi \times 3^3 \right) = 33\pi$

우리가 살고 있는 지구는 태양계의 행성 중 생명체가 살고 있는 유일한 천체입니다. 다음 그림에서 보는 바와 같이 지구의 모양은 거의 구에 가까우며, 내부는 지각, 맨틀, 외핵, 내핵으로 구성되어 있습니다. 더구나 지구의 반지름은 약 6400km라고 하네요. 만약 지구의 모양을 완전한 구라고 가정한다면, 지구의 부피는 얼마나 될까요?

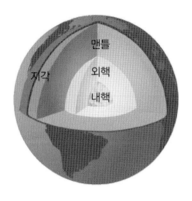

 잠시 질문의 답을 스스로 찾아보는 시간을 가져보세요.

반지름이 r인 구의 부피는 $\frac{4}{3}\pi r^3$인 거, 다들 아시죠? 구의 부피공식에 대입하여 지구의 부피를 계산하면 다음과 같습니다. 참고로 지구의 반지름을 거듭제곱으로 표현하면, $6400 = 2^6 \times 10^2$km가 됩니다.

(지구의 부피)
$$= \frac{4}{3}\pi \times (\text{지구의 반지름})^3 = \frac{4}{3}\pi \times (6400)^3 = \frac{4}{3}\pi \times (2^6 \times 10^2)^3$$
$$= \frac{4}{3}\pi \times (2^{6\times3} \times 10^{2\times3}) = \frac{1}{3}\pi \times (4 \times 2^{18}) \times 10^6 = \frac{2^{20}}{3} \times 10^6 \pi [\text{km}^3]$$

반지름이 r인 구의 겉넓이는 얼마일까요?

 잠시 질문의 답을 스스로 찾아보는 시간을 가져보세요.

일반적으로 겉넓이를 구하기 위해서는 전개도를 그려야 하는데, 도대체 구의 전개도는 어떻게 생겼을까요? 음... 상상이 잘 안 되네요. 그래서 전개도가 아닌 구의 부피를 가지고 겉넓이를 구하는 공식을 유도해 보도록 하겠습니다. 과연 그것이 가능하냐고요? 믿어보세요~ 일단 구를 다음과 같이 무수히 작은 각뿔모양으로 나눈다고 상상해 보십시오.

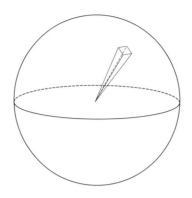

이때 생기는 각뿔의 높이는 구의 반지름과 같으며, 나누어진 각뿔의 밑넓이의 총합은 구의 겉넓이와 같습니다. 여기까지 이해가 되시는지요?

(각뿔의 높이)=(구의 반지름), (각뿔의 밑넓이의 총합)=(구의 겉넓이)

더불어 구의 부피는 무수히 나누어진 각뿔의 부피의 합과 같습니다. 잠깐! 각뿔의 부피가 $\frac{1}{3}$×(밑넓이)×(높이)인 거, 다들 아시죠?

(구의 부피)=(각뿔의 부피의 총합)=$\frac{1}{3}$×(각뿔의 밑넓이의 총합)×(각뿔의 높이)

반지름이 r인 구의 부피가 $\frac{4}{3}\pi r^3$이므로 구의 부피를 각뿔의 부피와 같다고 놓고, 구의 겉넓이에 대한 공식을 도출해 보면 다음과 같습니다.

(구의 부피)=(각뿔의 부피의 총합)

☞ $\frac{4}{3}\pi r^3 = \frac{1}{3}$×(각뿔의 밑넓이의 총합)×(각뿔의 높이)

$= \frac{1}{3}$×(구의 겉넓이)×(구의 반지름)$= \frac{1}{3} \times r \times$(구의 겉넓이)

이제 정리해 볼까요?

$$\frac{4}{3}\pi r^3 = \frac{1}{3} \times r \times (구의\ 겉넓이) \ \rightarrow \ (구의\ 겉넓이)=4\pi r^2$$

어렵지 않죠? 구의 부피와 겉넓이 공식을 정리하면 다음과 같습니다.

구의 부피와 겉넓이

구의 부피와 겉넓이공식은 다음과 같습니다.

① (반지름이 r인 구의 부피)$=\dfrac{4}{3}\pi r^3$

② (반지름이 r인 구의 겉넓이)$=4\pi r^2$

참고로 반지름이 r인 구의 부피는, 밑면의 반지름이 r이고 높이가 $2r$인 원기둥의 부피에 $\dfrac{2}{3}$를 곱한 값과 같습니다. 이처럼 구의 부피와 겉넓이를 구하는 방법을 공식화함으로써, 좀 더 쉽게 입체도형의 부피와 겉넓이를 계산할 수 있습니다. (구의 부피와 겉넓이의 숨은 의미)

★ 개념을 정확히 이해했는지 확인하고 싶다면, 학교 교과서에 나오는 개념확인 문제를 풀어 보거나 스스로 개념 확인문제를 출제하여 풀어보면 큰 도움이 될 것입니다.

심화학습

★ 개념의 이해도가 충분하지 않다면, 일단 PASS하시기 바랍니다. 그리고 개념정리가 마무리 되었을 때 심화학습 내용을 따로 읽어보는 것을 권장합니다.

【단위환산】

단위란 길이·무게 따위를 수치로 나타낼 때 기초가 되는 일정한 기준을 말합니다. 예를 들어 길이의 단위 m(미터), 무게의 단위 kg(킬로그램) 등이 그러합니다. 나라별로 역사가 다르듯이 그 나라가 사용하는 단위 또한 나라별로 조금씩 차이가 있을 수 있습니다.

나라별로 단위가 다를 수 있다고...?

하지만 걱정하지 마십시오. 두 단위에 대한 비례관계만 정확히 알고 있으면 손쉽게 어느 하나의 단위를 다른 단위로 환산할 수 있답니다. 예를 들어보면 다음과 같습니다.

1mile이 1,609m일 때, 5mile은 몇 m일까?

 잠시 질문의 답을 스스로 찾아보는 시간을 가져보세요.

구하고자 하는 값을 x로 놓은 후 비례식을 작성해 보도록 하겠습니다. 즉, 5mile에 해당하는 길이를 xm라고 놓자는 말입니다. 잠깐! 비례식 $a : b = c : d$에서 외항의 곱 ad와 내항의 곱 bc가 서로 같다는 거, 다들 아시죠?

1mile이 1,609m일 때, 5mile은 xm이다. → $1 : 1690 = 5 : x$ → $x = 5 × 1690 = 8450$

어떠세요? 어렵지 않게 5mile이 8,450m(=1609×5)가 됨을 알 수 있죠? 다음은 여러 단위의 비례관계를 표현한 등식입니다. 이를 활용하여 물음에 답해보시기 바랍니다.

$$1(\text{in}) = 2.54(\text{cm}) \quad 1(\text{근}) = 600(\text{g}) \quad 1\text{L} = 1000\text{cm}^3$$

① 허리둘레 25인치(in)는 몇 cm인가?
② 돼지고기 3근은 몇 g인가?
③ 물 1.5L는 몇 cm³인가?

 잠시 질문의 답을 스스로 찾아보는 시간을 가져보세요.

어렵지 않죠? 구하고자 하는 값을 x로 놓은 후, 비례식을 작성하기만 하면 쉽게 해결됩니다. ①의 경우, 1(in)=2.54(cm), 25(in)=x(cm)라고 놓으면, 비례식 $1 : 2.54 = 25 : x$를 도출할 수 있습니다. 비례식을 풀어 x값을 구하면 다음과 같습니다.

$1 : 2.54 = 25 : x$ → $x = 2.54 × 25 = 63.5$ ∴ 허리둘레 25인치는 63.5cm이다.

이러한 방식으로 ②와 ③에서 묻는 단위를 하나씩 환산해보면 다음과 같습니다.

② 1(근)=600(g), 3(근)=xg → $1 : 600 = 3 : x$ → $x = 1800$ ∴ (3근)=(1800g)
③ 1L=1000cm³, 1.5L=$x$cm³ → $1 : 1000 = 1.5 : x$ → $x = 1500$
∴ (1.5L)=(1500cm³)

여러분~ 단위환산이 어렵나요? 사실 단위를 환산하는 작업은 비례식을 통한 단순 계산문제에 불과합니다. 그러니 절대 어려워할 필요가 없다는 사실, 꼭 명심하시기 바랍니다. 참고로 인터넷 검색창에 '단위환산'이라는 키워드를 쳐 보면 다양한 단위에 대한 비례관계를 쉽게 확인할 수 있습니다. 더불어 컴퓨터에 내장된 함수(계산식) 프로그램을 통해서도 손쉽게 단위를 환산할 수 있다는 사실, 기억하시기 바랍니다.

마지막으로 단위와 관련된 접두사에 대해 간략히 언급하고 마무리하도록 하겠습니다. 여러분 cm(centimeter)에서 c(centi)가 무엇을 의미하는지 아십니까?

 잠시 질문의 답을 스스로 찾아보는 시간을 가져보세요.

잘 모르겠다고요? 힌트를 드리도록 하겠습니다.

$$1cm는\ 0.01m와\ 같다.\ \ \rightarrow\ \ 1cm=0.01m$$

이제 감이 오시죠? 그렇습니다. cm에서 c는 숫자 0.01을 의미하는 접두사입니다. 이렇게 단위 앞에는 숫자 대신 접두사 c(centi) 등을 붙여 새로운 단위를 만들곤 하는데, 이는 아주 큰 숫자나 아주 작은 숫자를 쉽게 다루기 위한 편의장치라고 생각하면 쉽습니다. 예를 들어, 0.0212m라고 말하는 것보다 2.12cm라고 하는 것이 훨씬 편한 것처럼 말입니다.

그렇다면 mm(millimeter)의 m(milli)와 km(kilometer)의 k(kilo)는 각각 어떤 숫자를 의미하는 접두사일까요?

 잠시 질문의 답을 스스로 찾아보는 시간을 가져보세요.

네, 맞아요. m(milli)와 k(kilo)는 각각 0.001과 1000을 의미하는 접두사입니다. 다음 수식을 살펴보면 이해하기가 한결 수월할 것입니다.

$$1mm=0.001m(milli=0.001),\quad 1km=1000m(kilo=1000)$$

간혹 100cm=1m라고 해서 $100cm^3$와 $1m^3$가 서로 같다고 오해하는 학생들이 있는데, 이는 크게 잘못된 생각입니다. $1m^3$는 한 변의 길이가 1m(=100cm)인 정육면체의 부피를 말합니다. 그렇죠? 한 변의 길이가 100cm인 정육면체의 부피는 가로·세로·높이를 곱한 값 $1000000cm^3$입니다. 즉, $1m^3$은 $1000000cm^3$와 같다는 뜻입니다.

$$(\text{한 변의 길이가 100cm인 정육면체의 부피}) = 100cm \times 100cm \times 100cm = 1000000cm^3$$

여기에 c=0.01을 대입하여 수식을 변형해 보면 다음과 같습니다. 거듭제곱의 의미를 잘 되새기면서 수식의 진행과정을 살펴보시기 바랍니다.

$$
\begin{aligned}
1000000cm^3 = 1000000 \times (cm)^3 &= 1000000 \times c^3 \times m^3 \\
&= 1000000 \times (0.01)^3 \times m^3 \\
&= (1000000 \times 0.000001)m^3 \\
&= 1m^3
\end{aligned}
$$

【단위의 비밀】

여러분~ 속력의 단위에 대해 알고 계십니까? 흔히 속력(초속)의 단위로 m/s가 사용되는데, 여기서 퀴즈입니다. m/s는 도대체 어떻게 만들어진 단위일까요?

 잠시 질문의 답을 스스로 찾아보는 시간을 가져보세요.

m/s...? 음... 처음 보는 단위라고요? 일단 속력의 정의부터 살펴보면 다음과 같습니다.

속력 : 단위시간(1초, 1분, 1시간...)당 이동한 거리

예를 들어, '초속 3m'는 1초(단위시간) 동안 3m를 이동하는 속력을, '분속 200m'는 1분 동안 200m를 이동하는 속력을, 그리고 '시속 30km'는 1시간 동안 30km를 이동하는 속력을 의미합니다. 만약 어떤 사람이 3초 동안 15m를 이동하였다면, 이 사람은 1초당 5m씩 이동한 것과 같습니다. 즉, 이 사람의 속력은 '초속 5m'가 된다는 말이죠. 여기서 우리는 속력, 시간, 거리에 대한 관계식을 도출할 수 있습니다.

어떤 사람이 3초 동안 15m를 이동했다.

→ 이 사람은 1초 동안 5m를 이동한 셈이다. (속력 : 초속 5m)

→ 이 사람이 1초 동안 이동한 거리 5m(속력)는

　총 이동한 거리(15m)를 걸린 시간(3초)으로 나눈 값과 같다.

→ $(속력) = \dfrac{(거리)}{(시간)} = \dfrac{15}{3} = 5$

따라서 속력, 시간, 거리의 관계식은 $(속력) = \dfrac{(거리)}{(시간)}$가 됩니다. 더불어 이 식을 다음과 같이 변형할 수도 있습니다. 물론 여기에 등식의 성질을 적용해야겠죠?

$(속력) = \dfrac{(거리)}{(시간)}$

→ 양변에 (시간)을 곱한다.　→　$(속력) \times (시간) = (거리)$

$(속력) \times (시간) = (거리)$

→ 양변을 (속력)으로 나눈다.　→　$(시간) = \dfrac{(거리)}{(속력)}$

정리하면 다음과 같습니다.

속력에 관한 정의와 공식

속력이란 단위시간(1초, 1분, 1시간)당 이동한 거리를 말하며, 속력과 관련된 공식은 다음과 같습니다.

　$(속력) = \dfrac{(거리)}{(시간)}$, $(속력) \times (시간) = (거리)$, $(시간) = \dfrac{(거리)}{(속력)}$

이제 속력(초속)의 단위로 왜 m/s가 사용되는지 확인해 보도록 하겠습니다. 다시 어떤 사람이 3초 동안 15m를 이동하는 상황을 상상해 보십시오. 여기에 거리의 단위 m(meter)와 시간의 단위 s(second : 초)를 포함시켜 속력계산식을 작성해 보면 다음과 같습니다. 편의상 분수식을 '/(per)'라는 기호로 대신하도록 하겠습니다. $\left(\dfrac{a}{b} = a/b \right)$

　3초 동안 15m를 이동한 사람의 속력계산식　→　$(속력) = \dfrac{(거리)}{(시간)} = \dfrac{15m}{3s} = 5\dfrac{m}{s} = 5(m/s)$

즉, '초속 5m'는 5(m/s)와 같습니다. 음... 도무지 무슨 말을 하는지 모르겠다고요? 이는 아마도 단위를 숫자처럼 계산하는 것이 조금 어색해서 그럴 것입니다. 그럼 다시 한 번 천천히 정리해 보도록 하겠습니다. 참고로 m/s를 meter per second로 읽습니다.

① 속력은 물체가 이동한 거리를 시간으로 나누어 계산한다.
② 거리의 단위 m(meter)와 시간의 단위 s(second : 초)를 하나의 문자로

보고 나눗셈식 (속력)$=\dfrac{(거리)}{(시간)}$에 대입하여 계산한다.

③ 분수식에 '/ (per)'라는 기호를 사용하여 속력의 단위를 m/s로 표현한다.

이제 좀 감이 오시나요? 분속, 시속의 경우도 마찬가지입니다. 분속은 m/min 또는 km/min 라고 표현하며, 시속은 km/h로 표현합니다. 참고로 min은 영어로 분을 의미하는 minute의 앞 세 글자이며 h는 영어로 시간을 의미하는 hour의 첫글자입니다.

속력과 관련된 문제를 풀어보면 좀 더 이해하기가 수월할 것입니다. 다음에서 물체가 이동한 거리를 각각 계산해 보시기 바랍니다.

① 7(m/s)의 속력으로 10초 동안 이동한 거리
② 300(m/min)의 속력으로 5분 동안 이동한 거리
③ 20(km/h)의 속력으로 3시간 동안 이동한 거리

 잠시 질문의 답을 스스로 찾아보는 시간을 가져보세요.

하나씩 따져볼까요? 일단 주어진 속력 ① 7(m/s), ② 300(m/min), ③ 20(km/h)를 풀어쓰면 다음과 같습니다.

① 7(m/s) : 1초 동안 7m를 이동하는 속력 → 초속 7m
② 300(m/min) : 1분 동안 300m를 이동하는 속력 → 분속 300m
③ 20(km/h) : 1시간 동안 20km를 이동하는 속력 → 시속 20km

①의 경우, 물체가 10초 동안 이동한 거리는 70m가 될 것입니다. 그렇죠? ②의 경우는 1500m, ③의 경우는 60km가 될 것입니다. 이는 비례관계를 통해 계산된 값이지만, 속력공식 (속력)× (시간)=(거리)를 통해서도 손쉽게 계산해 낼 수 있다는 사실, 반드시 기억하시기 바랍니다.

• 1초 동안 7m를 이동하는 물체가 10초 동안 xm를 이동했다.
   ☞ [비례식] $1:7=10:x$ → $x=70$

• 7(m/s)의 속력으로 10초 동안 이동한 거리는?

☞ (속력)×(시간)＝(거리) → 7×10＝70

여기서 속력공식 (속력)×(시간)＝(거리)에 단위를 포함시켜 계산해 보면 다음과 같습니다. 잠깐! m/s가 분수식 $\frac{m}{s}$인 거, 다들 아시죠?

$$(\text{속력})\times(\text{시간})＝(\text{거리}) \rightarrow 7(m/s)\times 10s＝7\frac{m}{s}\times 10s＝70\times\frac{ms}{s}＝70m$$

어라...? 단위 s가 약분되었네요. 그렇습니다. 이렇게 수학에서는 단위를 수식과 동일하게 계산할 수 있답니다. 이건 모르셨죠? 마찬가지로 어떤 물체가 10(m/s)의 속력으로 300m를 이동했다면, 이 물체가 이동하는 데 걸린 시간은 다음과 같습니다.

$$(\text{시간})＝\frac{(\text{거리})}{(\text{속력})} \rightarrow \frac{300m}{10m/s}＝300m\div\left(\frac{10m}{s}\right)＝300m\times\left(\frac{s}{10m}\right)＝30s$$

어떠세요? 단위 m가 약분되었죠? 즉, 이 물체가 이동하는 데 걸린 시간은 30초입니다.

【입체도형의 명칭】

다음 도형의 영어명칭은 무엇일까요?

① 삼각형   ② 원   ③ 정육면체   ④ 각기둥   ⑤ 원기둥   ⑥ 각뿔   ⑦ 원뿔

 잠시 질문의 답을 스스로 찾아보는 시간을 가져보세요.

조금 어렵나요? 그럼 각 보기별로 힌트를 드리도록 하겠습니다. 일단 ① 삼각형의 영어명칭은 초등학교 때 자주 사용하던 대표적인 리듬악기의 명칭과 같습니다. 이 악기는 주로 캐스터네츠, 탬버린, 실로폰 등과 함께 사용됩니다.

② 원의 영어명칭은 학교동아리를 뜻하는 영어단어와 같습니다. 참고로 콘택트렌즈 중에서 눈동자가 커 보이도록 렌즈 테두리 부분에 둥글게 색깔을 넣은 렌즈를 ○○렌즈라고 말합니다. 이제 슬슬 답이 보이시나요?

③ 정육면체의 영어명칭은 여섯 개의 모든 면을 같은 색으로 맞추는 정육면체 게임 도구의 명칭과 같습니다.

④ 각기둥의 영어명칭은 빛을 모으거나 분산시킬 때 사용하는 과학도구의 명칭과 같습니다.

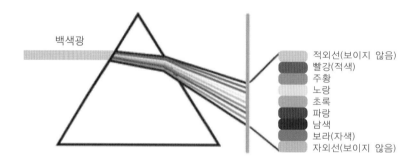

⑤ 원기둥의 영어명칭은 증기기관이나 내연기관 따위에서 피스톤이 왕복 운동을 하는, 즉 속이 빈 원통 모양 장치의 명칭과 같습니다.

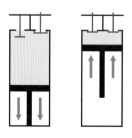

⑥ 각뿔의 영어명칭은 이집트의 고대 왕의 무덤의 명칭과 같습니다.

⑦ 원뿔의 영어명칭은 손잡이가 과자로 되어 있는 아이스크림의 명칭과 같습니다.

이제 정답을 말해볼까요?

① triangle　　② circle　　③ cube　　④ prism

⑤ cylinder　　⑥ pyramid　　⑦ cone

실생활에서 자주 접하는 명칭이 바로 입체도형을 의미할 것이라고는 상상도 못했죠?

2 개념정리하기

> ■ 학습 방식
>
> 내용을 읽고 해당 개념에 대한 예시를 스스로 생각해 보면서 개념을 정리하시기 바랍니다.

1 부피

입체가 점유하고 있는 공간의 크기를 부피라고 부르며, 한 변의 길이가 단위길이 1cm, 1m, ...인 정육면체가 차지하는 공간을 단위부피 $1cm^3$, $1m^3$, ...로 정의합니다. (숨은 의미 : 부피의 개념을 정확히 정의함으로써, 여러 가지 도형에 대한 개념을 체계적으로 다룰 수 있는 기본 토대를 마련할 수 있습니다)

2 다면체

면의 모양이 다각형인 입체도형을 다면체라고 부르며, 면의 개수에 따라 사면체, 오면체, ..., n면체로 정의합니다. 다면체를 둘러싸고 있는 다각형을 다면체의 면이라고 말하며, 면(다각형)의 변을 다면체의 모서리, 면(다각형)의 꼭짓점을 다면체의 꼭짓점이라고 칭합니다. (숨은 의미 : 다면체의 개념을 정확히 정의함으로써, 다면체와 관련된 개념을 체계적으로 다룰 수 있는 기본 토대를 마련할 수 있습니다)

3 각기둥, 각뿔

다면체 중 아랫면과 윗면이 동일한 다각형으로 구성되어 있으며 기둥 형태로 된 입체도형을 일컬어 각기둥이라고 부릅니다. 더불어 아랫면이 다각형이며 윗면이 뿔 형태로 된 입체도형을 각뿔이라고 말합니다. 또한 각뿔을 그 밑면에 평행한 평면으로 잘랐을 때 생기는 두 입체도형 중 각뿔이 아닌 입체도형을 각뿔대라고 칭합니다. 각뿔대에서 평행한 두 면을 밑면(아랫면과 윗면), 두 밑면에 수직인 선분의 길이를 높이, 밑면이 아닌 면을 옆면이라고 합니다. 각뿔대는 밀면의 모양에 따라 삼각뿔대, 사각뿔대, 오각뿔대, ...라고 부릅니다. (숨은 의미 : 각기둥, 각뿔, 각뿔대의 개념을 정확히 정의함으로써, 다면체와 관련된 개념을 체계적으로 다룰 수 있는 기본 토대를 마련할 수 있습니다)

4 정다면체

각 면이 모두 합동인 정다각형으로 이루어져 있고, 각 꼭짓점에 모인 면의 개수가 같은 다면체를 정다면체라고 부릅니다. (숨은 의미 : 정다면체의 개념을 정확히 정의함으로써, 정다면체와 관련된 개념을 체계적으로 다룰 수 있는 기본 토대를 마련할 수 있습니다)

5 회전체

평면도형을 동일 평면 안에 있는 직선을 회전축으로 하여 한 바퀴 회전시켰을 때 생기는 입체도형을 회전체라고 부릅니다. (숨은 의미 : 회전체의 개념을 정확히 정의함으로써, 회전과 관련된 도형의 개념을 체계적으로 다룰 수 있는 기본 토대를 마련할 수 있습니다)

6 원기둥, 원뿔, 원뿔대

직사각형의 한 변, 직각삼각형의 높이, 사다리꼴(한 변이 높이를 나타내는 사다리꼴)의 높이를 회전축으로 하여 1회전 시켰을 때 만들어진 입체도형(회전체)을 각각 원기둥, 원뿔, 원뿔대라고 칭합니다. (숨은 의미 : 원기둥, 원뿔, 원뿔대의 개념을 정확히 정의함으로써, 회전체와 관련된 도형의 개념을 체계적으로 다룰 수 있는 기본 토대를 마련할 수 있습니다)

7 구

3차원 공간에서 어떤 한 점으로부터 일정한 거리에 있는 모든 점을 표시한 면으로 이루어진 입체도형을 구라고 말합니다. (숨은 의미 : 구의 개념을 정확히 정의함으로써, 구와 관련된 도

형의 개념을 체계적으로 다룰 수 있는 기본 토대를 마련할 수 있습니다)

8 회전체의 성질

회전체의 성질은 다음과 같습니다.
　① 회전체를 회전축에 수직인 평면으로 자른 단면은 항상 원이 되며, 회전축은 이 원들의
　　중심을 지납니다.
　② 회전체를 회전축을 포함하는 평면으로 자른 단면은 모두 합동이며, 그 단면은 회전축에
　　대하여 선대칭도형이 됩니다.
(숨은 의미 : 회전체의 성질을 통해 회전체와 관련된 도형의 개념을 체계적으로 다룰 수 있는
기본 토대를 마련할 수 있습니다)

9 입체도형의 겉넓이

입체도형의 겉넓이는 전개도상에 그려진 모든 평면도형의 넓이를 합하여 구할 수 있습니다.
(숨은 의미 : 입체도형의 겉넓이를 구하는 방법을 정리함으로써, 좀 더 쉽게 입체도형의 겉넓
이를 계산할 수 있습니다)

10 기둥, 뿔의 부피

기둥과 뿔의 부피공식은 다음과 같습니다.
　① (기둥의 부피)=(밑넓이)×(높이)
　② (뿔의 부피)$=\dfrac{1}{3}\times$(기둥의 부피)$=\dfrac{1}{3}\times$(밑넓이)×(높이)
(숨은 의미 : 기둥과 뿔의 부피를 구하는 방법을 공식화함으로써, 좀 더 쉽게 입체도형의 부
피를 계산할 수 있습니다)

11 구의 부피와 겉넓이

구의 부피와 겉넓이공식은 다음과 같습니다.

① (반지름이 r인 구의 부피)$=\dfrac{4}{3}\pi r^3$

② (반지름이 r인 구의 겉넓이)$=4\pi r^2$

(숨은 의미 : 구의 부피와 겉넓이를 구하는 방법을 공식화함으로써, 좀 더 쉽게 그 값을 계산할 수 있습니다)

3 문제해결하기

■ **개념도출형** 학습방식

　개념도출형 학습방식이란 단순히 수학문제를 계산하여 푸는 것이 아니라, 문제로부터 필요한 개념을 도출한 후 그 개념을 떠올리면서 문제의 출제의도 및 문제해결방법을 찾는 학습방식을 말합니다. 문제를 통해 스스로 개념을 도출할 수 있으므로, 한 문제를 풀더라도 유사한 많은 문제를 풀 수 있는 능력을 기를 수 있으며 더 나아가 스스로 개념을 변형하여 새로운 문제를 만들어 낼 수 있어, 좀 더 수학을 쉽고 재미있게 공부할 수 있도록 도와줍니다.

　시간에 쫓기듯 답을 찾으려 하지 말고, 어떤 개념을 어떻게 적용해야 문제를 풀 수 있는지 천천히 생각한 후에 계산하시기 바랍니다. 문제해결방법을 찾는다면 답을 구하는 것은 단순한 계산과정일 뿐이라는 사실을 명심하시기 바랍니다. (생각을 많이 하면 할수록, 생각의 속도는 빨라집니다)

문제해결과정

① 이 문제를 풀기 위해 어떤 개념을 알아야 하는가?
② 그 개념을 간단히 설명해 보아라.
③ 문제의 출제의도를 말하고 어떻게 풀지 간단히 설명해 보아라.
④ 그럼 문제의 답을 찾아라.

　※ 책 속에 있는 붉은색 카드를 사용하여 힌트 및 정답을 가린 후, ①~④까지 순서대로 질문의 답을 찾아보시기 바랍니다.

Q1. 오각기둥, 오각뿔, 오각뿔대의 밑면의 모양, 옆면의 모양, 면의 개수를 각각 말하여라.

　① 이 문제를 풀기 위해 어떤 개념을 알아야 하는가?
　② 그 개념을 머릿속에 떠올려 보아라.
　③ 문제의 출제의도를 말하고 어떻게 풀지 간단히 설명해 보아라.
　④ 그럼 문제의 답을 찾아라.

A1.
① 각기둥, 각뿔, 각뿔대
② 개념정리하기 참조
③ 이 문제는 입체도형(각기둥, 각뿔, 각뿔대)의 모양을 정확히 알고 있는지 묻는 문

제이다. 주어진 입체도형의 겨냥도를 그려보면 쉽게 답을 찾을 수 있다.

④ [오각기둥] 밑면의 모양 : 오각형, 옆면의 모양 : 직사각형, 면의 개수 : 7개

　　[오 각 뿔] 밑면의 모양 : 오각형, 옆면의 모양 : 삼각형, 면의 개수 : 6개

　　[오각뿔대] 밑면의 모양 : 오각형, 옆면의 모양 : 사다리꼴, 면의 개수 : 7개

[정답풀이]

오각기둥, 오각뿔, 오각뿔대의 밑면과 옆면의 모양, 면의 개수는 다음과 같다.

　　　　　　오각기둥　　　　　오각뿔　　　　　오각뿔대

[오각기둥] 밑면의 모양 : 오각형, 옆면의 모양 : 직사각형, 면의 개수 : 7개

[오 각 뿔] 밑면의 모양 : 오각형, 옆면의 모양 : 삼각형, 면의 개수 : 6개

[오각뿔대] 밑면의 모양 : 오각형, 옆면의 모양 : 사다리꼴, 면의 개수 : 7개

 스스로 유사한 문제를 여러 개 만들어(출제하여) 답을 찾아보시기 바랍니다.

Q2. 다음 사다리꼴 $ABCD$를 직선 $\overleftrightarrow{CD}$를 회전축으로 하여 1회전 시켰을 때 생기는 입체도형의 명칭을 말하고, 회전축을 포함하는 평면으로 자른 단면의 넓이를 구하여라.

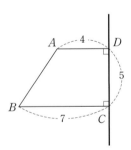

① 이 문제를 풀기 위해 어떤 개념을 알아야 하는가?

② 그 개념을 머릿속에 떠올려 보아라.

③ 문제의 출제의도를 말하고 어떻게 풀지 간단히 설명해 보아라. (잘 모를 경우, 아래 Hint를 보면서 질문의 답을 찾아본다)

　　Hint(1) 회전체의 겨냥도를 그려본다.

　　Hint(2) 회전체를 회전축을 포함하는 평면으로 잘라 단면의 모양을 확인해 본다.

　　　　　☞ 단면의 모양은 사다리꼴이다.

Hint(3) 사다리꼴(단면)의 윗변, 아랫변, 높이의 길이를 확인해 본다.

④ 그럼 문제의 답을 찾아라.

A2.

① 회전체, 원뿔대

② 개념정리하기 참조

③ 이 문제는 회전체의 개념을 바탕으로 원뿔대를 정확히 그릴 수 있는지 묻는 문제이다. 우선 회전체의 겨냥도를 그린 후, 회전체를 회전축을 포함하는 평면으로 잘라 단면의 모양을 확인해 본다. 단면이 사다리꼴임을 쉽게 알 수 있을 것이다. 주어진 평면도형의 각 변의 길이로부터 단면(사다리꼴)의 윗변, 아랫변, 높이의 길이를 유추하면 어렵지 않게 답을 구할 수 있다.

④ 회전체의 명칭은 원뿔대이며, 단면의 넓이는 55이다.

[정답풀이]

회전체의 겨냥도를 그린 후, 회전축을 포함하는 평면으로 잘라 그 단면을 확인해 보면 다음과 같다.

단면(사다리꼴)의 윗변의 길이는 $\overline{AD}$의 2배이고, 아랫변의 길이는 $\overline{BC}$의 2배이다. 높이는 $\overline{DC}$의 길이와 같다. 사다리꼴(단면)의 넓이를 구하면 다음과 같다.

$$(\text{사다리꼴의 넓이}) = \frac{(\text{윗변} + \text{아랫변})}{2} \times (\text{높이}) = \frac{(8+14)}{2} \times 5 = 55$$

 스스로 유사한 문제를 여러 개 만들어(출제하여) 답을 찾아보시기 바랍니다.

Q3. 반지름의 길이가 각각 3cm, 7cm인 두 반원을 그림과 같이 직선 l을 회전축으로 하여 1회전 시킨 후 회전체를 만들었다. 이 회전체를 회전축에 수직인 평면으로 잘랐을 때, 넓이가 가장 큰 단면의 넓이를 구하여라.

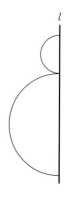

① 이 문제를 풀기 위해 어떤 개념을 알아야 하는가?

② 그 개념을 머릿속에 떠올려 보아라.

③ 문제의 출제의도를 말하고 어떻게 풀지 간단히 설명해 보아라. (잘 모를 경우, 아래 Hint를 보면서 질문의 답을 찾아본다)

Hint(1) 회전체의 겨냥도를 그려본다.
☞ 크기가 다른 두 개의 구가 붙어있는 회전체이다. (눈사람 모양)

Hint(2) 회전체를 회전축에 수직인 평면으로 잘라 여러 개의 단면의 모양을 확인해 본다.
☞ 회전체를 회전축에 수직인 평면으로 자른 단면의 모양은 모두 원이 된다.

Hint(3) 크기가 큰 구의 중심을 포함하는 단면이 바로 넓이가 가장 큰 단면이다.

④ 그럼 문제의 답을 찾아라.

A3.

① 회전체, 원의 넓이공식

② 개념정리하기 참조

③ 이 문제는 주어진 내용으로부터 회전체를 정확히 그릴 수 있는지 그리고 회전체를 회전축에 수직인 평면으로 잘랐을 때 그 단면의 모양이 모두 원이 된다는 것을 알고 있는지 묻는 문제이다. 우선 회전체의 겨냥도를 그려본다. 아마도 크기가 다른 두 개의 구가 붙어있는 회전체가 그려질 것이다. 이제 회전체를 회전축에 수직인 평면으로 잘라 여러 개의 단면의 모양을 확인해 본다. 크기가 큰 구의 중심을 포함하는 단면이 바로 넓이가 가장 큰 단면이 될 것이다. 즉, 반지름이 7cm인 원(크기가 큰 구의 중심을 포함하는 단면)이 바로 우리가 구하고자 하는 단면이다. 원의 넓이공식을 활용하면 쉽게 답을 구할 수 있다.

④ $49\pi\text{cm}^2$

[정답풀이]

회전체의 겨냥도를 그린 후, 회전체를 회전축에 수직인 평면으로 잘라 여러 개의 단면의 모양을 확인해 보면 다음과 같다.

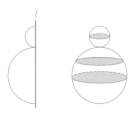

그림에서 보는 바와 같이 단면 중 가장 넓이가 큰 단면은 아래 입체도형(구)의 중심을 포함하는 원(반지름 : 7cm)임을 쉽게 알 수 있다. 그 넓이를 구하면 다음과 같다.

(원의 넓이)$=\pi\times7^2=49\pi\text{cm}^2$

 스스로 유사한 문제를 여러 개 만들어(출제하여) 답을 찾아보시기 바랍니다.

Q4. 다음 입체도형의 겉넓이를 구하여라. (단, 두 입체도형의 높이는 모두 5이며, 각 입체도형의 밑면의 모양은 아래와 같다. 편의상 길이의 단위는 생략한다)

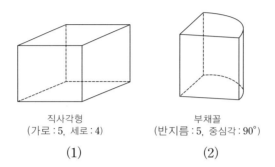

직사각형
(가로 : 5, 세로 : 4)

(1)

부채꼴
(반지름 : 5, 중심각 : 90°)

(2)

① 이 문제를 풀기 위해 어떤 개념을 알아야 하는가?

② 그 개념을 머릿속에 떠올려 보아라.

③ 문제의 출제의도를 말하고 어떻게 풀지 간단히 설명해 보아라. (잘 모를 경우, 아래 Hint를 보면서 질문의 답을 찾아본다)

　Hint(1) 각 입체도형의 전개도를 그려본다.

　Hint(2) 평면도형의 넓이공식을 이용하여 전개도에 그려진 평면도형의 넓이를 모두 합한다.

④ 그럼 문제의 답을 찾아라.

A4.
> ① 겉넓이, 전개도, 직사각형 · 부채꼴의 넓이공식
> ② 개념정리하기 참조
> ③ 이 문제는 입체도형의 겉넓이를 구할 수 있는지 묻는 문제이다. 각 입체도형의 전개도를 그린 후, 전개도에 그려진 평면도형의 넓이를 모두 합하면 쉽게 답을 구할 수 있을 것이다.
> ④ (1) 130　(2) 50+25π

[정답풀이]

각 입체도형의 전개도를 그리면 다음과 같다. 더불어 평면도형의 가로 · 세로 · 높이 · 반지름의 길이도 표시해 본다. 참고로 호의 길이공식은 $2\pi r \times \dfrac{x}{360}$ (반지름 r, 중심각 $x°$)이다.

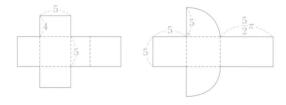

(1)의 입체도형의 겉면은, 가로와 세로의 길이가 5인 두 개의 정사각형과 가로와 세로의 길이가 각각 5, 4인 4개의 직사각형(정확히 말하면, 가로·세로의 길이가 5, 4인 직사각형 2개와 가로·세로의 길이가 4, 5인 직사각형 2개이다)으로 이루어져 있다. 각 도형의 넓이를 합하여, 입체도형의 겉넓이를 계산하면 다음과 같다.

$$2(5 \times 5) + 4(5 \times 4) = 130$$

(2)의 입체도형의 겉면은, 가로와 세로의 길이가 5인 두 개의 정사각형과 가로와 세로의 길이가 각각 5, $\frac{5}{2}\pi$인 한 개의 직사각형, 마지막으로 반지름이 5이고 중심각이 90°인 두 개의 부채꼴로 이루어져 있다. 각 도형의 넓이를 합하여, 입체도형의 겉넓이를 계산하면 다음과 같다. 참고로 부채꼴의 넓이공식은 $\pi r^2 \times \frac{x}{360}$(반지름 r, 중심각 $x°$)이다.

$$2(5 \times 5) + \left(5 \times \frac{5}{2}\pi\right) + 2\left(5^2\pi \times \frac{90}{360}\right) = 50 + 25\pi$$

 스스로 유사한 문제를 여러 개 만들어(출제하여) 답을 찾아보시기 바랍니다.

Q5. 다음 두 회전체(원뿔, 원뿔대)의 겉넓이를 구하여라. 단, 원뿔대(2)는 원뿔(1)을 밑면에 평행한 평면으로 잘라서 생긴 도형이다.

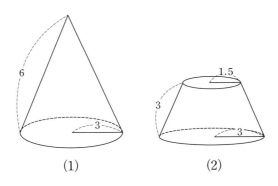

(1)   (2)

① 이 문제를 풀기 위해 어떤 개념을 알아야 하는가?

② 그 개념을 머릿속에 떠올려 보아라.

③ 문제의 출제의도를 말하고 어떻게 풀지 간단히 설명해 보아라. (잘 모를 경우, 아래 Hint를 보면서 질문의 답을 찾아본다)

Hint(1) 두 회전체의 전개도를 그려본다.

Hint(2) 원뿔의 전개도에서 부채꼴의 중심각의 크기를 어떻게 구할지 생각해 본다.

Hint(3) 원뿔의 전개도에 그려진 부채꼴의 중심각의 크기를 $x°$로 놓고 부채꼴의 호의 길이를 구하는 식을 만들어 본다.

☞ (호의 길이)$= 2\pi r \times \dfrac{x}{360} = 2\pi \times 6 \times \dfrac{x}{360}$

Hint(4) 원뿔의 전개도에 그려진 부채꼴의 호의 길이는 원(밑면)의 둘레(원주)의 길이와 같다.

☞ (호의 길이)=(원주의 길이) → $2\pi\times 6\times\dfrac{x}{360}=2\pi\times 3$

Hint(5) 평면도형의 넓이공식을 이용하여 전개도에 그려진 평면도형의 넓이를 모두 합한다.

④ 그럼 문제의 답을 찾아라.

A5.

① 겉넓이, 전개도, 호의 길이공식, 부채꼴·원의 넓이공식

② 개념정리하기 참조

③ 이 문제는 회전체(원뿔, 원뿔대)의 겉넓이를 구할 수 있는지 묻는 문제이다. 두 회전체의 전개도를 그린 후, 전개도에 그려진 평면도형의 넓이를 모두 합하면 쉽게 입체도형의 겉넓이를 구할 수 있다. 참고로 원뿔의 전개도에 그려진 부채꼴의 호의 길이가 원의 둘레(원주)의 길이와 같다는 사실을 이용하면 어렵지 않게 부채꼴의 중심각의 크기를 구할 수 있다.

④ (1) 27π (2) $\dfrac{99}{4}\pi$

[정답풀이]

두 회전체의 전개도를 그리면 다음과 같다.

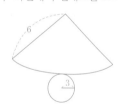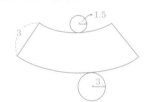

(1) 원뿔의 겉면은 반지름이 6인 부채꼴(1개)과 반지름이 3인 원(1개)으로 이루어져 있다. 전개도에 그려진 부채꼴의 호의 길이가 원(밑면)의 둘레(원주)의 길이와 같다는 사실을 이용하여 부채꼴의 중심각의 크기(x)를 구하면 다음과 같다.

(부채꼴의 호의 길이)$=2\pi\times 6\times\dfrac{x}{360}=2\pi\times 3$ → $x=180°$

부채꼴의 중심각의 크기가 $180°$이므로 전개도에 그려진 평면도형의 넓이를 모두 합하여, 입체도형의 겉넓이를 계산하면 다음과 같다.

(부채꼴의 넓이)+(원넓이)$=6^2\pi\times\dfrac{180}{360}+3^2\pi=27\pi$

(2) 원뿔대의 겉면은 반지름이 3, 1.5인 원(2개)과, 중심각이 $180°$이고 반지름이 6인 부채꼴의 일부분(반지름이 6인 부채꼴에서 반지름이 3인 부채꼴은 뺀 도형)으로 이루어져 있다. 전개도에 그려진 평면도형의 넓이를 모두 합하여, 입체도형의 겉넓이를 계산하면 다음과 같다.

(윗면의 넓이)+(아랫면의 넓이)+(옆면을 펼친 도형의 넓이)

$=1.5^2\pi+3^2\pi+\left(6^2\pi\times\dfrac{180}{360}-3^2\pi\times\dfrac{180}{360}\right)=\dfrac{99}{4}\pi$

 스스로 유사한 문제를 여러 개 만들어(출제하여) 답을 찾아보시기 바랍니다.

Q6. 다음과 같이 원뿔을 밑면이 평행한 평면으로 모선이 이등분되도록 잘라 원뿔대를 만들었다. 이 원뿔대의 윗면의 넓이를 구하여라.

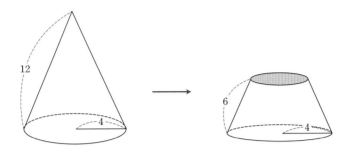

① 이 문제를 풀기 위해 어떤 개념을 알아야 하는가?

② 그 개념을 머릿속에 떠올려 보아라.

③ 문제의 출제의도를 말하고 어떻게 풀지 간단히 설명해 보아라. (잘 모를 경우, 아래 Hint를 보면서 질문의 답을 찾아본다)

    Hint(1) 주어진 원뿔과 잘려나간 원뿔의 전개도를 그려본다.

    Hint(2) 원뿔의 전개도에 그려진 부채꼴의 중심각의 크기를 $x°$ 로 놓고 부채꼴의 호의 길이를 구하는 식을 만들어 본다.

        ☞ (호의 길이)$=2\pi r \times \dfrac{x}{360}=2\pi \times 12 \times \dfrac{x}{360}$

    Hint(3) 원뿔의 전개도에 그려진 부채꼴의 호의 길이는 원(밑면)의 둘레(원주)의 길이와 같다.

        ☞ (호의 길이)=(원주의 길이) → $2\pi \times 12 \times \dfrac{x}{360}=2\pi \times 4$ → $x=120°$

    Hint(4) 잘려나간 원뿔의 전개도에 그려진 부채꼴의 호의 길이는 밑면(원)의 둘레(원주)의 길이와 같다는 사실로부터 잘려나간 원뿔의 밑면(원뿔대의 윗면)의 반지름을 구해본다.

④ 그럼 문제의 답을 찾아라.

A6.

① 원뿔과 원뿔대의 전개도, 호의 길이공식, 부채꼴 · 원의 넓이공식

② 개념정리하기 참조

③ 이 문제는 원뿔과 원뿔대의 전개도를 그릴 수 있는지 그리고 원뿔의 전개도에 그려진 부채꼴의 호의 길이가 밑면(원)의 둘레의 길이와 같다는 사실을 알고 있는지 묻는 문제이다. 먼저 원뿔의 전개도를 그린 후, 전개도에 그려진 부채꼴의 호의 길이와 밑면의 둘레의 길이가 같다는 사실로부터 부채꼴의 중심각의 크기를 구한다. 그리고 잘려나간 원뿔의 전개도를 그려 밑면의 반지름을 구하면 어렵지 않게 답을 구할 수 있다. 참고로 잘려나간 원뿔의 밑면은 원뿔대의 윗면과 같다.

④ 4π

[정답풀이]

주어진 원뿔과 원뿔대 그리고 잘려나간 원뿔의 전개도를 그려보면 다음과 같다.

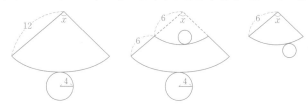

원뿔의 전개도에 그려진 부채꼴의 호의 길이는 밑면(원)의 둘레의 길이와 같다. 부채꼴의 중심각의 크기를 $x°$로 놓고, x에 대한 방정식을 도출하여 중심각의 크기를 구하면 다음과 같다.

(반지름이 12인 부채꼴의 호의 길이)=(반지름이 4인 원의 둘레의 길이)

$$\to\ 2\pi\times12\times\frac{x}{360}=2\pi\times4\ \to\ x=120$$

잘려나간 원뿔의 전개도에 그려진 부채꼴의 반지름은 6이고 중심각의 크기는 120°(=x)이다. 여기서 부채꼴의 호의 길이와 잘려나간 원뿔의 밑면(원)의 둘레가 같다는 사실로부터 밑면의 반지름을 구하면 다음과 같다. 여기서 잘려나간 원뿔의 밑면은 원뿔대의 윗면과 같으며, 그 반지름을 r로 놓는다.

(반지름이 6이고 중심각의 크기가 120°인 부채꼴의 호의 길이)=(반지름이 r인 원의 둘레의 길이)

$$\to\ 2\pi\times6\times\frac{120}{360}=2\pi r\ \to\ r=2$$

잘려나간 원뿔의 밑면, 즉 원뿔대의 윗면의 반지름은 2이다. 따라서 원뿔대의 윗면의 넓이는 4π가 된다.

참고로 이 문제는 도형의 닮음을 활용하여 해결할 수도 있다. 일단 주어진 원뿔을 회전축을 포함하는 평면으로 자른 단면을 그려보면 오른쪽과 같다.

여기에 도형의 닮음을 적용하면, 원뿔대의 윗면의 반지름이 아랫면의 반지름의 $\frac{1}{2}$이 된다는 것을 쉽게 알 수 있다. 즉, 윗면의 반지름이 2이므로, 원뿔대의 윗면의 넓이는 4π가 된다.

 스스로 유사한 문제를 여러 개 만들어(출제하여) 답을 찾아보시기 바랍니다.

Q7. 다음과 같이 원기둥에 사각기둥 모양의 구멍이 뚫린 입체도형이 있다. 이 원기둥의 높이는 8이며, 밑면은 반지름은 5인 원이다. 그리고 사각기둥 구멍의 밑면은 가로와 세로의 길이가 각각 3, 2인 직사각형이다. 주어진 입체도형의 부피는 얼마인가? (편의상 길이의 단위는 생략한다)

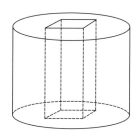

① 이 문제를 풀기 위해 어떤 개념을 알아야 하는가?

② 그 개념을 머릿속에 떠올려 보아라.

③ 문제의 출제의도를 말하고 어떻게 풀지 간단히 설명해 보아라. (잘 모를 경우, 아래 Hint를 보면서 질문의 답을 찾아본다)

    Hint 원기둥의 부피에서 사각기둥의 부피를 빼 본다.

④ 그럼 문제의 답을 찾아라.

A7.

① 기둥의 부피

② 개념정리하기 참조

③ 이 문제는 원기둥과 사각기둥의 부피를 계산할 수 있는지 묻는 문제이다. 기둥의 부피는 밑넓이에 높이를 곱한 값이므로, 그려진 원기둥의 부피와 사각기둥의 부피를 각각 구한 후, 원기둥의 부피에서 사각기둥의 부피를 빼 주면 쉽게 주어진 입체도형의 부피를 계산할 수 있다.

④ $200\pi - 48$

[정답풀이]

기둥의 부피는 밑넓이에 높이를 곱한 값과 같다. 원기둥과 사각기둥의 부피를 구하면 다음과 같다.

    (원기둥의 부피)＝(밑넓이)×(높이)＝$(\pi \times 5^2) \times 8 = 200\pi$

    (사각기둥의 부피)＝(밑넓이)×(높이)＝$(3 \times 2) \times 8 = 48$

원기둥의 부피에서 사각기둥의 부피를 빼 주어진 입체도형의 부피를 계산하면 다음과 같다.

    (입체도형의 부피)＝(원기둥의 부피)−(사각기둥의 부피)＝$200\pi - 48$

 스스로 유사한 문제를 여러 개 만들어(출제하여) 답을 찾아보시기 바랍니다.

Q8. 다음 그림과 같이 회전축 l을 기준으로 도형 $ABCD$를 회전하여 생긴 도형(회전체)의 부피를 구하여라.

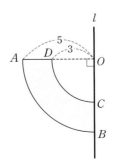

① 이 문제를 풀기 위해 어떤 개념을 알아야 하는가?

② 그 개념을 머릿속에 떠올려 보아라.

③ 문제의 출제의도를 말하고 어떻게 풀지 간단히 설명해 보아라. (잘 모를 경우, 아래 Hint를 보면서 질문의 답을 찾아본다)

    Hint(1) 회전체의 겨냥도를 그려본다.

    Hint(2) 부채꼴 OAB를 회전하여 생긴 반구(회전체)와 부채꼴 ODC를 회전하여 생긴 반구(회전체)의 부피를 각각 구해본다.

④ 그럼 문제의 답을 찾아라.

A8.

① 회전체, 구의 부피

② 개념정리하기 참조

③ 이 문제는 회전체에 대한 개념과 구의 부피를 구하는 공식을 알고 있는지 묻는 문제이다. 우선 회전체의 겨냥도를 머릿속으로 상상해 본다. 부채꼴 OAB를 회전하여 생긴 반구(회전체)와 부채꼴 ODC를 회전하여 생긴 반구(회전체)의 부피를 각각 구하여, 큰 반구에서 작은 반구의 부피를 빼면 쉽게 구하고자 하는 회전체의 부피를 계산할 수 있다.

④ $\dfrac{196}{3}\pi$

[정답풀이]

부채꼴 OAB를 회전하여 생긴 반구(회전체)와 부채꼴 OCD를 회전하여 생긴 반구(회전체)의 부피를 각각 구하면 다음과 같다. 참고로 반지름이 r인 구의 부피는 $\dfrac{4}{3}\pi r^3$이며, 이 값은 밑면의 반지름이 r이고 높이가 $2r$인 원기둥의 부피의 $\dfrac{2}{3}$배와 같다. $\left($반구의 부피는 구의 $\dfrac{1}{2}$임을 명심한다$\right)$

    (부채꼴 OAB를 회전하여 생긴 반구의 부피)$=\dfrac{4}{3}\pi \times 5^3 \times \dfrac{1}{2}=\dfrac{250}{3}\pi$

    (부채꼴 ODC를 회전하여 생긴 반구의 부피)$=\dfrac{4}{3}\pi \times 3^3 \times \dfrac{1}{2}=18\pi$

큰 반구(부채꼴 OAB를 회전하여 생긴 반구)에서 작은 반구(부채꼴 ODC를 회전하여 생긴 반구)의 부피를 빼 구하고자 하는 회전체의 부피를 계산하면 다음과 같다.

    (회전체의 부피)$=\dfrac{250}{3}\pi-18\pi=\dfrac{250}{3}\pi-\dfrac{54}{3}\pi=\dfrac{196}{3}\pi$

 스스로 유사한 문제를 여러 개 만들어(출제하여) 답을 찾아보시기 바랍니다.

Q9. 반지름이 r인 구의 부피가 288π일 때, 이 구의 겉넓이를 구하여라.

① 이 문제를 풀기 위해 어떤 개념을 알아야 하는가?

② 그 개념을 머릿속에 떠올려 보아라.

③ 문제의 출제의도를 말하고 어떻게 풀지 간단히 설명해 보아라. (잘 모를 경우, 아래 Hint를 보면서 질문의 답을 찾아본다)

> **Hint(1)** 구의 반지름을 r이라고 놓고, 주어진 조건으로부터 r에 대한 방정식을 만들어 본다.
>
> ☞ (반지름이 r인 구의 부피)$=\dfrac{4}{3}\pi r^3=288\pi$
>
> **Hint(2)** 반지름 r의 값을 구하여, 구의 겉넓이를 구해본다.

④ 그럼 문제의 답을 찾아라.

A9.

① 구의 부피와 겉넓이

② 개념정리하기 참조

③ 이 문제는 구의 부피와 겉넓이에 관한 공식을 알고 있는지 묻는 문제이다. 구의 반지름이 r이라고 했으므로, 주어진 조건을 이용하여 r에 대한 방정식을 도출하면 손쉽게 구의 반지름을 찾을 수 있다. 여기에 구의 겉넓이 공식 $4\pi r^2$을 적용하면 어렵지 않게 구의 겉넓이를 계산할 수 있다. 참고로 반지름이 r인 구의 부피는, 밑면의 반지름이 r이고 높이가 $2r$인 원기둥의 부피에 $\dfrac{2}{3}$를 곱한 값과 같다.

$\left(\text{구의 부피}:\dfrac{4}{3}\pi r^3\right)$

④ 144π

[정답풀이]

구의 반지름이 r이라고 했으므로 주어진 조건으로부터 r에 대한 방정식을 만들어 보면 다음과 같다.

(반지름이 r인 구의 부피)$=\dfrac{4}{3}\pi r^3=288\pi$

방정식을 풀어 반지름 r의 값을 구하면 다음과 같다.

$\dfrac{4}{3}\pi r^3=288\pi \ \rightarrow\ r^3=216\ \rightarrow\ r=6$

이제 구의 겉넓이 공식 $4\pi r^2$에 $r=6$을 대입하여 겉넓이를 구해보자.

$4\pi \times 6^2=144\pi$

 스스로 유사한 문제를 여러 개 만들어(출제하여) 답을 찾아보시기 바랍니다.

Q10. 은설이는 물이 가득 들어있는 직육면체 용기의 물 절반을 쏟아 부으려고 한다. (1) 어떻게 용기를 기울여야 직육면체 용기의 물 절반을 쏟아 부을 수 있을까? 그리고 남은 절반의 물을 다시 쏟아 부어 남은 물(처음 용기의 절반의 물)의 $\frac{1}{3}$만 남기려고 한다. (2) 어떻게 용기를 기울여야 남은 물(처음 용기의 절반의 물)의 $\frac{1}{3}$만 남길 수 있을까?

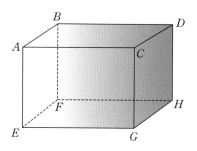

① 이 문제를 풀기 위해 어떤 개념을 알아야 하는가?

② 그 개념을 머릿속에 떠올려 보아라.

③ 문제의 출제의도를 말하고 어떻게 풀지 간단히 설명해 보아라. (잘 모를 경우, 아래 Hint를 보면서 질문의 답을 찾아본다)

    Hint(1) 직육면체(사각기둥) 부피의 $\frac{1}{2}$이 되는 도형이 무엇인지 생각해 본다.

    Hint(2) 직육면체를 두 선분 $\overline{AF}$와 $\overline{CH}$를 포함하는 평면으로 잘라 본다.

    Hint(3) 삼각기둥 $AFECHG$를 상상하여 이 공간에 물이 남도록 용기를 기울여 본다.

    Hint(4) 삼각기둥 $AFECHG$의 부피의 $\frac{1}{3}$이 되는 입체도형이 무엇인지 생각해 본다.

    Hint(5) 삼각뿔 $ECGH$를 상상하여 이 공간에 물이 남도록 용기를 기울여 본다.

④ 그럼 문제의 답을 찾아라.

A10.

① 각기둥과 각뿔의 부피관계

② 개념정리하기 참조

③ 이 문제는 각뿔의 부피가 각기둥의 부피의 $\frac{1}{3}$이 된다는 것을 알고 있는지 묻는 문제이다. 주어진 직육면체(사각기둥)를 두 선분 $\overline{AF}$와 $\overline{CH}$를 포함하는 평면으로 자르면, 삼각기둥 $AFECHG$가 만들어진다. 삼각기둥 $AFECHG$의 부피는 주어진 직육면체 부피의 $\frac{1}{2}$배에 해당하므로, 용기에 들어 있는 물이 삼각기둥 $AFECHG$가 되도록 용기를 기울이면 절반의 물이 남게 된다. 그리고 삼각뿔 $ECGH$의 부피는 삼각기둥 $AFECHG$의 부피의 $\frac{1}{3}$배이므로, 남은 물이 삼각

뿔 $ECGH$가 되도록 용기를 기울이면 남은 물(처음 용기의 절반의 물)의 $\frac{1}{3}$만 남게 된다.

④ 정답풀이 참조

[정답풀이]

직육면체(사각기둥)를 두 선분 $\overline{AF}$와 $\overline{CH}$를 포함하는 평면으로 자르면, 삼각기둥 $AFECHG$가 만들어진다. 삼각기둥 $AFECHG$의 부피는 주어진 직육면체 부피의 $\frac{1}{2}$배에 해당하므로, 용기에 들어 있는 물이 삼각기둥 $AFECHG$가 되도록 용기를 기울이면 절반의 물이 남게 된다. 그리고 삼각뿔 $ECGH$의 부피는 삼각기둥 $AFCHG$의 부피의 $\frac{1}{3}$배이므로, 남은 물이 삼각뿔 $ECGH$가 되도록 용기를 기울이면 남은 물(처음 용기의 절반의 물)의 $\frac{1}{3}$만 남게 된다.

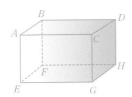 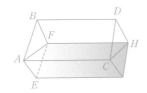 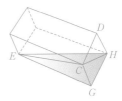

 스스로 유사한 문제를 여러 개 만들어(출제하여) 답을 찾아보시기 바랍니다.

Q11. 규민이는 다음 그림과 같이 테니스공 3개가 들어있는 통을 구매했다. 테니스공이 들어있는 채로 통 속에 물을 부을 경우, 물의 양은 몇 cm³가 될까? (단, 공의 지름은 4cm이며, 테니스공은 통에 꽉 맞게 들어있다고 가정한다)

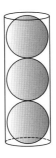

① 이 문제를 풀기 위해 어떤 개념을 알아야 하는가?

② 그 개념을 머릿속에 떠올려 보아라.

③ 문제의 출제의도를 말하고 어떻게 풀지 간단히 설명해 보아라. (잘 모를 경우, 아래 Hint를 보면서 질문의 답을 찾아본다)

Hint(1) 통 속에 물을 가득 채울 경우, 물의 부피는 통(원기둥)의 부피에서 공(구) 세 개의 부피를 뺀 것과 같다.

Hint(2) 공의 지름이 4cm이므로 통(원기둥)의 밑면의 반지름은 2cm가 된다.

Hint(3) 통(원기둥) 속에 세 개의 공이 들어 있으므로, 통(원기둥)의 높이는 12cm가 된다.

Hint(4) 반지름이 r인 구의 부피는 그와 딱 맞는 원기둥(밑면의 반지름이 r이고 높이가 $2r$인 원기둥)의 부피의 $\frac{2}{3}$이다.

④ 그림 문제의 답을 찾아라.

A11.

① 원기둥의 부피, 구의 부피, 원기둥과 구의 부피관계

② 개념정리하기 참조

③ 이 문제는 원기둥과 구의 부피 그리고 이 둘의 부피관계에 대해 알고 있는지 묻는 문제이다. 통 속에 물을 가득 채울 경우, 물의 부피는 통(원기둥)의 부피에서 공(구) 세 개의 부피를 뺀 값과 같다. 더불어 공의 지름이 4cm이므로 통(원기둥)의 밑면의 반지름은 2cm가 된다. 그리고 통(원기둥) 속에 세 개의 공이 들어 있으므로, 통(원기둥)의 높이는 12cm가 된다. 반지름이 r인 구의 부피가 그와 딱 맞는 원기둥(밑면의 반지름이 r이고 높이가 $2r$인 원기둥)의 부피의 $\frac{2}{3}$라는 사실을 활용하면 어렵지 않게 답을 찾을 수 있을 것이다. 또는 원기둥과 구의 부피를 각각 구하여, 통(원기둥)의 부피에서 공(구) 세 개의 부피를 빼 물의 양을 구할 수도 있다.

④ $16\pi (\text{cm}^3)$

[정답풀이]

통 속에 물을 가득 채울 경우, 물의 부피는 통(원기둥)의 부피에서 공(구) 세 개의 부피를 뺀 것과 같다. 공의 지름이 4cm이므로 통(원기둥)의 밑면의 반지름은 2cm가 된다. 그리고 통(원기둥) 속에 세 개의 공이 들어 있으므로, 통(원기둥)의 높이는 12cm가 된다. 우선 통(원기둥)의 부피를 구하면 다음과 같다. 참고로 원기둥의 부피는 밑넓이에 높이를 곱한 값이다.

(통의 부피)＝(원기둥의 부피)＝(밑넓이)×(높이)＝$(\pi \times 2^2) \times 12 = 48\pi$

구의 부피는 그와 딱 맞는 원기둥의 부피의 $\frac{2}{3}$배와 같으므로, 주어진 세 개의 공의 부피는 통의 부피 48π에 $\frac{2}{3}$를 곱한 값인 32π가 된다. 따라서 통 속에 부은 물의 부피는 다음과 같다.

(물의 부피)＝(통의 부피)－(공 세 개의 부피)＝$48\pi - 32\pi = 16\pi (\text{cm}^3)$

참고로 구의 부피공식 $\frac{4}{3}\pi r^3$(반지름 r)을 활용하여 공의 부피를 구한 다음, 통 속에 물의 부피를 계산할 수도 있다.

 스스로 유사한 문제를 여러 개 만들어(출제하여) 답을 찾아보시기 바랍니다.

★ 개념의 이해도가 충분하지 않다면, 일단 PASS하시기 바랍니다. 그리고 개념정리가 마무리 되었을 때 심화학습 내용을 따로
읽어보는 것을 권장합니다.

Q1. 다음은 높이가 10인 원뿔을 높이를 이등분하면서 밑면에 평행한 평면으로 잘랐을 때 생긴 두 입
체도형 중 원뿔이 아닌 입체도형의 전개도이다. 이 입체도형의 부피를 구하여라. (편의상 단위는
생략한다)

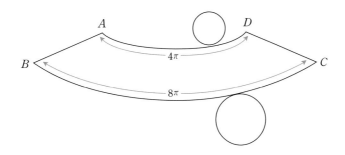

① 이 문제를 풀기 위해 어떤 개념을 알아야 하는가?

② 그 개념을 머릿속에 떠올려 보아라.

③ 문제의 출제의도를 말하고 어떻게 풀지 간단히 설명해 보아라. (잘 모를 경우, 아래
Hint를 보면서 질문의 답을 찾아본다)

Hint(1) 이 입체도형은 원뿔대이다.

Hint(2) 원뿔대의 부피는 분리되기 전의 원뿔의 부피에서 분리된 원뿔의 부피를 뺀 값과 같다.

Hint(3) 원뿔의 부피는 밑면의 모양이 동일한 원기둥의 부피의 $\frac{1}{3}$이다.

Hint(4) 원기둥의 부피는 (밑넓이)와 (높이)를 곱한 값과 같다.

Hint(5) $\overparen{AD}$의 길이는 원뿔대의 윗면(원)의 둘레의 길이와 같다.

Hint(6) $\overparen{BC}$의 길이는 원뿔대의 아랫면(원)의 둘레의 길이와 같다.

④ 그럼 문제의 답을 찾아라.

A1.
① 원뿔대의 정의, 원뿔과 원뿔대의 부피

② 개념정리하기 참조

③ 이 문제는 원뿔대의 개념에 대해 정확히 알고 있는지 그리고 원뿔대의 전개도에
서 윗면과 아랫면의 둘레의 길이가 호의 길이와 같다는 사실을 알고 있는지 묻는
문제이다. 원뿔대의 부피는 분리되기 전의 원뿔의 부피에서 분리된 원뿔의 부피

를 뺀 값과 같다. 더불어 원뿔의 부피는 원기둥의 부피(밑넓이와 높이를 곱한 값)의 $\frac{1}{3}$ 배이다. 여기서 $\overparen{AD}$의 길이는 윗면(원)의 둘레의 길이와 같고, $\overparen{BC}$의 길이는 아랫면(원)의 둘레의 길이와 같다는 사실을 이용하면 어렵지 않게 원뿔대의 밑면(윗면과 아랫면)의 반지름을 모두 구할 수 있다. 이로부터 분리되기 전의 원뿔과 분리된 원뿔의 부피를 구하면 쉽게 답을 찾을 수 있다.

④ $\frac{140}{3}\pi$

[정답풀이]

원뿔대의 부피는 분리되기 전의 원뿔의 부피에서 분리된 원뿔의 부피를 뺀 값과 같다. 더불어 원뿔의 부피는 원기둥의 부피(밑넓이와 높이를 곱한 값)의 $\frac{1}{3}$ 배이다. 여기서 $\overparen{AD}$의 길이는 윗면(원)의 둘레의 길이와 같고, $\overparen{BC}$의 길이는 아랫면(원)의 둘레의 길이와 같다는 사실을 이용하여 원뿔대의 밑면(윗면과 아랫면)의 반지름을 각각 구해보면 다음과 같다. 편의상 윗면과 아랫면의 반지름을 각각 r, r'로 놓는다.

   ($\overparen{AD}$의 길이)=(윗면(원)의 둘레의 길이) → $4\pi=2\pi r$ → $r=2$

   ($\overparen{BC}$의 길이)=(아랫면(원)의 둘레의 길이) → $8\pi=2\pi r'$ → $r'=4$

분리되기 전의 원뿔의 부피와 분리된 원뿔의 부피를 각각 구하면 다음과 같다.

  (분리되기 전의 원뿔의 부피)$=\frac{1}{3}\times$(밑넓이)$\times$(높이)$=\frac{1}{3}\times(4^2\pi)\times10=\frac{160}{3}\pi$

  (분리된 원뿔의 부피)$=\frac{1}{3}\times$(밑넓이)$\times$(높이)$=\frac{1}{3}\times(2^2\pi)\times5=\frac{20}{3}\pi$

  $\frac{160}{3}\pi-\frac{20}{3}\pi=\frac{140}{3}\pi$

따라서 주어진 입체도형의 부피는 $\frac{140}{3}\pi$가 된다.

 스스로 유사한 문제를 여러 개 만들어(출제하여) 답을 찾아보시기 바랍니다.

Q2. 어느 원뿔모양의 산이 있다. 관할 구청에서는 출발점(A지점)에서 시작하여 다음 그림과 같이 산을 한 바퀴 돌고 다시 출발점(A지점)으로 되돌아오는 산책로를 만들려고 한다. 이 산책로를 최단 거리로 조성하고자 한다면, 산책로의 거리는 얼마나 될까?

300m

A

50m

① 이 문제를 풀기 위해 어떤 개념을 알아야 하는가?

② 그 개념을 머릿속에 떠올려 보아라.

③ 문제의 출제의도를 말하고 어떻게 풀지 간단히 설명해 보아라. (잘 모를 경우, 아래 Hint를 보면서 질문의 답을 찾아본다)

Hint(1) 산(원뿔)의 전개도를 그려본다.

Hint(2) 전개도에 그려진 부채꼴의 호의 길이는 밑면의 원의 둘레의 길이와 같다.

Hint(3) 전개도에 그려진 부채꼴의 중심각의 크기를 구해본다.

Hint(4) 산책로가 최단 거리가 되기 위해서는 전개도상에 그려진 산책로는 직선이 되어야 한다.

④ 그럼 문제의 답을 찾아라.

A2.

① 원뿔의 정의, 원뿔의 전개도, 부채꼴의 호의 길이

② 개념정리하기 참조

③ 이 문제는 원뿔의 전개도를 활용하여 구하고자 하는 값을 찾을 수 있는지 묻는 문제이다. 일단 산(원뿔)의 전개도를 그려본다. 그리고 전개도에 그려진 부채꼴의 호의 길이가 밑면의 원의 둘레의 길이와 같다는 사실을 이용하여 부채꼴의 중심각의 크기를 구한다. 조성하고자 하는 산책로가 최단 거리가 되기 위해서는 전개도상에 그려진 산책로는 직선이 되어야 한다. 즉, 부채꼴의 현의 길이가 바로 산책로의 거리라고 볼 수 있다. 현의 길이를 찾으면 쉽게 답을 구할 수 있다.

④ 300m

[정답풀이]

산의 전개도를 그려보면 다음과 같다. (편의상 부채꼴의 중심을 O로, 중심각을 $x°$로 놓는다)

전개도에 그려진 부채꼴의 호의 길이가 밑면의 원의 둘레의 길이와 같다는 사실을 이용하여 부채꼴의 중심각(x)의 크기를 구하면 다음과 같다.

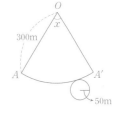

(부채꼴의 호의 길이)＝(원의 둘레의 길이)

$$\rightarrow 2 \times \pi \times 300 \times \frac{x}{360} = 2 \times \pi \times 50 \rightarrow x = 60°$$

전개도상에서 산책로는 A에서 A'까지 이은 선이 될 것이다. 이 선의 길이가 최단 거리가 되려면 선분 $\overline{AA'}$가 되어야 한다. 앞서 $\angle AOA' = 60°$라고 했으므로 $\triangle AOA'$는 정삼각형(한 변의 길이가 300m)이 될 것이다. 따라서 산책로의 거리는 300m이다.

 스스로 유사한 문제를 여러 개 만들어(출제하여) 답을 찾아보시기 바랍니다.

memo

memo